Dr. Nils Freundlieb

Histologie Band 1

MEDI-LEARN Skriptenreihe

7., komplett überarbeitete Auflage

MEDI-LEARN Verlag GbR

Autor: Dr. med. N. Freundlieb
Fachlicher Beirat: PD Dr. Rainer Viktor Haberberger

Teil 1 des Histologiepaketes, nur im Paket erhältlich
ISBN-13: 978-3-95658-014-7

Herausgeber:
MEDI-LEARN Verlag GbR
Dorfstraße 57, 24107 Ottendorf
Tel. 0431 78025-0, Fax 0431 78025-262
E-Mail redaktion@medi-learn.de
www.medi-learn.de

Verlagsredaktion:
Dr. Marlies Weier, Dipl.-Oek./Medizin (FH) Désirée Weber, Denise Drdacky, Jens Plasger, Sabine Behnsch, Philipp Dahm, Christine Marx, Florian Pyschny, Christian Weier

Layout und Satz:
Fritz Ramcke, Kristina Junghans, Christian Gottschalk

Grafiken:
Dr. Günter Körtner, Irina Kart, Alexander Dospil, Christine Marx

Illustration:
Daniel Lüdeling

Druck:
Löhnert Druck

7. Auflage 2015

Wichtiger Hinweis für alle Leser
Die Medizin ist als Naturwissenschaft ständigen Veränderungen und Neuerungen unterworfen. Sowohl die Forschung als auch klinische Erfahrungen führen dazu, dass der Wissensstand ständig erweitert wird. Dies gilt insbesondere für medikamentöse Therapie und andere Behandlungen. Alle Dosierungen oder Applikationen in diesem Buch unterliegen diesen Veränderungen.
Obwohl das MEDI-LEARN Team größte Sorgfalt in Bezug auf die Angabe von Dosierungen oder Applikationen hat walten lassen, kann es hierfür keine Gewähr übernehmen. Jeder Leser ist angehalten, durch genaue Lektüre der Beipackzettel oder Rücksprache mit einem Spezialisten zu überprüfen, ob die Dosierung oder die Applikationsdauer oder -menge zutrifft. Jede Dosierung oder Applikation erfolgt auf eigene Gefahr des Benutzers. Sollten Fehler auffallen, bitten wir dringend darum, uns darüber in Kenntnis zu setzen.

Vorwort

Liebe Leserin, lieber Leser,

zu viel Stoff und zu wenig Zeit – diese zwei Faktoren führen stets zu demselben unschönen Ergebnis: Prüfungsstress!

Was soll ich lernen? Wie soll ich lernen? Wie kann ich bis zur Prüfung noch all das verstehen, was ich bisher nicht verstanden habe? Die Antworten auf diese Fragen liegen meist im Dunkeln, die Mission Prüfungsvorbereitung erscheint vielen von vornherein unmöglich. Mit der MEDI-LEARN Skriptenreihe greifen wir dir genau bei diesen Problemen fachlich und lernstrategisch unter die Arme.

Wir helfen dir, die enorme Faktenflut des Prüfungsstoffes zu minimieren und gleichzeitig deine Bestehenschancen zu maximieren. Dazu haben unsere Autoren die bisherigen Examina (vor allem die aktuelleren) sowie mehr als 5000 Prüfungsprotokolle analysiert. Durch den Ausschluss von „exotischen", d. h. nur sehr selten gefragten Themen, und die Identifizierung immer wiederkehrender Inhalte konnte das bestehensrelevante Wissen isoliert werden. Eine didaktisch sinnvolle und nachvollziehbare Präsentation der Prüfungsinhalte sorgt für das notwendige Verständnis.

Grundsätzlich sollte deine Examensvorbereitung systematisch angegangen werden. Hier unsere Empfehlungen für die einzelnen Phasen deines Prüfungscountdowns:

Phase 1: Das Semester vor dem Physikum
Idealerweise solltest du schon jetzt mit der Erarbeitung des Lernstoffs beginnen. So stehen dir für jedes Skript im Durchschnitt drei Tage zur Verfügung. Durch themenweises Kreuzen kannst du das Gelernte fest im Gedächtnis verankern.

Phase 2: Die Zeit zwischen Vorlesungsende und Physikum
Jetzt solltest du täglich ein Skript wiederholen und parallel dazu das entsprechende Fach kreuzen. Unser „30-Tage-Lernplan" hilft dir bei der optimalen Verteilung des Lernpensums auf machbare Portionen. Den Lernplan findest du in Kurzform auf dem Lesezeichen in diesem Skript bzw. du bekommst ihn kostenlos auf unseren Internetseiten oder im Fachbuchhandel.

Phase 3: Die letzten Tage vor der Prüfung
In der heißen Phase der Vorbereitung steht das Kreuzen im Mittelpunkt (jeweils abwechselnd Tag 1 und 2 der aktuellsten Examina). Die Skripte dienen dir jetzt als Nachschlagewerke und – nach dem schriftlichen Prüfungsteil – zur Vorbereitung auf die mündliche Prüfung (siehe „Fürs Mündliche").

Weitere Tipps zur Optimierung deiner persönlichen Prüfungsvorbereitung findest du in dem Band „Lernstrategien, MC-Techniken und Prüfungsrhetorik".

Eine erfolgreiche Prüfungsvorbereitung und viel Glück für das bevorstehende Examen wünscht dir

Dein MEDI-LEARN Team

Inhalt

1 Zytologie

Fragen in den letzten 10 Examen: 4

Histologie ist die Lehre vom Gewebe und für die Medizinstudenten die Lehre vom menschlichen Gewebe. Histologen glauben, je genauer sie sich Körperteile ansehen, desto eher würden sie verstehen, warum sie so aussehen, wie sie aussehen, und wie sie funktionieren. Sie haben von der Lupe über das Lichtmikroskop bis hin zu Elektronenmikroskopen immer ausgefeiltere Instrumente hergestellt, sich die verrücktesten Färbetechniken ausgedacht und Augenlicht und sicher auch großeTeile an Lebenslust ihrem Streben geopfert. Das Ergebnis dieses ehrwürdigen und ziemlich ermüdenden Bemühens ist hier physikumstauglich für dich zusammengefasst, hoffentlich ohne dein Augenlicht und deine Lebenslust zu arg zu strapazieren.
Man unterteilt die Histologie in zwei große Gebiete, die allgemeine und die spezielle Histologie. Die allgemeine Histologie beschäftigt sich mit der Zelle, mit dem Gewebe „an sich", um damit den Grundstein zu legen für eine Auseinandersetzung mit den einzigartigen, unglaublich vielfältigen Zellen, Geweben und Organen in unserem wunderbaren Körper, also für die spezielle Histologie. In diesem ersten der drei Histologieskripte geht es daher um das Erlernen und Verstehen von Begriffen, ohne die ein Blick auf unseren Körper so undifferenziert wäre wie das Betrachten der „Mona Lisa" ohne kunstgeschichtliches Wissen: voller Ehrfurcht, aber ohne Verständnis.

Die Zytologie wird ausführlich im Biologie-Skript 1 abgehandelt, trotzdem halte ich eine kurze Zusammenfassung für notwendig:
Ein Physikumsklassiker z. B. sind die „Erkenne-das-Organell-und-sage-mir-was-dazu-Fragen". Deswegen werden hier noch einmal kurz die wichtigsten **Organellen** mit ihren herausstechendsten Eigenschaften und Merkmalen wiederholt.

Die Kenntnis von **Zellverbindungen** erleichtert ungemein das Verständnis von so unterschiedlichen Phänomenen wie Zellkommunikation, Strukturerhalt und nebenbei auch von einigen auf den ersten Blick undurchschaubar erscheinenden Physikumsfragen.
Der Abschnitt **Gewebeveränderungen** soll dir wichtige Vokabeln nahe bringen und daran erinnern, dass es eine ganze Menge von Phänomenen gibt, die entscheidende Auswirkungen auf unser Leben haben, die wir mit dem Blick durchs Mikroskop aber kaum oder nur indirekt erkennen können, da wir immer auf totes, fixiertes und damit verändertes Gewebe blicken.

1.1 Organellen

Die Organellen sind durch eine Zellmembran vom Zytoplasma abgetrennte räumliche und funktionelle Einheiten, in denen jeweils spezifische Aufgaben erfüllt werden. Zuerst werden dir die wesentlichen Eigenschaften zusammen mit einigen Physikumsbildern vorgestellt, an denen du das Erkennen von Organellen üben kannst.

1.1.1 Plasmamembran

Die Plasmamembran ist natürlich kein Organell an sich, ist aber als Begrenzung der Zellorganellen und der Zelle von entscheidender Bedeutung. Sie muss schier unlösbare Aufgaben erfüllen:
1. So viel wie nötig und so wenig wie möglich durchlassen,
2. hochflexibel und gleichzeitig fest genug sein, um die Zelle zusammenzuhalten.

Die Natur hat diese Aufgabe mit einer **bimolekularen Schicht aus Phospholipiden** gelöst, in der verschiedenste Proteine (wie Holz auf der Wasseroberfläche) frei beweglich schwimmen. Diese können entweder nur auf

einer Seite der Plasmamembran schwimmen oder ganz durch sie hindurchgehen. Letztere bezeichnet man als Transmembranproteine oder **integrale Membranproteine**. Viele dieser Membranproteine besitzen auf der Außenseite der Plasmamembran einen Aufsatz aus Zuckermolekülen, die zusammen einen dichten Filz bilden: die **Glykokalix**. Sie ist wichtig z. B. als Träger der Immunität der Zelle. Außerdem sorgt sie beispielsweise im Dünndarm dafür, dass Nahrungsbestandteile im Filz gefangen werden und so länger zur Aufnahme in die Zelle zur Verfügung stehen.
Manche der Membranproteine verknüpfen sich untereinander und bilden „Flöße" (auf schlau Lipid Rafts genannt, s. Skript Biologie 1, S. 4). So können auf der Membran örtlich spezifische Aufgaben wahrgenommen werden.

1.1.2 Zellkern = Nukleus

Alle menschlichen Zellen mit Ausnahme der Erythrozyten besitzen einen Zellkern, Hepatozyten, Osteoklasten und Muskelzellen sogar mehrere. Lage, Größe und Form können häufig bei der Bestimmung der Zelle helfen.
Der Kern wird von einer zusammenhängenden Hülle – dem **Karyolemm** (Kernmembran) – umgeben. Diese doppelte Membran enthält an manchen Stellen Kernporen, mit denen das Nukleoplasma (Karyoplasma, Zellkerninhalt) direkt mit dem Zytoplasma in Verbindung steht.
Der Kern enthält fast das gesamte genetische Material der Zelle in Form von Chromosomen. Nicht benutzte DNS wird um Histone (globuläre basische Proteine) gewickelt und liegt damit komprimiert vor. Die Einheit eines Histonkomplexes mit umschlingender DNS wird als Nukleosom bezeichnet.
Innerhalb des Zellkerns sind häufig Nukleoli (sing. **Nukleolus**) erkennbar. Dabei handelt es sich um runde, dichte Gebilde, in denen eine besonders lebhafte Synthese ribosomaler RNA stattfindet.

Du solltest darauf achten, den Nukleolus nicht mit dem Nukleosom zu verwechseln.

1.1.3 Mitochondrien

Die Mitochondrien gelten als das **Kraftwerk der Zelle**: In ihrer inneren Membran liegen die Moleküle der **Atmungskette**, die den Energieträger der Zelle – das ATP – erzeugen. Man nimmt an, dass die Mitochondrien in grauer Vorzeit einmal eigenständige **Prokaryonten** waren, die von eukaryontischen Zellen aufgenommen wurden und seitdem in Symbiose miteinander leben (Endosymbiontentheorie).
Dafür spricht, dass
1. die Mitochondrien eine eigene, ringförmige DNA besitzen,
2. sie von zwei Zellmembranen umgeben sind,
3. sie eigene Ribosomen besitzen, die als 70S-Partikel bezeichnet werden und aus einer 50S- und einer 30S-Untereinheit bestehen (im Gegensatz zu den 80S-Ribosomen (60S + 40S) der eukaryontischen Zellen). Mit diesen stellen sie eigene Proteine her.
4. sie sich durch Querteilung innerhalb der Zelle vermehren.

Die innere Plasmamembran ist vielfach eingefaltet und bildet so die **Cristae**, an denen ein Mitochondrium meistens auch leicht zu erkennen ist.
Die innere Zellmembran der Mitochondrien besitzt anstelle von Cholesterol Cardiolipin als membranstabilisierendes Phospholipid, eine Tatsache, die gerne mal gefragt wird.

Übrigens ...
In steroidsynthetisierenden Zellen sind die Einstülpungen der inneren Mitochondrienmembran fingerförmig. Hier spricht man von Mitochondrien vom Tubulus-Typ. Im schriftlichen Examen werden mit Freude die Begriffe „steroidsynthetisierende Zelle" und „Zelle mit Mitochondrien vom Tubulus-Typ" synonym verwendet. Lass dich also davon nicht verwirren.

1.1.4 Endoplasmatisches Retikulum

Retikulum heißt Netzchen, und wirklich bildet das endoplasmatische Retikulum weite Netze – oder eher Gänge – innerhalb der Zelle. Man unterscheidet das

- **raue endoplasmatische Retikulum** (rER = rough endoplasmatic reticulum).
  Es erscheint rau wegen vieler kleiner schwarzer aufgelagerter Pünktchen, den Ribosomen. Sie synthetisieren die exportablen Proteine, die in den Raum zwischen den beiden Membranen des ER eingeschleust und dann – wie per Rohrpost – zum Golgiapparat geschickt werden.
- **glatte endoplasmatische Retikulum** (gER = sER = smooth endoplasmatic reticulum). Die Ribosomen fehlen auf den Membranen. Deswegen erkennst du nur viele „Spaghetti" und kaum wirklich eng umgrenzte Strukturen. Hier werden Steroide synthetisiert, in der Leber finden hier die Biotransformation und Gluconeogenese statt (s. Skript Biochemie 7), im Enterozyt wird hier vorläufig Fett gespeichert und im Skelettmuskel Calcium.

Merke!

Im Skelettmuskel heißt das gER **sarkoplasmatisches Retikulum**.

1.1.5 Golgi-Apparat

Der Golgi-Apparat gilt als die **Verladestation der Zelle**. An seiner cis-Seite docken Bläschen aus dem ER an, deren Inhalt dann modifiziert wird. Das bedeutet, dass z. B. an die im ER synthetisierten Proteine Zuckerreste angefügt werden, die als „Adressen" dienen. An der trans-Seite lösen sich die Bläschen ab und werden zur Zellaußenseite oder zu anderen Organellen, z. B. den Lysosomen, transportiert. Der Golgi-Apparat ist auch am **Membranfluss** beteiligt. Er sorgt also dafür, dass die Plasmamembran immer wieder mit neuen Membranteilen der Vesikel aufgefüllt wird.

1.1.6 Lysosom

Das Lysosom gilt als der Schredder der Zelle. Man unterscheidet zwei Zustandsarten:

1. Im **primären Lysosom** sind die Enzyme an Rezeptorproteine, die in der Organellenmembran liegen, gekoppelt und damit inaktiv.
2. Verschmilzt ein primäres Lysosom mit zelleigenem, abzubauendem Material, entsteht daraus ein Autolysosom; verschmilzt es mit Bläschen voller endozytotisch aufgenommenem, zellfremdem Material, entsteht ein Heterolysosom. Beide bezeichnet man auch als **sekundäre Lysosomen**. In ihnen lösen sich die lysosomalen Enzyme von den Rezeptoren, liegen damit im aktiven Zustand vor und sind so enzymatisch wirksam.

Lysosomen mit nicht abgebauten Resten (Residualkörperchen oder Telolysosomen genannt) werden meistens exozytiert. In manchen Zellen in der G_0-Phase, wie Herz-, Leber- und Nervenzellen, können sie jedoch teilweise nicht abgestoßen werden und akkumulieren, sodass aus ihnen Pigmente entstehen, z. B. das Lipofuszin oder Alterspigment (s. IMPP-Bild 1, S. 59 und IMPP-Bild 2, S. 59).
Im EM-Bild (s. Abb. 1, S. 4) erkennst du Lysosomen an einem sehr uneinheitlichen Organelleninhalt, der an manchen Stellen stärker, an manchen Stellen schwächer angefärbt ist und häufig sogar noch Reste anderer Organellen enthält (z. B. Mitochondrienreste).

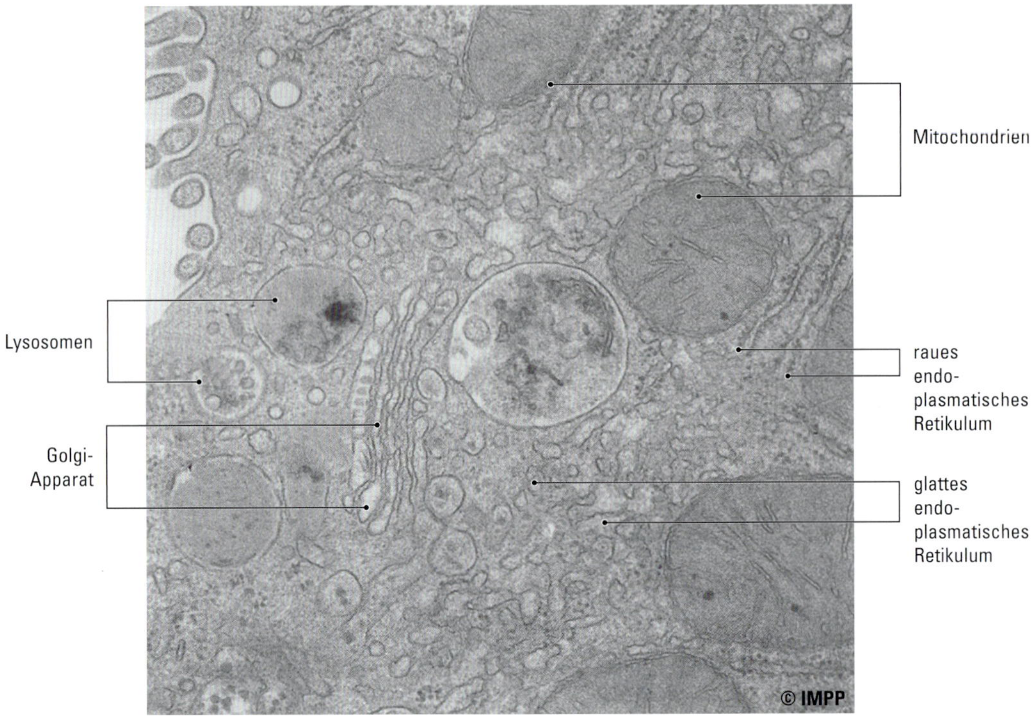

Abb. 1: EM-Bild Zellorganellen

medi-learn.de/7-histo1-1

1.1.7 Peroxisom

Peroxisomen sind Teile eines entwicklungsgeschichtlich schon sehr lange vorhandenen, primitiven Energiebildungssystems, dessen wichtigstes Merkmal das Vorhandensein der beiden Enzyme **Peroxidase** und **Katalase** ist. Die Peroxidase reduziert Sauerstoff zu Wasserstoffperoxid, das wiederum von der Katalase abgebaut wird. Beim Menschen wird das hochreaktive Peroxid nicht zur Energiebildung, sondern beim Abbau besonders langer Fettsäuren und bei peroxidatischen Entgiftungsreaktionen benötigt. Peroxisomen bilden relativ kleine Organellen mit gleichmäßig angefärbtem Inhalt, in dem häufig ein einzelner dunklerer Fleck zu erkennen ist.

1.1.8 Zytoskelett

Der Größe nach geordnet, bilden Mikrotubuli, Intermediärfilamente und Mikrofilamente (= Aktinfilamente) zusammen das Zytoskelett der Zelle. Dabei handelt es sich um ein dynamisches, hochstrukturiertes Netzwerk zur **Aufrechterhaltung der Gestalt**, das aber auch wie **Schienenwege** für gerichteten Transport innerhalb der Zelle und für **Bewegungsvorgänge** der Zelle benutzt wird.

Mikrotubuli

Mikrotubuli sind gerade und relativ starre Röhren, die erstaunlich schnell auf- und abgebaut werden können. Dies ist möglich, da sie aus erdnussförmigen **Tubulindimeren** aufgebaut sind, die sich längs- und seitwärts aneinander lagern und Röhren bilden. Das Wachstum der Mikrotubuli erfolgt asymmetrisch, da sie über ein relativ stabiles, langsam wachsendes Minusende (z. B. an den Zentriolen) und über ein schnell wachsendes Plusende in der Peripherie verfügen. Mikrotubuli können einzeln oder zu größeren Strukturen zusammengeschlossen vor-

liegen und sind meistens zu den Zentrosomen (s. u.) hin angeordnet. Sie sind wesentlich für
- die Aufrechterhaltung der Gestalt,
- den gerichteten Zelltransport.

Notwendig für den Transport längs der Mikrotubuli-Schienen – z. B. von Vesikeln beim axonalen Transport der Nervenzellen – sind die beiden Proteine **Dynein** und **Kinesin**, die sich ATP-abhängig an ihnen verschieben.

Zentriolen sind zylinderförmige Zellorganellen und gelten als Organisationszentren der Mikrotubuli. Paarweise angeordnet und von dichtem perizentriolärem Material umgeben, heißen sie **Zentrosomen**. Im Rahmen der Mitose (genauer: in der S-Phase der Interphase) verdoppeln sich die Zentriolen und sind Ansatzpunkt der Mitosespindel.
Zilien sind aus Mikrotubuli aufgebaute Zellausstülpungen. Die Mikrotubuli liegen hier in einer typischen Anordnung, nämlich als 9 · 2 + 2-Struktur vor. Das heißt, dass neun Pärchen aus zwei Mikrotubuliröhren (Duplets) kreisförmig um ein weiteres Pärchen in der Mitte angeordnet sind. Die Duplets sind mittels flexibler **Nexinbrücken** miteinander verbunden. Zangenförmige Strukturen (Dynein) greifen von einem äußeren Duplet zum nächsten und können ATP-abhängig zu einer Verschiebung benachbarter Duplets führen. So verbiegt sich die gesamte Struktur und das Zilium bewegt sich.

Intermediärfilamente

Intermediärfilamente heißen so, weil ihr Durchmesser zwischen dem der großen Mikrotubuli und dem der kleinen Aktinfilamente liegt. Sie sind die stabilsten Komponenten des Zytoskeletts und werden deswegen häufig zur Klassifizierung von Zellen verwendet, wie z. B. zur Beantwortung der Frage nach der Herkunft von Tumorzellen.

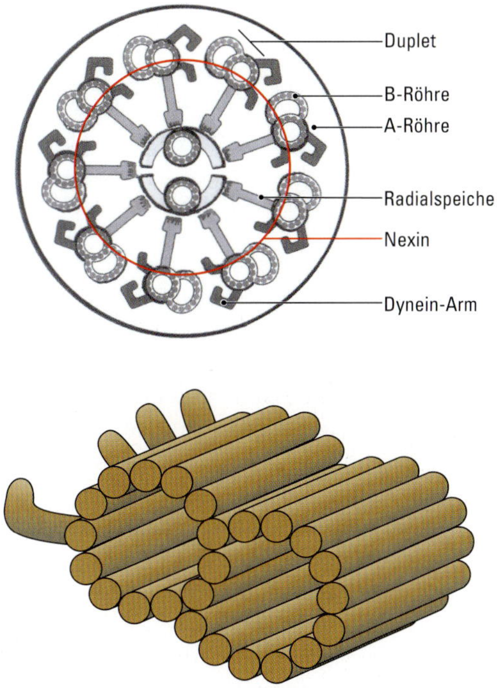

Abb. 2: Mikrotubuli mit 9 · 2 + 2-Struktur © IMPP

medi-learn.de/7-histo1-2

Mit großer Regelmäßigkeit wurden im Physikum die verrücktesten Bestandteile der Intermediärfilamente (IF) gefragt. Hier die wichtigsten:

IF Komponente	Vorkommen	Funktion
Vimentin	mesenchymale Zellen (z. B. Fibrozyten)	Struktur, vorwiegend in der Entwicklung
(Zyto-) Keratin	epitheliale Zellen (Haut, Haare, Nägel)	mechanischer Schutz der Epithelien
Desmin	Muskelzellen	verbindet Myofibrillen
GFAP (saures Gliafibrillenprotein)	Astrozyten	bindet an Intermediärfilamente (Zytoskelett)

Tab. 1: Wichtige Bestandteile der Intermediärfilamente

Besonders nach dem GFAP wird häufig gefragt, vielleicht weil seine Färbung so schöne Bilder von Astrozyten erzeugt (s. Abb. 3, S. 6). Nach Letzteren wird auch immer wieder gefragt (s. 2.4.3, S. 54).

Aktinfilamente = Mikrofilamente

Aktinfilamente sind aus Aktin aufgebaut und häufig mit Myosin assoziiert. In den Muskelzellen liegen sie sehr geordnet vor und sind Bestandteil der Sarkomere (S. 41). In vielen anderen Zellen bilden sie ein ungeordnetes Netz, das für eine gewisse Kontraktilität der Zellen sorgt oder sogar bei der amöboiden Bewegung von Zellen mithilft, z. B. bei den Leukozyten oder bei Zellen, die während der Entwicklung wandern.
Es gibt auch Aktinfilamente, die nicht oder nur wenig mit Myosin verbunden sind. Sie bilden u. a. das subplasmalemnale Netzwerk, das die Zellmembran stabilisiert und Verankerungspunkt für Desmosomen oder Mikrovilli bildet.

1.2 Zellverbindungen

Drei Arten von Zellverbindungen sind für das Physikum elementar wichtig:
1. Undurchlässige Verbindungen,
2. Haftverbindungen,
3. kommunizierende Verbindungen.

Auch hier wurde bislang gerne nach typischen Proteinen gefragt, die du deswegen unbedingt parat haben solltest. Am besten merkst du dir gleich jetzt schon die Integrine, Laminine und Fibronektine, die der Anheftung der Zellmembran an die Basallamina dienen (s. 2.1.2, S. 15).

1.2.1 Undurchlässige Verbindungen = Tight Junctions = Zonulae occludentes

Tight Junctions entstehen durch eine Verschmelzung der äußeren Schicht der Zellmembranen zweier benachbarter Zellen mittels der Membranproteine Occludin und Claudin. Sie kommen im Wesentlichen an Oberflächenepi-

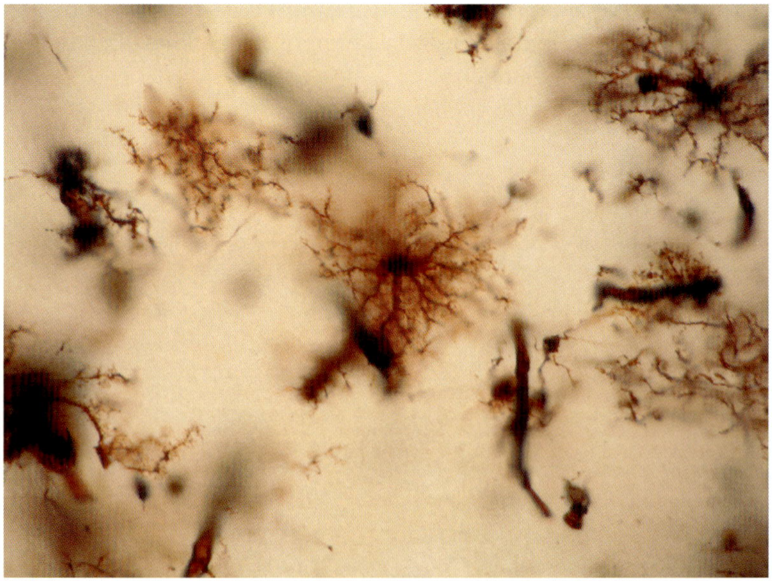

Abb. 3: GFAP-Färbung von Astrozyten an Gehirnkapillaren *medi-learn.de/7-histo1-3*

thelien vor, z. B. in Blutgefäßen oder der Haut, und haben zwei wichtige Aufgaben:

1. Sie verhindern den freien Durchtritt von Substanzen zwischen zwei Zellen (den parazellulären Transport). Damit sind sie ein wesentlicher Bestandteil der Blut-Hirn-Schranke und der Blut-Luft-Schranke.
2. Sie erzeugen zwei verschiedene Zellmembranabschnitte mit verschiedenen Membranproteinen: die apikale und die basolaterale Seite. Die Proteine können zwar auf der einen Seite frei in der Membran herumschwimmen, die Tight Junctions können sie aber nicht überwinden.

Merke!

Claudio (Claudin) und Okka (ein Mädchenname, hier für Occludin) sind sich sehr nah.

1.2.2 Haftverbindungen = Desmosomen

Desmosomen halten Zellen mechanisch zusammen und sind so vor allem an besonders beanspruchten Stellen zu finden, wie z. B. dem Stratum spinosum der Haut. Im EM-Bild charakteristisch sind Verdichtungen innerhalb der Zelle und Verdichtungen im Extrazellulärraum (zwischen zwei benachbarten Zellen).

Man unterscheidet fünf verschiedene Formen von Desmosomen:

1. **Fleckdesmosomen = Maculae adhaerentes**
   Ein Fleckdesmosom sieht aus wie zwei Blatt Papier (Zellmembranen zweier benachbarter Zellen), die von zwei Kühlschrankmagneten (Desmosomen) zusammengehalten werden. Dabei sind auf der intrazellulären Seite Schlaufen der Intermediärfilamente an einem plaqueartigen Protein (deswegen Desmoplakin genannt) direkt angrenzend an die Plasmamembran befestigt. Von dort ziehen Cadherine durch die Zellmembran und verbinden sich mit den Cadherinen der anderen Seite. Fleckdesmosomen kommen zwischen Herzmuskelzellen und im Epithel vor.
2. **Punktdesmosomen = Puncta adhaerentes**
   Sie kommen ubiquitär (überall) vor und sind etwas kleiner als Fleckdesmosomen.
3. **Gürteldesmosomen = Zonulae adhaerentes**
   Sie verlaufen unter den Tight Junctions gürtelförmig um die Zelle herum und sind typisch für kubisches und hochprismatisches Epithel.
4. **Hemidesmosomen**
   Ein einzelner Kühlschrankmagnet heftet ein Blatt Papier an den Kühlschrank. Hemidesmosomen heften die basale Membran von Epithelzellen an die Basalmembran.

   Hierbei verknüpft das Transmembranprotein Integrin die Keratinfilamente (v. a. Laminin) der Basalmembran mit den Intermediärfilamenten innerhalb der Zelle.
5. **Streifendesmosomen = Fasciae adhaerentes**
   Sie gleichen den Zonulae adhaerentes und kommen nur in den Disci intercalares des Herzens vor.

1.2.3 Kommunizierende Verbindungen = Gap Junctions = Nexus

Physikumsliebling sind die Gap Junctions, Komplexe aus hunderten von kleinen Tunneln, den Connexonen. Connexone sind Poren aus sechs Proteinuntereinheiten (Connexine), die zusammen ein Loch in der Zellmembran bilden und mit weiteren sechs Proteinen der benachbarten Zellmembran eine Röhre schaffen, in der das Zytoplasma der einen Zelle direkt mit dem der anderen in Kontakt steht. Das hat zwei wichtige Folgen:

1. Durch den Tunnel können Stoffe diffundieren, es besteht also eine metabolische Kopplung der Zellen.
2. Durch den Tunnel können sich Ionen bewegen, es besteht daher auch eine elektrische Kopplung. Beispiel: Im Herzen funktionieren Gap Junctions somit als transmitterfreie elektrische Synapsen.

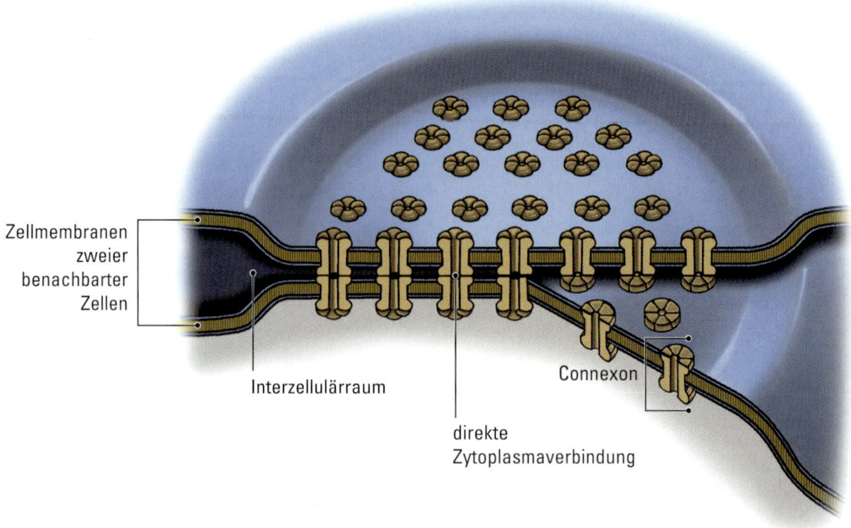

Abb. 4: Gap Junctions

medi-learn.de/7-histo1-4

Auf diese Art sorgen Nexus dafür, dass

- ganze Zellverbände gemeinsam funktionieren (funktionelles Synzytium). Dies ermöglicht z. B. eine schnelle Erregungsausbreitung und die fast gleichzeitige Kontraktion der Herzzellen (s. 2.3.2, S. 44).
- eine Zelle ihre Nachbarzelle ernähren kann. So werden z. B. Osteozyten fern des Haverkanals ernährt (s. 2.2.6, S. 36).

Nexus kommen ubiquitär vor, mit einer wichtigen Ausnahme: Skelettmuskeln besitzen keine Gap Junctions, da dort eine genaue Steuerung jeder einzelnen Muskelfaser Voraussetzung für exakte Bewegungsabläufe ist.

1.2.4 Schlussleisten = Haftkomplexe

Zonulae occludentes (Tight Junctions), **Zonulae adhaerentes** (Gürteldesmosomen) und **Maculae adhaerentes** (Fleckdesmosomen) bilden die mikroskopisch sichtbare Schlussleiste, die die lateralen Seiten von Epithelzellen verbindet.

1.3 Zelltransport

Endozytose = „in die Zelle hinein":
Hier unterscheidet man zwei wichtige Prozesse: Bei der **Pinozytose** binden integrierte Membranproteine auf der Außenseite die aufzunehmenden Moleküle und öffnen auf der Innenseite der Zelle Bindungsstellen für Clathrin, ein dreiarmiges Molekül. Viele dieser angelagerten Clathrinmoleküle reagieren miteinander und stülpen die Zellmembran ein. Es entsteht ein (von innen) bedecktes Grübchen, englisch „Coated Pit". Diese Einstülpung geht so lange weiter, bis ein von Clathrin bedecktes Bläschen (ein Coated Vesicle oder Stachelsaumbläschen) entstanden ist, in dem sich die aufzunehmende Substanz befindet. Unmittelbar danach lösen sich die Clathrinmoleküle vom Vesikel, um wiederverwendet werden zu können.
Die **Phagozytose** entsteht durch Ausstülpungen der Zellmembran um das aufzunehmende Objekt herum, z. B. wenn ein Makrophage ein Bakterium frisst.

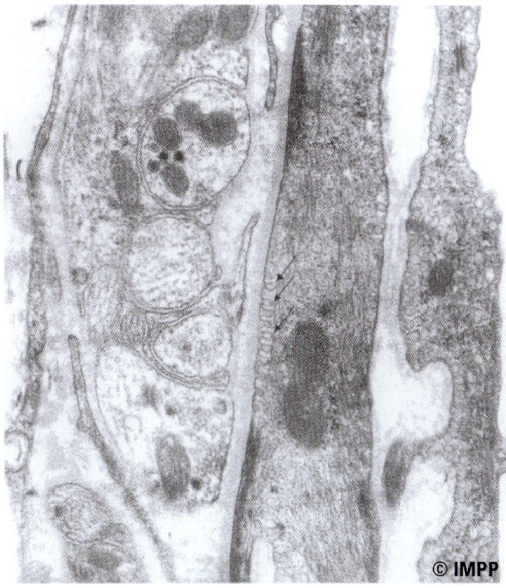

Caveolae (lat.: kleine Höhlen; Marker-Protein = Caveolin), gebildet durch spezialisierte „Lipid Rafts" (s. S. 2) als morphologisches Substrat der Transzytose bei Endothelzellen. Links neben der Endothelzelle erkennt man mehrere durch eine dreischichtige Membran (dunkel, hell, dunkel) abgrenzbare Strukturen, die Nervenfasern entsprechen.

Abb. 5: Caveolae *medi-learn.de/7-histo1-5*

Transzytose (Zytopempsis) = „durch die Zelle hindurch":
Sie ist am ehesten typisch für Enterozyten.

Exozytose = „aus der Zelle heraus":
Spezielle Proteine, die Anexine, helfen bei der Fusion der Organellen- und der Zellmembran, wodurch der Organelleninhalt in den extrazellulären Raum abgegeben wird.

1.4 Gewebeveränderungen

Im Gegensatz zum fixierten Gewebe auf den Objektträgern verändert sich der menschliche Körper ständig: Überflüssiges wird abgebaut, Notwendiges verstärkt gebildet. Um diese Vorgänge sinnvoll beschreiben zu können, musst du ein paar Vokabeln lernen, deren Kenntnis beim mündlichen und beim schriftlichen Teil als Basis der Basis vorausgesetzt wird:

Bei einer **Hypertrophie** nimmt das Zellvolumen zu, die Zellzahl bleibt gleich. Beispiel: Das Herz vergrößert sich bei körperlichem Training physiologischerweise durch Hypertrophie.
Bei einer **Hyperplasie** nimmt die Zellzahl zu, so vergrößert sich z. B. die Brustdrüse während der Schwangerschaft.
Bei der **Atrophie** unterscheidet man zwei Arten:
- Die einfache Atrophie (Hypotrophie), bei der das Zellvolumen sinkt und die Zellzahl konstant bleibt.
- Die numerische Atrophie (Hypoplasie), bei der die Zellzahl abnimmt.

Bei einer **Metaplasie** wandelt sich ein differenziertes Gewebe in ein anderes um. So kann sich z. B. an der Portio vaginalis einschichtiges Zylinderepithel in mehrschichtig unverhorntes Plattenepithel wandeln. Das veränderte Epithel im Bereich der Metaplasie neigt verstärkt zur malignen Entartung.
Bei einer **Nekrose** kommt es zum pathologischen, unkontrollierten Absterben von Zellen, z. B. beim Herzinfarkt durch Minderversorgung des Myokards mit Sauerstoff.
Bei einer **Apoptose** stirbt die Zelle physiologisch, auf programmierte Weise. Dies geschieht häufig unter Mitwirkung von Caspasen (eine Untergruppe der Proteasen = proteinspaltende Enzyme). So verringert sich z. B. das Brustdrüsenepithel nach dem Abstillen.

DAS BRINGT PUNKTE

In fast jedem Physikum tauchen Fragen zu den **Zellorganellen, Zytoskelettbestandteilen** und **Zellverbindungen** auf. Du solltest

- EM-Bilder von Zellorganellen sowie die immer gleiche Zellskizze (s. Abb. 9, S. 15) erkennen können und etwas über Aufbau und Funktionsweise v. a. von Mitochondrien und Lysosomen wissen;
- wissen, dass Zellen mit Mitochondrien vom Tubulus-Typ Steroide synthetisieren;
- die Lokalisation der unterschiedlichen Intermediärfilament-Typen in- und auswendig kennen;
- den Aufbau, die charakteristischen Proteine, die Lokalisation und Funktion der Zell-Zellverbindungen kennen, und ganz besonders einfach alles zu den Gap Junctions im Kopf haben sowie
- mit den Begriffen Hyper-/Hypotrophie und Hyper-/Hypoplasie spielen können.

FÜRS MÜNDLICHE

Zu Beginn dieses Skriptes hast du die Zellen mit ihren Verbindungen zueinander und ihren Organellen kennengelernt. Jetzt kannst du dein Wissen alleine oder mit deiner Lerngruppe anhand der folgenden Fragen der mündlichen Prüfungskontrolle überprüfen.

1. **Welche Zellorganellen kennen Sie? Bitte nennen Sie deren wesentliche Aufgaben.**
2. **Erklären Sie bitte, auf welchem Wege ein intrazellulär synthetisiertes Protein zum Extrazellulärraum transportiert wird.**
3. **Bitte erläutern Sie, was Zellen verbindet.**
4. **Erklären Sie bitte, wie Gap Junctions funktionieren.**
5. **Bitte erklären Sie, woraus das Zytoskelett aufgebaut ist.**

---

1. Welche Zellorganellen kennen Sie? Bitte nennen Sie deren wesentliche Aufgaben.

Zellkern:
Organisation und Verarbeitung der genetischen Information der Zelle (Bibliothek der Zelle).

Mitochondrium:
Ort der Atmungskette, also Produktion der Energieträger (ATP), Endosymbiontentheorie erläutern.

Endoplasmatisches Retikulum:

- rER: Syntheseort exportabler Proteine
- gER: Speicher und Ort der Biotransformation sowie Gluconeogenese in der Leber.

Lysosom:
Ort des intrazellulären Abbaus von Proteinen.

Peroxisom:
Ort u. a. der Entgiftung und des Fettsäureabbaus mittels Peroxidase und Katalase.

2. Erklären Sie bitte, auf welchem Wege ein intrazellulär synthetisiertes Protein zum Extrazellulärraum transportiert wird.
Synthese an Ribosomen des rER, Transport innerhalb des ER Richtung Golgi, im Vesikel zur Golgi cis-Seite, Modifikation, Exportvesikel aus Golgi trans-Seite, Exozytose.

FÜRS MÜNDLICHE

3. Bitte erläutern Sie, was Zellen verbindet.

- Direkte Verbindungen: Tight Junctions, Zonulae adhaerentes, Desmosomen, Gap Junctions.
- Indirekt über Basalmembran.

4. Erklären Sie bitte, wie Gap Junctions funktionieren.

Connexone bilden Tunnel durch die Zellmembran zweier benachbarter Zellen, sodass eine direkte Zytoplasmaverbindung entsteht. Dadurch elektrische und metabolische Kopplung.

5. Bitte erklären Sie, woraus das Zytoskelett aufgebaut ist.

Mikrotubuli, Intermediärfilamente, Mikrofilamente.

Mehr Cartoons unter www.medi-learn.de/cartoons

Pause

Ein paar Seiten hast du schon geschafft!
Kurzes Päuschen und weiter geht's!

2 Gewebelehre

Fragen in den letzten 10 Examen: 35

Nach dem Aufbau der einzelnen Zelle stehen jetzt die Zusammenschlüsse von Zellen, also die Gewebe, auf dem Programm. Histologen betonen häufig, wie einfach der menschliche Körper aufgebaut ist, da er nur aus vier verschiedenen Grundgeweben besteht:

1. Epithelgewebe,
2. Bindegewebe,
3. Muskelgewebe,
4. Nervengewebe.

Das ist ein bisschen geschummelt, da z. B. unter dem Begriff Bindegewebe so unterschiedliche Gewebe wie Knorpel-, Knochen-, Fett- und natürlich das klassische Bindegewebe zusammengefasst werden. Trotzdem erleichtert diese Einteilung und das Wissen über Form, Bestandteile und Eigenschaften der einzelnen Gewebe ungemein den Blick auf den menschlichen Körper und nebenbei auch auf viele Physikumsfragen.

2.1 Epithelgewebe

Epithelgewebe kleiden innere und äußere Körperoberflächen aus. Deswegen bilden sie eine Art engen Fliesenteppich aus relativ dicht aneinanderliegenden, hochspezialisierten Zellen, die alle an einer darunter liegenden **Basalmembran** befestigt sind. Zwischen den Zellen liegt der Interzellulärraum, der für den Stofftransport von elementarer Bedeutung ist. Zunächst geht es in diesem Abschnitt um den besonderen **Aufbau der Epithelzellen** und anschließend um die Klassifikation der unterschiedlichen **Epithelarten**. Gegen Ende folgt dann noch ein Exkurs zu den Besonderheiten

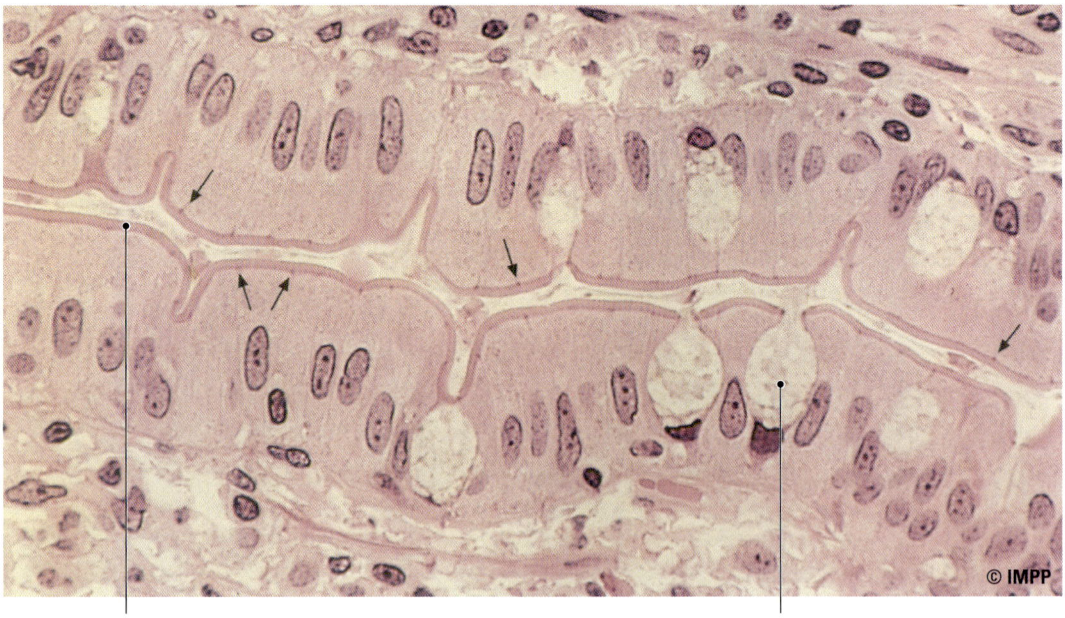

Zwischen den Epithelzellen liegen schleimproduzierende Becherzellen (heller, rundlich).
Cave: Die Pfeile zeigen auf die Schlussleisten (s. 1.2.4, S. 8) zwischen den Zellen.

Abb. 6: Bürstensaum aus Mikrovilli auf Duodenalzellen

medi-learn.de/7-histo1-6

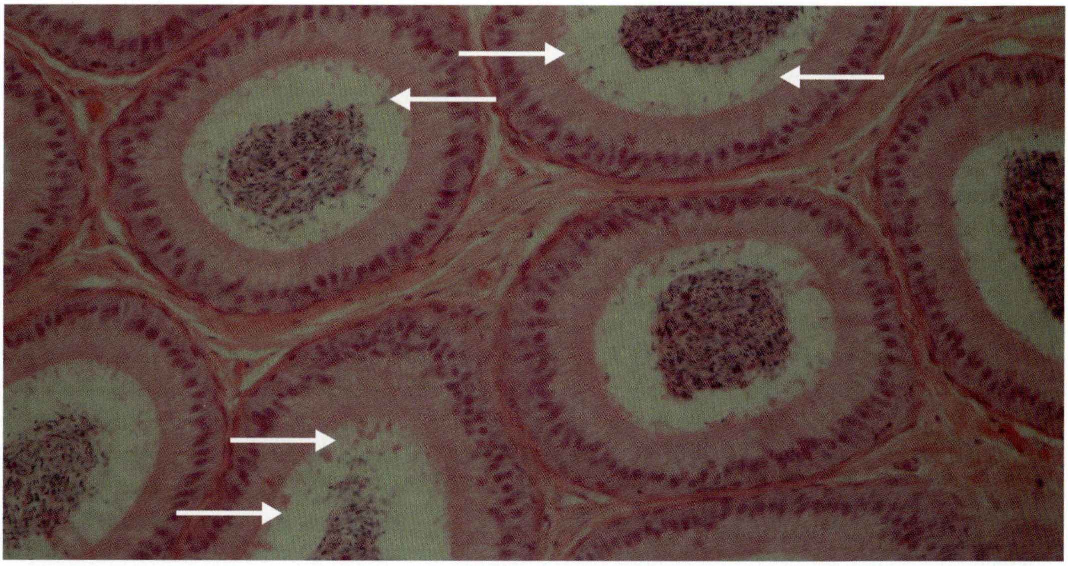

Abb. 7: Stereozilien auf Nebenhodenzellen *medi-learn.de/7-histo1-7*

der Basalmembran, eine wahnwitzig dünne, aber auch wahnwitzig wichtige Struktur.

2.1.1 Aufbau des Epithels

Denken wir uns eine Epithelzelle als Fliese auf dem Küchenboden, so sind drei verschiedene Seiten unterscheidbar:

1. Die nach oben zeigende apikale Seite (von lat. apex: Spitze),
2. die zu den anderen Fliesen zeigende laterale Seite und
3. die im Zement befestigte basale Seite.

Die apikale Seite ist mit anderen Proteinen als die basolaterale Seite besetzt, da ja die Schlussleiste am oberen Rand eine undurchlässige Grenze bildet.

Apikale Seite

Die apikale Seite einer Epithelzelle besitzt verschiedene Formen von Ausstülpungen, mit denen die Zelle unterschiedlichste Aufgaben erfüllen kann. Man unterscheidet:

1. Mikrovilli,
2. Stereozilien,
3. Kinozilien.

Alle sind unterschiedlich aufgebaut und erfüllen unterschiedliche Aufgaben.

Mikrovilli

Mikrovilli sind 2 µm lange, fingerförmige Ausstülpungen, die vor allem der Oberflächenvergrößerung dienen. Ihre Struktur wird durch Aktinfilamente vorgegeben, die durch **Fimbrin** und **Villin** vernetzt sind und eine leichte Bewegung ermöglichen. Die Filamente sind im **Terminal web** verankert, einem Teil des Zytoskeletts der Zelle direkt unterhalb der Mikrovilli. Rasenförmig auf der gesamten apikalen Seite der Zelle angeordnete Mikrovilli bilden den **Bürstensaum**, eine lichtmikroskopisch erkennbare Struktur, die für resorbierendes Epithel typisch ist. Auf den Mikrovilli liegt ein dicker Filz, die **Glykokalix**.

Stereozilien

„Stereo" hat eine griechische Wurzel, die nicht nur „den Raum ausfüllend", sondern auch „starr, fest" bedeuten kann. Stereozilien sehen nämlich aus wie lange Mikrovilli (4–8 µm lang), sind aber vollkommen unbeweglich.

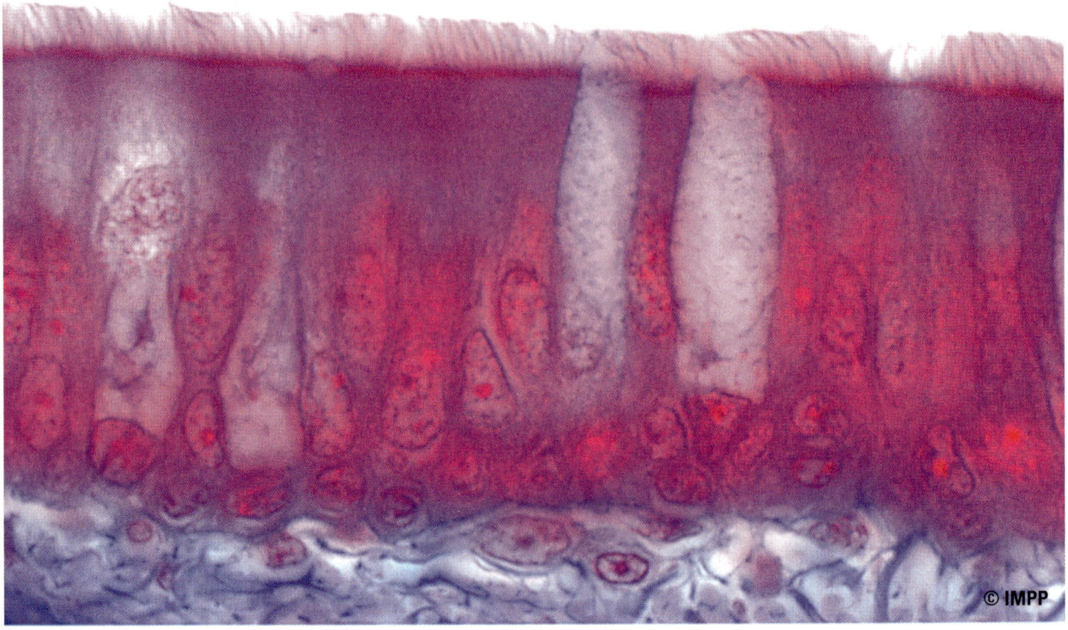

Erläuterung: Hier bitte nur die unregelmäßige Struktur auf den Epithelzellen beachten, die wirklich aussieht wie ein Kornfeld, über das ein Sturm gewütet hat. Die Kinozilien sehen ungleichmäßig lang aus und liegen teilweise verklebt auf dem „Boden".

Abb. 8: Kinozilien in der Trachea *medi-learn.de/7-histo1-8*

Sie sind nur an wenigen Stellen im Körper zu finden, und zwar im Innenohr und im Nebenhoden. Diese Stereozilien und die gleich folgenden Kinozilien auseinander zu halten, ist nicht so einfach: Beide sind länger als Mikrovilli und bilden keine so geordnete Struktur wie den Bürstensaum. Im Nebenhoden bilden die Stereozilien einen faserigen Teppich (s. Skript Histologie 3), im Innenohr aber glücklicherweise unverwechselbare Strukturen (s. Skript Histologie 2).

Kinozilien

Kinozilien sind 5–10 µm lange Zellausstülpungen, die aus einem Mikrotubuliskelett in 9 · 2 + 2-Struktur aufgebaut und damit unter ATP-Verbrauch beweglich sind. Sie sind über Kinetosome, einer verdichteten Struktur direkt unter den Zilien, im Zytoskelett verankert und kommen in großen Teilen der Atemwege, in der Tuba Uterina sowie im Innenohr vor. Wenn man mikroskopisch auf die Innenseite unserer Trachea schauen könnte, sähe die gemeinsame Bewegung der Kinozilien aus wie ein Kornfeld, über das der Wind streicht. Hier erzeugen aber die Ähren den Wind, d. h. die Kinozilien verschieben den darüber liegenden Schleim zur Ösophagusöffnung hin.
Eine besonders lange Form der Kinozilien sind die Geißeln, die im menschlichen Körper nur bei den Spermien vorkommen.

Laterale Seite

An der lateralen Seite grenzt eine Epithelzelle an die nächste, hier liegen also die **Zell-Zell-Kontakte**, wie Tight Junctions, Desmosomen und Gap Junctions, die schon besprochen wurden (s. 1.2, S. 6).

Basale Seite

Hier ist die Zellmembran mit **Hemidesmosomen** und weiteren Verbindungsproteinen an der Basalmembran befestigt. Häufig ist die

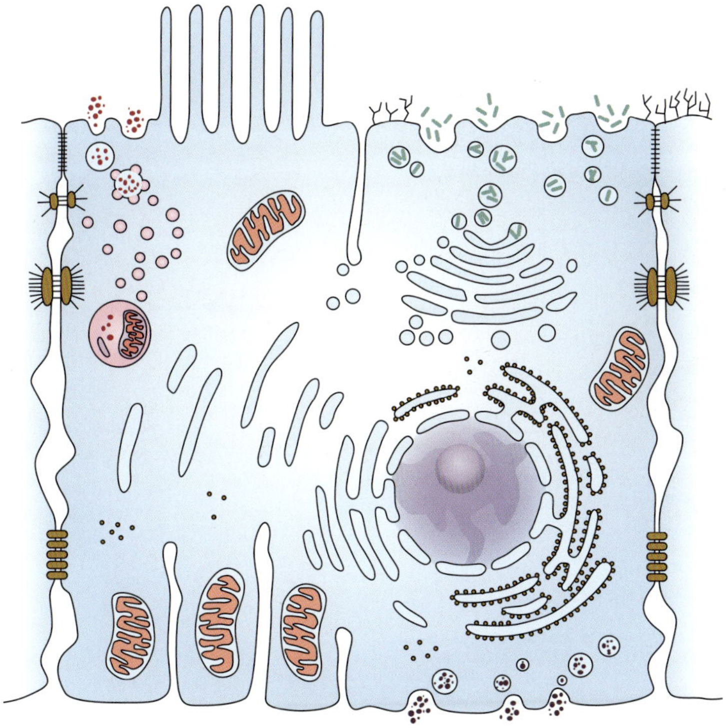

Abb. 9: Oberlieblingszellskizze *medi-learn.de/7-histo1-9*

basale Zellseite zur Oberflächenvergrößerung eingefaltet. Wenn dann in den Falten Mitochondrien länglich angeordnet sind, bildet sich die **basale Streifung**, die lichtmikroskopisch erkennbar ist.

Diese große Oberlieblingszellskizze der Physika kennt wahrscheinlich schon jeder. Du siehst darauf eine Epithelzelle mit ihrer apikalen/luminalen (oben), basalen (unten) und lateralen (links + rechts) Seite. Rechts unten ist der Zellkern mit dem Nukleolus und ihn kreisförmig umgebendes raues endoplasmatisches Retikulum erkennbar. In den basalen Einfaltungen unten links liegen Mitochondrien. Über ihnen sind die Gänge des glatten endoplasmatischen Retikulums sichtbar. An seiner charakteristischen U-Form ist ein Golgi-Apparat über dem Zellkern zu erkennen. Links im luminalen Zellteil ist schematisch die Endozytose dargestellt, aufgenommene Proteine verschmelzen mit einem Primärlysosom, wo sie abgebaut werden. Rechts ist die Exozytose mit Sekretvesikeln zu sehen. An der lateralen Seite sind eine Tight Junction, darunter eine Zonula adhaerens und ein Desmosom dargestellt. Weiter unten ist eine Gap Junction zu finden. Oben sind noch Zellausläufer, wahrscheinlich Mikrovilli, überdimensional groß dargestellt.

2.1.2 Basalmembran

Die Basalmembran ist Teil der extrazellulären Matrix (des „Zements"), in der z. B. die Epithelzellen verankert sind. Sie besitzt außerdem eine wesentliche Filterfunktion bei der Herstellung von Primärharn im Nierenglomerulus. Weiterhin bildet sie die wichtigste Barriere gegen Zellinvasionen (z. B. bei Krebs) und kann Zellen auch ganz umschließen, wie z. B. Muskel- und Fettzellen. Was du fürs Physikum

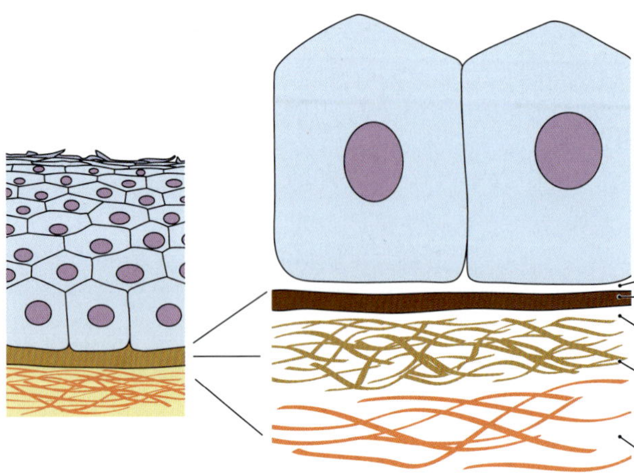

Abb. 10: Basalmembran

medi-learn.de/7-histo1-10

wissen solltest, sind ihr Aufbau und ihre Funktion.

Die Basalmembran besteht aus vier Schichten (s. Abb. 10, S. 16):

1. Lamina rara externa,
2. Lamina densa (Basallamina),
3. Lamina rara interna,
4. Lamina fibroreticularis.

Die beiden Laminae rarae sind sehr dünne Strukturen um die Lamina densa oder **Basallamina** herum, eine im Elektronenmikroskop sehr dicht erscheinende Schicht aus Kollagen Typ IV (bitte unbedingt merken!), Glykoproteinen und Proteoglykanen.

Es folgt die dickere, lockere Lamina fibroreticularis mit vielen Kollagen Typ III-Fasern, die zu den retikulären Fasern gehören. Unter dieser Schicht fängt dann die Lamina propria mit Kollagen Typ I-Fasern an, die aber NICHT mehr Teil der Basalmembran ist.

Auch in diesem Abschnitt geht es einmal mehr um stumpfes Vokabeln lernen: Die physikumsrelevanten Glykoproteine, die für die Zellhaftung sorgen, heißen **Laminin** (das an die **Integrine** in der Zellwand bindet) und **Fibronektin**; das wichtigste Proteoglykan, das für die Filtereigenschaften der Basalmembran verantwortlich ist, heißt **Perlecan**.

2.1.3 Klassifikation des Epithels

Jeder ist genervt von der Klassifikation des Epithels: Studenten, Professoren, selbst Busfahrer habe ich schon darüber schimpfen gehört. Das Erlernen ist auch wirklich ein bisschen mühselig, aber so wichtig wie ein Stadtführer für Touristen in Tokio: Ohne ihn versteht man alles falsch. Wie bei fast allem hilft auch hier die Systematik weiter.

Einschichtiges Epithel

Einschichtiges Epithel erfüllt eine Menge an unterschiedlichen Aufgaben und hat dementsprechend auch viele unterschiedliche Formen.

Einschichtig plattes Epithel. Einschichtig plattes Epithel bildet das Alveolarepithel, kleidet Blutgefäße aus (Endothel) oder bildet eine dünne Gleitschicht zur Auskleidung von Hohlräumen (Mesothel). Es liegt also dort vor, wo kurze Diffusionsstrecken notwendig sind oder wo Eingeweide aneinander reiben.

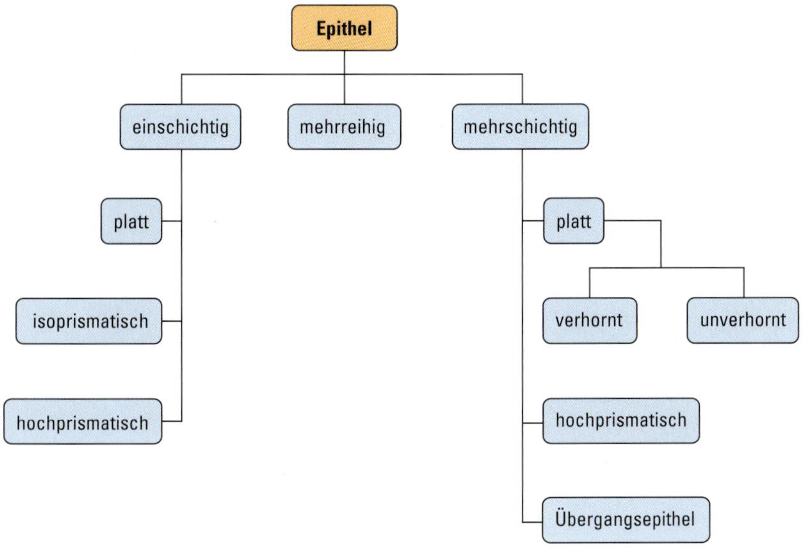

Abb. 11: Epithelklassifikation *medi-learn.de/7-histo1-11*

Einschichtig isoprismatisches (kubisches) Epithel. Einschichtig kubisches, also würfelförmiges Epithel, gibt es nur an wenigen Stellen im Körper, so z. B. auf der Ovaroberfläche und in den Drüsenausführungsgängen. Seine Funktion sind die Bedeckung und Sekretion.

Einschichtig hochprismatisches Epithel. Einschichtig hochprismatisches Epithel wird häufig auch als palisadenförmig bezeichnet, weil es im Anschnitt aussieht wie eine Mauer, die aus vielen nebeneinander gestellten Baumstämmen besteht. Es ist auf der Lumenseite häufig mit Zellausstülpungen zur Oberflächenvergrößerung besetzt und kommt dort vor, wo aktive Transportvorgänge zwischen Lumen und Interstitium (Extrazellulärraum des darunterliegenden Bindegewebes) stattfinden, so z. B. im Verdauungstrakt oder in der Gallenblase.

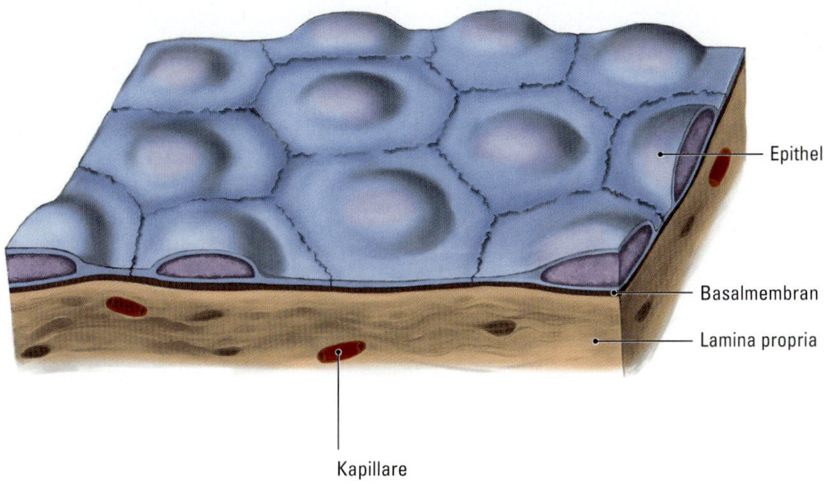

Abb. 12: Einschichtig plattes Epithel *medi-learn.de/7-histo1-12*

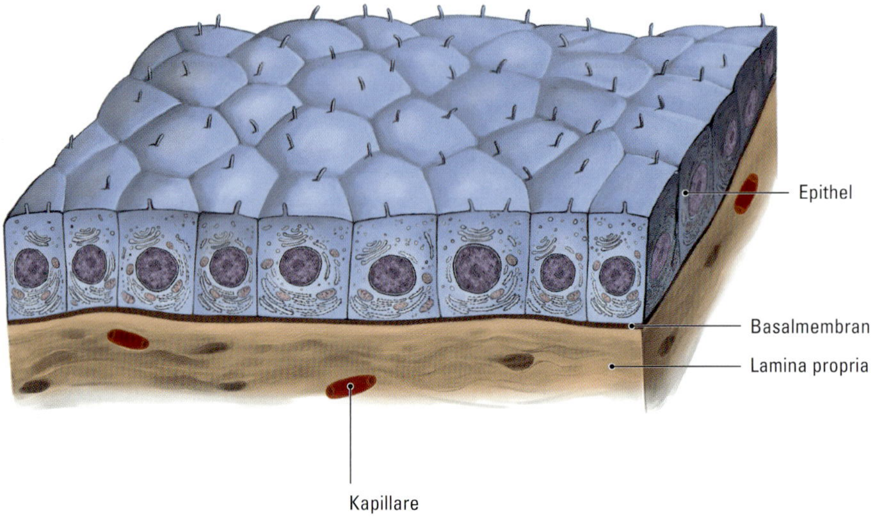

Abb. 13: Einschichtig isoprismatisches Epithel *medi-learn.de/7-histo1-13*

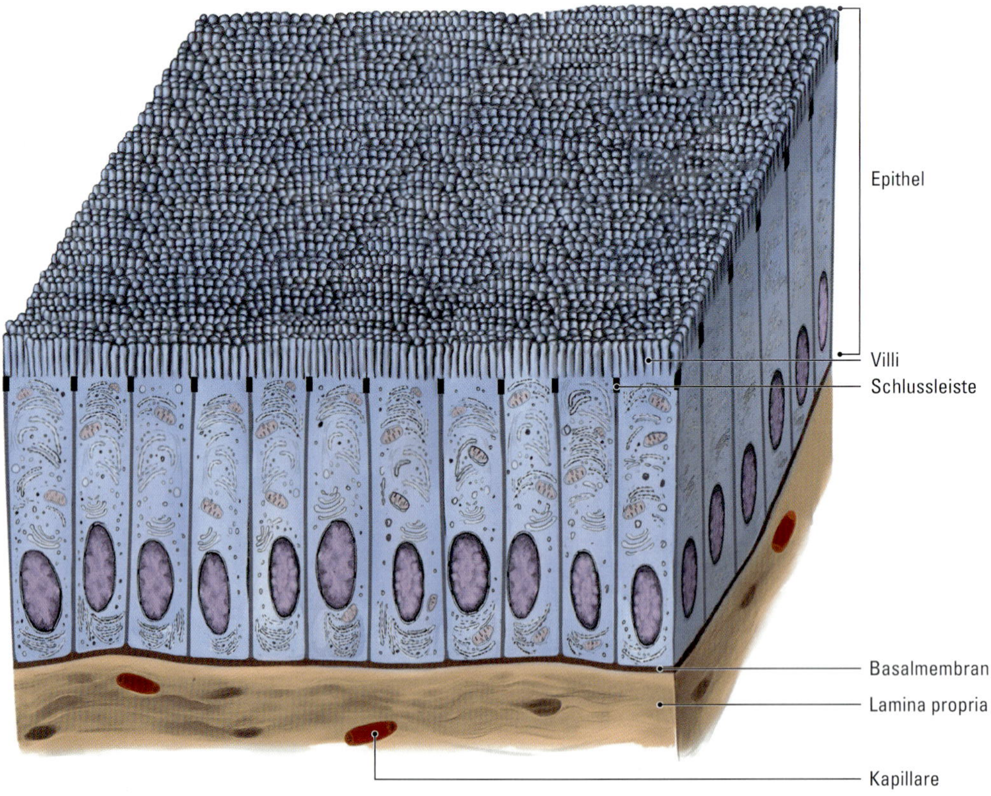

Abb. 14: Einschichtiges hochprismatisches Epithel (vgl. Abb. 6, S. 12) *medi-learn.de/7-histo1-14*

Mehrreihiges Epithel

Dieser Begriff ist ein bisschen „tricky“: Die Epithelien, deren **Zellen alle Kontakt zur Basalmembran haben, aber nicht alle zur Lumenoberfläche**, heißen mehrreihiges Epithel. Es ähnelt also einschichtig hochprismatischem Epithel, ist aber mit Basalzellen durchsetzt. Dabei handelt es sich um Ersatzzellen, die erst noch an die Oberfläche wachsen müssen. Dadurch liegen die Zellkerne dieses Epithels in unterschiedlichen Ebenen, was ein sehr unregelmäßiges Bild erzeugt. Mehrreihiges Epithel liegt im Respirationstrakt vor und ist dort für Schleimsekretion und -transport sowie Schutz und Befeuchtung der Luft zuständig (s. Abb. 15, S. 19).

Mehrschichtiges Epithel

Mehrschichtiges Epithel bildet – wie der Name vermuten lässt – mehrere Zellschichten. Von denen haben manche entweder mit der Basalmembran oder der Lumenoberfläche, manche auch nur mit darüber- oder darunterliegenden Zellen Kontakt. Keine Zelle reicht jedoch direkt von der Basalmembran bis zur Oberfläche. **Nach der Form der obersten Zellschicht** unterscheidet man mehrschichtig plattes und mehrschichtig hochprismatisches Epithel. Mehrschichtig plattes Epithel wird noch weiter in verhorntes und unverhorntes Epithel unterteilt.

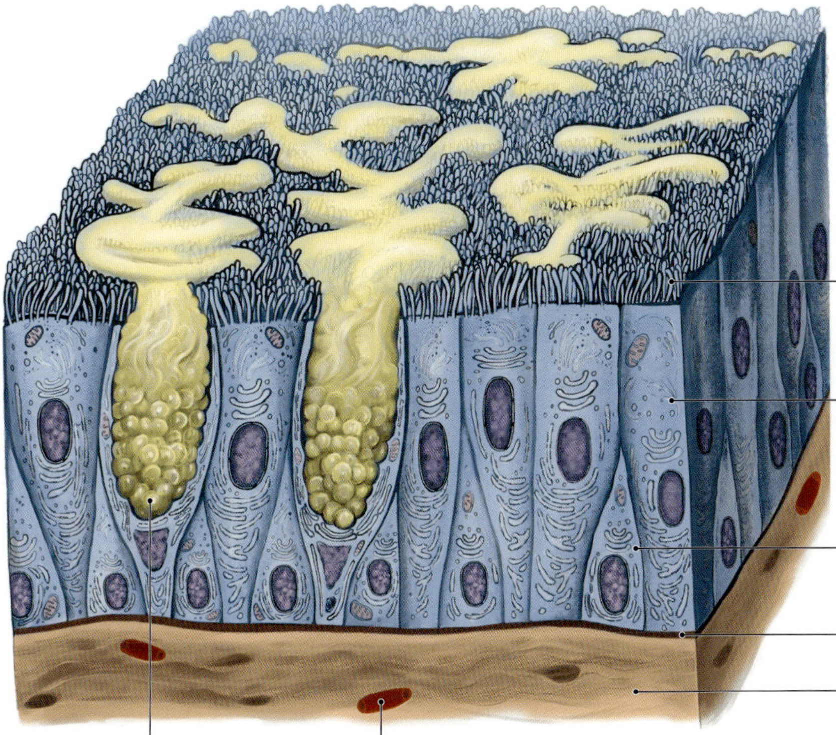

Abb. 15: Mehrreihiges Epithel

medi-learn.de/7-histo1-15

Mehrschichtig plattes verhorntes Epithel. Verhornt heißt, dass über der letzten Zellschicht noch eine dicke Schicht aus abgestorbenen Zellen liegt. Nach Fixation ist sie meistens von der Zellschicht darunter als Artefakt gelöst. Mehrschichtig plattes verhorntes Epithel bestimmt unser Aussehen mehr als alle anderen Epithelarten, da es die Epidermis der Haut bildet. Dementsprechend wird es auch dort noch einmal ausführlich besprochen (s. Skript Histologie 2).

Mehrschichtig plattes unverhorntes Epithel kleidet innere Körperoberflächen aus, die vor Reibungen oder Verdunstung geschützt, also ständig feucht gehalten werden müssen: Mund, Ösophagus, Analkanal und Vagina. Es endet auf seiner Lumenseite im Gegensatz zum verhornten Epithel mit einer Zellschicht, in der noch Zellkerne zu erkennen sind (s. Abb. 16, S. 20).

Übrigens ...
Mehrschichtig hochprismatisches Epithel kommt im menschlichen Körper so selten vor (z. B. in der Fornix conjunctivae), dass selbst die Physikumsmacher es vergessen zu haben scheinen.

Übergangsepithel

Ob Übergangsepithel eher mehrschichtig oder mehrreihig ist, darüber lassen wir die Experten streiten (wahrscheinlich ist es mehrschichtig). Wichtig für dich ist, dass es in zwei Zustandsformen vorkommen kann: in gedehntem und entspanntem Zustand. Es ist Bestandteil der ableitenden Harnwege, also des Nierenbeckens, Urethers, der Harnblase und des oberen Teils der Harnröhre, wo eine gewisse Dehnbarkeit für jeden Barbesuch unablässige Vorraussetzung ist (s. Abb. 17 b, S. 21). Diese Dehnbarkeit wird durch eine Deckschicht an Zellen erreicht, deren Plasmalemm im entspannten Zustand stark gefaltet ist (s. Abb. 17 a, S. 21).

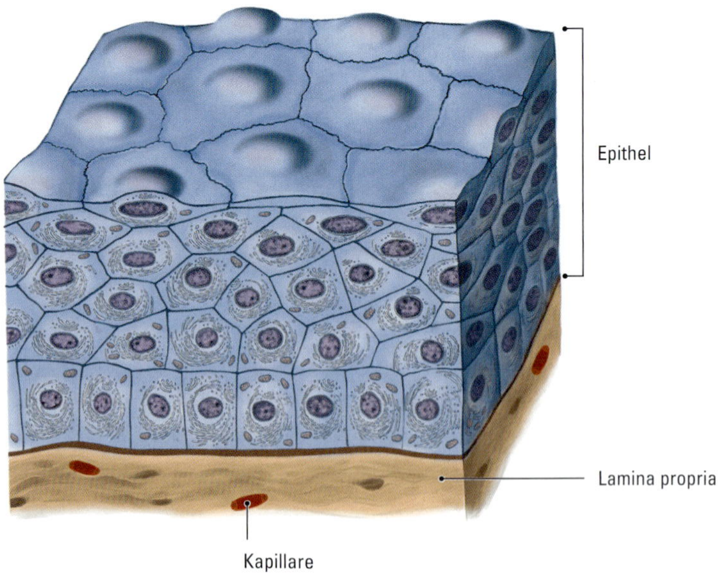

Abb. 16: Mehrschichtig plattes unverhorntes Epithel *medi-learn.de/7-histo1-16*

Außerdem sind in darunterliegenden diskusförmigen Vesikeln Uroplakine (integrale Membranproteine) gespeichert, die bei Dehnung in die Zellmembran eingebaut werden können. Vor dem Harn sind die Zellen durch eine dichte Glykokalix, die Uroplakine und wirksame Tight Junctions geschützt.

2.1.4 Drüsen

Drüsen sind Zellen oder Zellkomplexe, die die Eigenschaft haben, Sekrete zu bilden und abzugeben, also zu sezernieren. Die allermeisten Drüsen sind spezialisierte Epithelzellen und gehören somit zum Epithelgewebe. Prüfungsre-

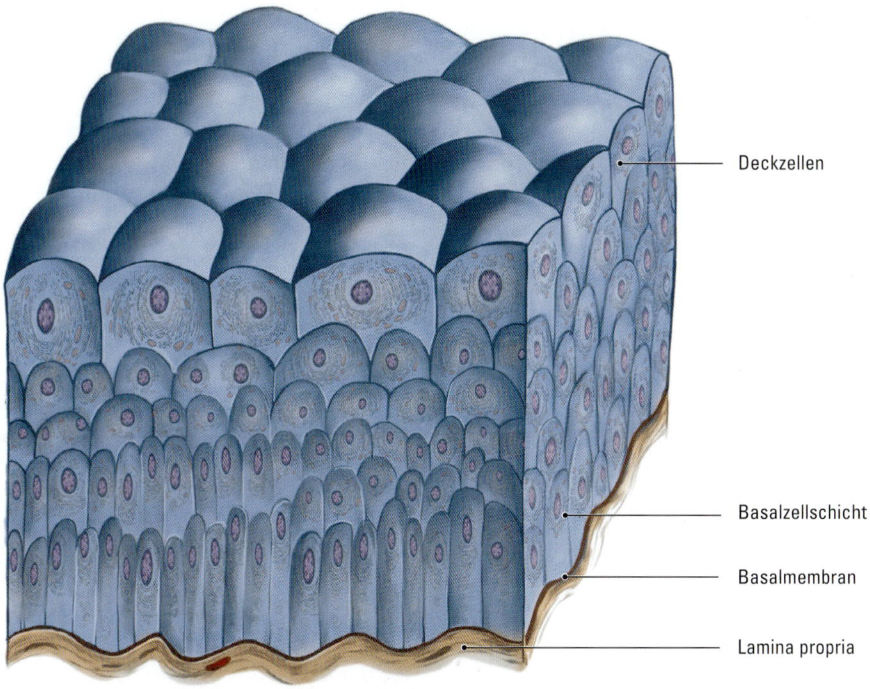

Abb. 17 a: Übergangsepithel im entspannten Zustand

medi-learn.de/7-histo1-17a

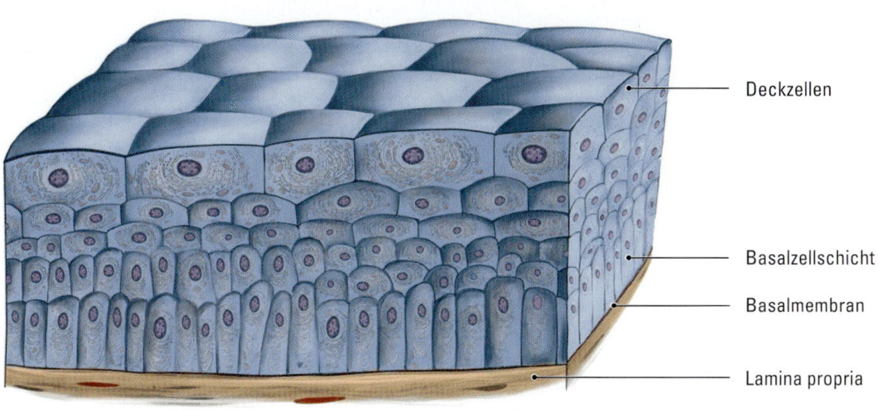

Abb. 17 b: Übergangsepithel im gedehnten Zustand

medi-learn.de/7-histo1-17b

levant ist vor allem ihre Klassifikation, deren Wissen in der mündlichen Prüfung vorausgesetzt wird, mit dem man aber trotzdem immer wieder Eindruck schinden kann. Im Physikum hilft die Systematik beim Erkennen und Erlernen der Drüsen. So lässt sich eine Drüse meist schon mit wenigen Worten histologisch eindeutig beschreiben, z. B. die Glandula submandibularis als exokrine Drüse, die merokrin ein seromuköses Sekret absondert und eine verzweigt tubulo-azinöse Form besitzt. Alles klar?!
Man kann Drüsen einteilen nach der

- Art der Sekretion,
- Art der Sekretabgabe,
- Art der Sekrete,
- der Form.

Art der Sekretion

Die meisten Drüsen entstehen aus Einstülpungen des Epithels und einer Umdifferenzierung zu sezernierenden Zellen. Bleibt eine Verbindung zur Oberfläche bestehen, sondert die Drüse also nach „außen" (an innere oder äußere Körperoberflächen) ab, spricht man von **exokriner** Sekretion. Zu den exokrinen Drüsen zählen z. B. die Speicheldrüsen und die Schweißdrüsen. Drüsen ohne Ausführungsgang, die in sie umgebende Blut- oder Lymph bahnen sezernieren, besitzen eine **endokrine** Sekretion. Die Sekrete endokriner Drüsen erreichen ihre Zielorgane auf humoralem Weg und werden deshalb als Hormone bezeichnet. Zu den endokrinen Drüsen zählen die Schilddrüse und die Nebenniere. Diffundieren die abgegebenen Sekrete durch den Interzellulärraum, spricht man von **parakriner** Sekretion, wie das z. B. bei den enteroendokrinen Drüsen des Magen-Darm-Trakts der Fall ist (die häufig sowohl endokrin als auch parakrin sezernieren, deswegen der Name).

Art der Sekretabgabe

Die meisten Drüsen sammeln ihr Sekret intrazellulär in Sekretvesikeln. Die Natur hat sich

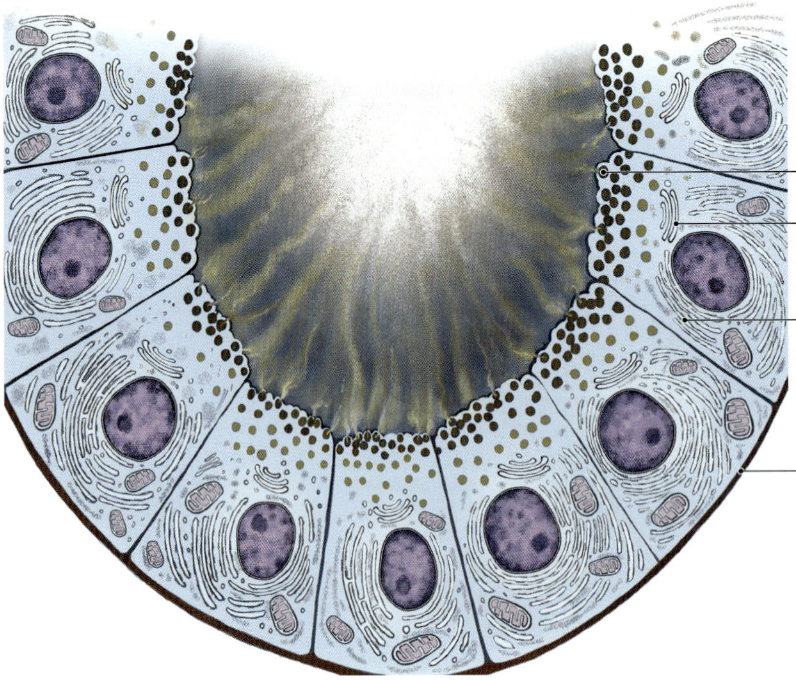

Abb. 18: Merokrine Zellen

medi-learn.de/7-histo1-18

aber einiges einfallen lassen, um deren Inhalt an die Zielstellen zu bringen:
Drüsen mit hoher Sekretionsleistung (mit „mehro" Sekret) stülpen einfach ihre Sekretgranula an der Oberfläche aus und heißen deswegen **merokrin**. Die meisten exokrinen (wie z. B. die Schweißdrüsen der Haut) und alle endokrinen Drüsen sezernieren merokrin (s. Abb. 18, S. 22).

Übrigens ...
Seit 1980 ist der Begriff „ekkrin" als Synonym für merokrin im Prinzip hinfällig. Im Physikum taucht er jedoch immer noch regelmäßig auf.

Aufopferungsvolle Zellen sind die **apokrinen** Zellen, die ihre gesamte Zellspitze (lat. apex) abstoßen, in der sich die Sekretvesikel befinden (s. Abb. 19 c, S. 24). Dadurch wird das abgegebene Sekret besonders nährstoffreich und milchig (bei den Milchdrüsen), halbfest und fettig (bei den Ohrschmalzdrüsen) oder gar mehr oder weniger gut duftend (bei den Duftdrüsen der Haut). Die Lemminge unter den Drüsenzellen sind aber die **holokrinen** Drüsen (s. Abb. 19 a, S. 23 und Abb. 19 b, S. 23), deren Zellen immer mehr Sekret in sich ansammeln, bis sie komplett damit ausgefüllt sind und zugrunde gehen (schon ein bisschen „hohl", oder?). In holokrinen Drüsen werden daher ständig neue Drüsenzellen gebildet, die die absterbenden Zellen zur Oberfläche drücken. Zu diesem Drüsentyp zählen die Talgdrüsen der Haut.

Art der Sekrete

Merokrine Drüsen kann man je nach Art der gebildeten Sekrete in seröse, muköse oder gemischte Drüsen einteilen. Jede einzelne Drüsenzelle jedoch sezerniert entweder serös oder mukös.
Als **serös** bezeichnet man ein Sekret, dass dünnflüssig und reich an Enzymen ist. In serösen Drüsen liegt ein runder Zellkern im basalen Drittel der Zelle, das ihn umgebende Zytoplasma zeigt eine kräftige Basophilie. Im apikalen

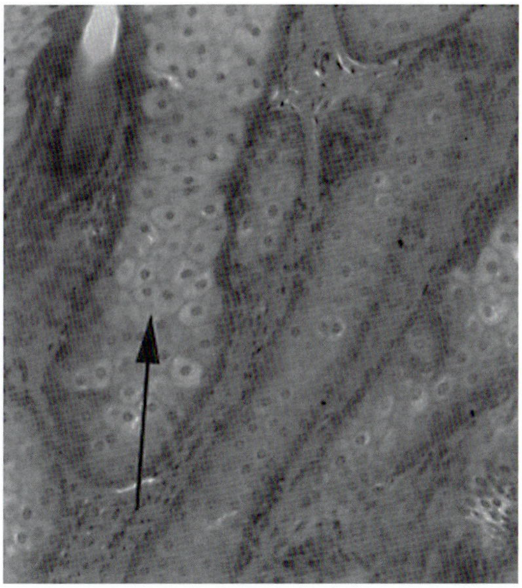

Abb. 19 a: Holokrine Drüsen
medi-learn.de/7-histo1-19a

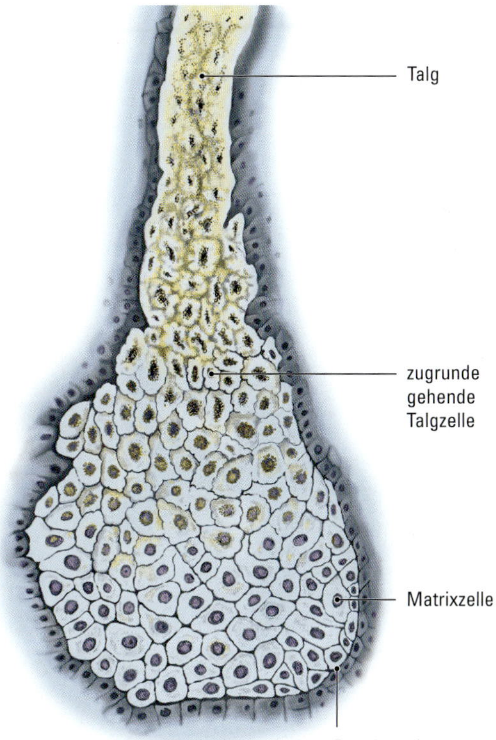

Abb. 19 b: Holokrine Drüse medi-learn.de/7-histo1-19b

Teil der Zelle liegen deutlich sichtbare Sekretgranula. Rein seröse Drüsen sind die Parotis, das Pankreas und die Tränendrüse.

Merke!

„Papageientränen sind serös" für die serösen Drüsen: Parotis, Pankreas und Tränendrüse.

Muköse Drüsen sondern einen zähflüssigen, enzymarmen Schleim ab. Der Zellkern erscheint auf der basale Seite plattgedrückt von großen, hellen Sekretgranula, die der Zelle ein helles, wabiges Aussehen geben. Dies führt leicht zu Verwechselungen mit Fettzellen. Rein muköse Drüsen sind sehr selten. Ein Beispiel dafür sind die hinteren Zungendrüsen.
In **gemischten** Drüsen wird das Sekret sowohl von serösen als auch mukösen Zellen hergestellt. Hier liegen also seröse Drüsenendstücke neben mukösen. Sitzen die serösen Drüsenzellen kappenförmig um muköse Endstücke, nennt man sie **von Ebner-Halbmonde**. Nach vorherrschender Sekretart bezeichnet man gemischte Drüsen als seromukös (mehr seröse Anteile) oder mukoserös (mehr muköse Anteile). Diese Unterscheidung hilft z. B. bei der Differenzialdiagnose zwischen Glandula **sub**m**andibularis** (**sero**m**ukös**) und Glandula sublingualis (mukoserös).

Form

Wer noch immer nicht genug hat von der Klassifizierung der Drüsen, kann diese auch noch in **einfach** (mit einem unverzweigten Ausführungsgang) oder **zusammengesetzt** (mit verzweigten Ausführungsgängen) oder in **tubulös** (mit einem schlauchförmigen Endstück), **alveolär** (rund, großes Drüsenlumen) oder **azinär** (rund, kleines Drüsenlumen; von lat. azinus: Weinbeere) einteilen.

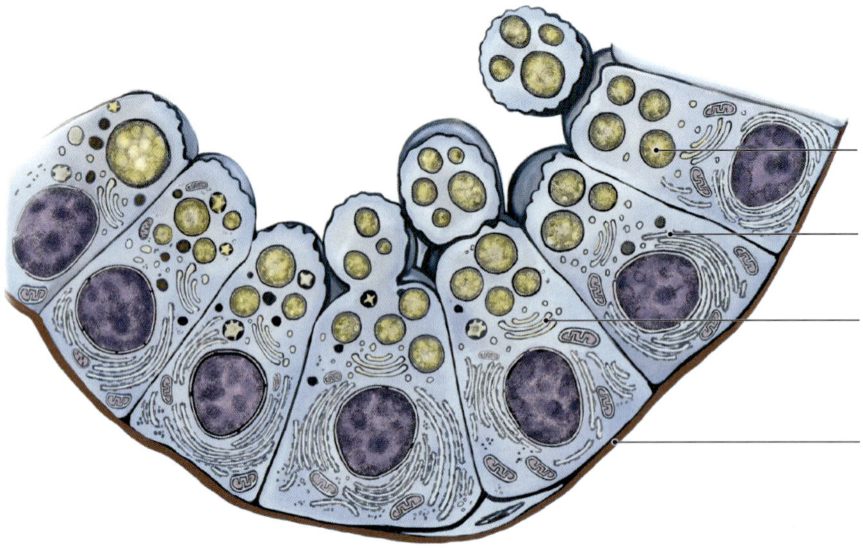

Abb. 19 c: Apokrine Zellen

medi-learn.de/7-histo1-19c

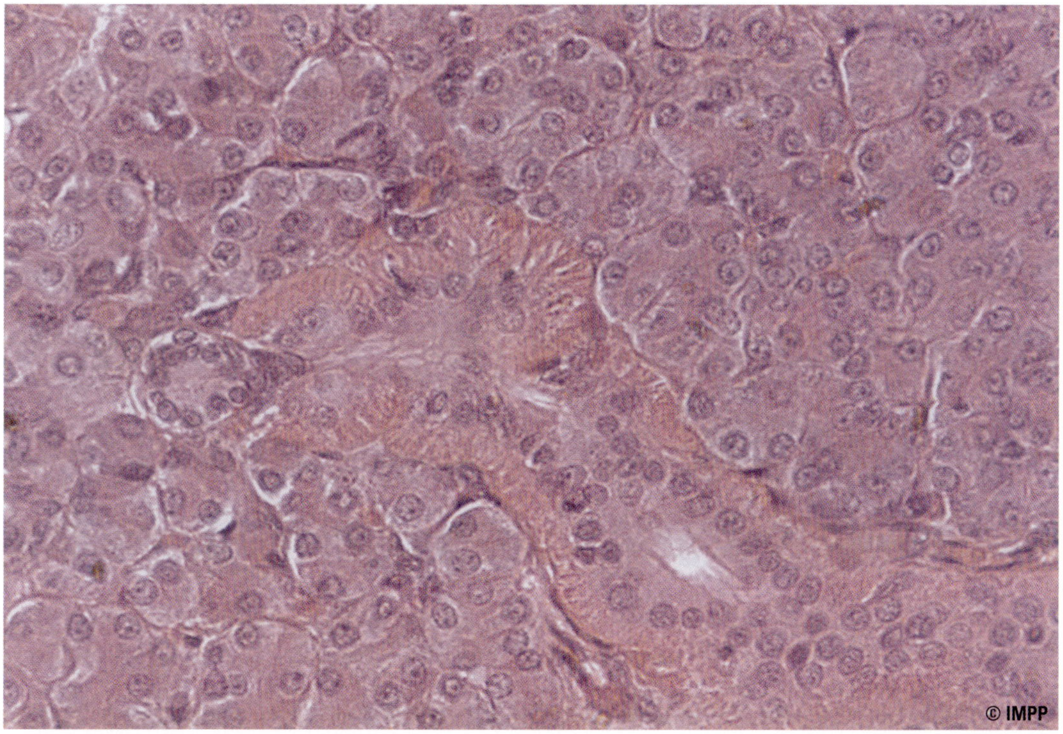

Rein seröse Drüse (runde Zellkerne im basalen Drittel). Bitte beachten: Von der Bildmitte schlängelt sich ein Ausführungsgang nach rechts unten. Dort kann man eine basale Streifung erkennen, hervorgerufen durch aneinandergereihte Mitochondrien (s. a. Abb. 9, S. 15).

Abb. 20: Rein seröse Drüse medi-learn.de/7-histo1-20

DAS BRINGT PUNKTE

Die **Klassifikation der Epithelien** und **Drüsen** wird selten direkt gefragt, hilft aber beim Bildererkennen, da in fast jedem Bild irgendein Epithel zu sehen ist. Deswegen unbedingt merken, wo welches Epithel vorherrscht und natürlich, wie man es erkennen kann. Außerdem solltest du wissen, dass

- Mikrovilli als besondere Proteine Fimbrin und Villin besitzen,
- Kinozilien ein Mikrotubuliskelett mit einer 9 · 2 + 2-Struktur haben und
- mehrreihiges Epithel Ersatzzellen besitzt, die man Basalzellen nennt und die nicht an die Lumenoberfläche reichen.

Weiterhin solltest du fürs Schriftliche unbedingt den Aufbau der **Basalmembran** drauf haben und wissen, dass in der Basallamina das Kollagen Typ IV vorkommt.

FÜRS MÜNDLICHE

Nach den einzelnen Zellen geht es mit den Geweben weiter. Überprüfe dein Wissen anhand der folgenden Prüfungsfragen:

1. **Erklären Sie bitte die Unterschiede in Aufbau und Funktion von einschichtigem, mehrreihigem und mehrschichtigem Epithel.**

2. **Bitte erläutern Sie, was Übergangsepithel auszeichnet und wo es vorkommt.**

3. **Erklären Sie bitte, wie sich Epithelzellen auf hohe Resorptions- und Sekretionsleistungen spezialisieren können.**

4. **Bitte erläutern Sie, wie sich endo-, exo- und parakrine Drüsen unterscheiden.**

5. **Welche Drüsentypen kennen Sie an/in der Haut?**

6. **Bitte nennen Sie die Aufgaben der Basalmembran.**

---

1. Erklären Sie bitte die Unterschiede in Aufbau und Funktion von einschichtigem, mehrreihigem und mehrschichtigem Epithel.

- Einschichtiges Epithel:
  Eine Zelllage mit Zellkernen in einer Ebene. Funktion: erleichterte Diffusion (platt), Bedeckung (kubisch), hochspezialisiert auf Resorptions- oder Sekretionsaufgaben (hochprismatisch).
- Mehrreihiges Epithel:
  Zellkerne in verschiedenen Ebenen, nicht alle Zellen erreichen die Lumenoberfläche. Funktion: Epithel für Schleimsekretion und -transport.
- Mehrschichtiges Epithel:
  Zellkerne in verschiedenen Ebenen, keine Zelle reicht von der Basalmembran bis zum Lumen; Schutz vor Reibung und Verdunstung.

FÜRS MÜNDLICHE

2. Bitte erläutern Sie, was Übergangsepithel auszeichnet und wo es vorkommt.
- starke Dehnfähigkeit der Deckzellen, dichte Glykokalix +Tight Junctions
- kommt in harnleitenden Abschnitten vor

3. Erklären Sie bitte, wie sich Epithelzellen auf hohe Resorptions- und Sekretionsleistungen spezialisieren können.
- Durch Oberflächenvergrößerung:
  - Mikrovilli (apikal),
  - basale Membraninvaginationen.
- Durch viele Mitochondrien, viel rER (Sekretion), Schlussleisten (um unkontrollierten parazellulären Transport zu vermeiden).

4. Bitte erläutern Sie, wie sich endo-, exo- und parakrine Drüsen unterscheiden.
- Exokrine Drüsen haben einen Ausführungsgang an eine innere oder äußere Oberfläche,
- endokrine Drüsen sezernieren in Blut- oder Lymphbahn und
- parakrine Drüsen in den Extrazellulärraum.

5. Welche Drüsentypen kennen Sie an/in der Haut?
- Merokrine Schweißdrüsen,
- apokrine Duftdrüsen und
- holokrine Talgdrüsen.

6. Bitte nennen Sie die Aufgaben der Basalmembran.

Die Basalmembran bildet eine
- Permeabilitätsgrenze,
- Haftstruktur und
- Zellinvasionsgrenze.

Mehr Cartoons unter www.medi-learn.de/cartoons

Pause

Päuschen gefällig?
Nach dem ganzen Stoff hast du dir jetzt eine lange Pause verdient!

2.2 Bindegewebe

Das Bindegewebe zählt zu den am meisten unterschätzten Geweben im menschlichen Körper. Dieser Abschnitt kümmert sich daher um seine Rettung und Rehabilitation.
Ohne Bindegewebe sähen wir – im wahrsten Sinne des Wortes – ganz schön alt aus. Es ist ein vielfältiges und auf den zweiten Blick auch ganz schön aufregendes Gewebe. Das Bindegewebe sorgt für wesentliche Gestaltunterschiede zwischen Mann und Frau, für die Form von Organen, es hilft beim Stoffaustausch, bei der Speicherung von Fett und ist ganz nebenbei ein wesentlicher Ort der Immunabwehr. In diesem Abschnitt wird es um seinen Aufbau, seine Bestandteile und sein Aussehen gehen. Da es ubiquitär im Körper vorkommt, kannst du mit dem folgenden Wissen in den meisten mündlichen Prüfungen Punkte sammeln. Außerdem gehören Fragen nach den Fasertypen zur Routine in fast jedem schriftlichen Physikum.

Übrigens ...
Wir waren ganz am Anfang unseres Lebens fast nur Bindegewebe, nämlich mesenchymales, also embryonales Bindegewebe. Als solches verdichteten wir uns zu Blastemen (undifferenziertem Keimgewebe), aus denen sich dann unsere Organe entwickelten.

2.2.1 Zelluläre Bestandteile

Wesentlich an der Definition von Bindegewebe ist eine große Menge an Interzellulärsubstanz. Wir werden uns trotzdem erst den zellulären Bestandteilen zuwenden, da diese die Interzellulärsubstanz produzieren und „mit Leben füllen". Man unterscheidet **ortsständige** von **beweglichen** Bindegewebszellen. Die ortsständigen Zellen produzieren und unterhalten die Interzellulärsubstanz und heißen **Fibroblasten** und **Fibrozyten**. Wie überall im Körper sind Blasten die jungen, aufstrebenden Zellen, die Substanz bilden (hier v. a. das Tropokollagen, s. Kollagene Fasern, S. 29), wogegen mit Zyten (Merkhilfe: Z steht am Ende des Alphabets) die älteren, ruhenden Zellen bezeichnet werden, die nicht mehr synthetisch aktiv sind.

Übrigens ...
Fibroblasten stellen auch die Kollagenase her, ein lysosomales Enzym, das Kollagen abbaut. Praktische Bedeutung hat dies beim Follikelsprung und bei der Involution des Uterus in der Postmenopause.

Charakteristisch für die beweglichen Bindegewebszellen ist ihre zumindest zeitweise vorhandene Fähigkeit, sich zu bewegen. Zu ihnen zählen z. B. die Mastzellen, Leukozyten, Plasmazellen und die Histiozyten (Makrophagen im Bindegewebe). Hier folgt ein kurzer Exkurs über Mastzellen, weil uns Mastzellen nicht nur bei allergischen Reaktionen, sondern auch im Physikum ganz schön auf die Nerven gehen können:

Mastzellen werden häufig als „Basophile des Gewebes" bezeichnet, sind aber nicht mit den basophilen Zellen im Blut identisch. Beide besitzen aber – wie sollte es anders sein – kräftig anfärbbare basophile Granula.
Mastzellen besitzen auf der Membran Fc-Rezeptoren für das von den Plasmazellen hergestellte IgE. Bindet nun ein passendes Antigen an ein schon an den Fc-Rezeptor gebundenes IgE, wird die Mastzelle aktiviert und stößt ihre Granula aus (Degranulation). Diese sind mit Histamin, Heparin, Leukotrienen und Bradykinin, also mit Entzündungsmediatoren, gefüllt. Sind viele Mastzellen besonders sensibel und reagieren auch auf nicht pathologische Reize (setzen übermäßig viele Granula frei), kommt es zur allergischen Sofortreaktion und im schlimmsten Fall zum allergischen Schock. Man kann sich also Mastzellen als kleine Alarmanlagen vorstellen, die manchmal so laut klingeln, dass das ganze Haus am Wackeln ist. Für die

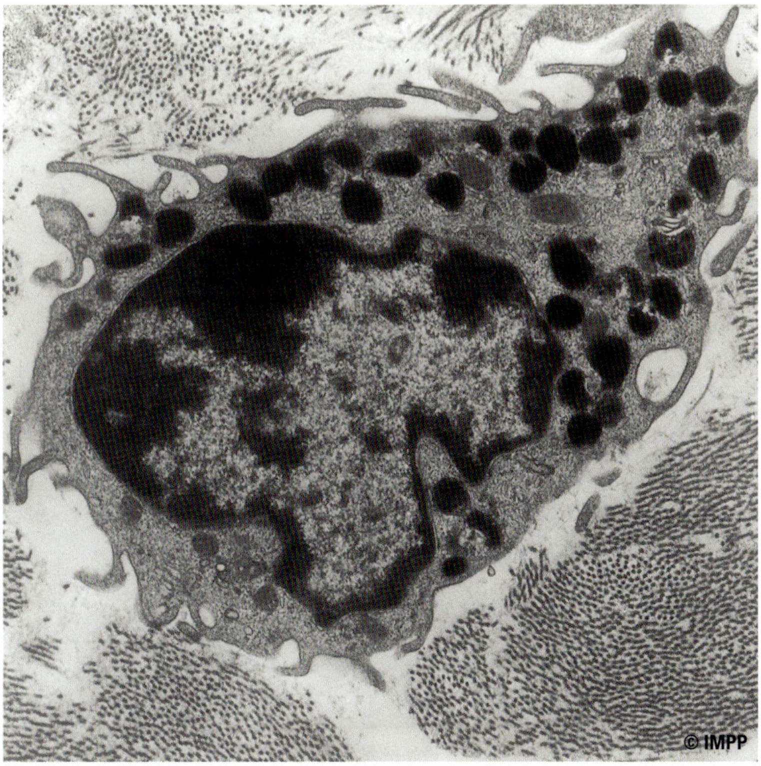

Bitte beachte die unregelmäßige Zellform und die vielen, im EM-Bild fast schwarzen Granula.

Abb. 21: Mastzelle in der Lamina propria der Trachea *medi-learn.de/7-histo1-21*

Spezialisten unter euch: Einige Granula der Mastzellen sind außerdem metachromatisch, was bedeutet, dass sie die Farbe einiger Farbstoffe, mit denen sie angefärbt werden, ändern.

2.2.2 Interzellulärsubstanz

Bei der Interzellulärsubstanz des Bindegewebes muss man die **amorphe Grundsubstanz aus Proteoglykanen**, die für eine **hohe Wasserbindungsfähigkeit** verantwortlich sind, und die **Glykoproteine** kennen, die **strukturgebend** wirken. Ein weiterer Bestandteil der Interzellulärsubstanz des Bindegewebes sind die **Fasern,** die so wichtig sind, dass ihnen hier eigene Abschnitte gewidmet werden.
Man unterscheidet drei Faserarten:

1. Die kollagenen Fasern,
2. die retikulären Fasern,
3. die elastischen Fasern.

Kollagene Fasern

Kollagene Fasern bestehen aus drei helikal umeinander gewundenen Polypeptidketten, dem Tropokollagen, das seitlich und vor allem längs aneinandergelegt Kollagenfibrillen bildet. Bündel von Kollagenfibrillen ergeben dann kollagene Fasern. Durch die regelmäßige Anordnung des Tropokollagens ist im Elektronenmikroskop eine periodische Hell-Dunkel-Streifung der Kollagenfibrillen sichtbar. Seine molekulare Struktur sorgt auch dafür, dass Kollagen eine größere Zugfestigkeit als Stahl besitzt. Wesentliche Bestandteile sind **Glycin, Prolin und Hydroxyprolin**.

Kollagen ist das häufigste Protein im menschlichen Körper und musste deswegen noch ein bisschen unterteilt werden. Elf verschiedene Kollagentypen stehen auf der Histologenliste, von denen die vier wichtigsten in Tab.2, S. 30 vorgestellt werden.

Retikuläre Fasern

Retikuläre Fasern sind zugelastisch und damit bedingt dehnbar, besitzen aber eher eine strukturerhaltende Aufgabe. Sie bilden in lymphatischen und hämatopoetischen Organen, also z. B. in der Milz und im Knochenmark, weite Netzchen, durch die Blut- und Lymphzellen wandern können. Bitte nicht vergessen: Auch in der Lamina fibroreticularis der Basalmembran (s. 2.1.2, S. 15) kommen retikuläre Fasern vor.

Elastische Fasern

Elastische Fasern besitzen die erstaunliche Eigenschaft, immer wieder über Jahrzehnte bis auf das 2,5-fache gedehnt zu werden und dabei kaum „auszuleiern". Ihr wesentlicher Bestandteil ist das Elastin, was ihnen ungefärbt eine gelbliche Farbe verleiht. Elektronenmikroskopisch kann neben dem amorphen Zentrum (Elastin) noch eine schmale Randzone aus Fibrillin unterschieden werden. Eine Mutation des Fibrillin-Gens verursacht vermutlich das **Marfan-Syndrom**. Elastische Fasern kommen z. B. schichtförmig in der Aorta und anderen großen venösen und arteriellen Gefäßen vor (Faustregel: Je größer das Gefäß, desto höher der Elastin-Anteil).

Kollagentyp	Vorkommen	Funktion
I	Haut, Sehnen, Knochen, Dentin, Faserknorpel	Zugfestigkeit
II	Knorpel (hyalin und elastisch)	Widerstand gegen wechselnde Drücke
III	retikuläre Fasern, Basalmembran (Lamina fibroreticularis)	Strukturerhalt in sich ausdehnenden Organen
IV	Lamina densa der Basalmembran (Basallamina)	Zellhaftung, Permeabilitätsbarriere

Tab.2: Wichtige Kollagentypen

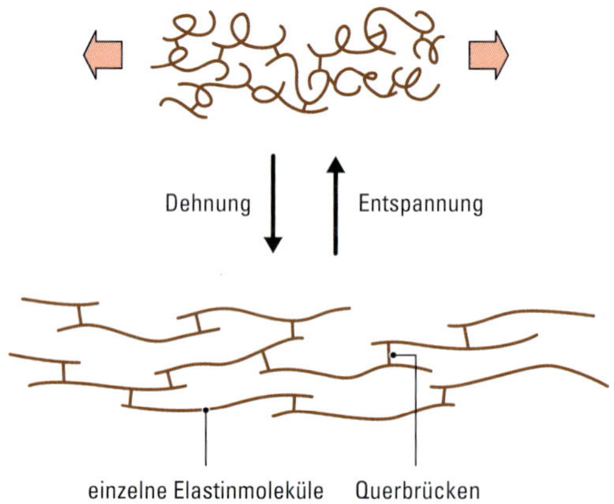

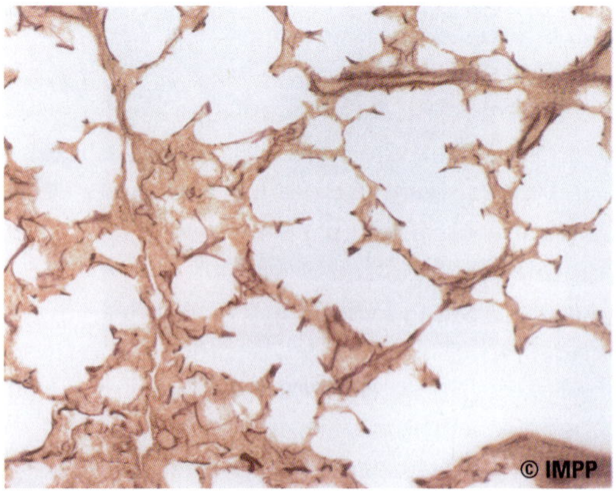

Abb. 22: Elastische Fasern der Lunge (verstärken die Retraktion der Lunge und sind im Präparat rechts dunkel gefärbt).

medi-learn.de/7-histo1-22

Übrigens ...
Die elastischen Fasern der Aorta sind entscheidend für deren Windkesselfunktion. Was ein Windkessel ist, weiß aber nicht einmal mehr mein Geschichtslehrer. Ein Dudelsack hat die gleichen Eigenschaften: Ein rhythmischer Druckstoß wird in einen gleichmäßigen Fluss verwandelt.

2.2.3 Bindegewebsarten

Lockeres Bindegewebe bildet das Stroma, also das Stützgewebe vieler Organe. Als besonders ausgefallenes Beispiel merk dir bitte das spinozelluläre Bindegewebe im Ovar, das sich durch einen starken Zellreichtum auszeichnet. Gallertartiges Bindegewebe begegnet uns in Form der Wharton-Sulze in der Nabelschnur.

Retikuläres Bindegewebe wird von den Retikulumzellen produziert und bildet die schon beschriebenen Netze in lymphatischen und hämatopoetischen Organen (also z. B. Lymphknoten oder dem roten Knochenmark), durch die sich die freien Zellen bewegen können. Das Gegenstück zum Stroma – also das funktionelle Gewebe eines Organs – nennt man Parenchym (Grundgerüst).

Dichtes Bindegewebe bildet die Sehnen und Kapseln im menschlichen Körper. Sehnen bestehen aus parallel angeordneten Kollagenfasern, zwischen denen Fibrozyten liegen (Sehnenzellen oder Flügelzellen, weil die Zellen flügelförmige Ausstülpungen zwischen den Fasern besitzen). Eine Sehne im Querschnitt erkennt man an eben diesen nicht ganz runden, ziemlich häufig vorkommenden, dunkleren Zellen innerhalb von bündelförmig eingefassten runden Faseranschnitten. Die Bündel wer-

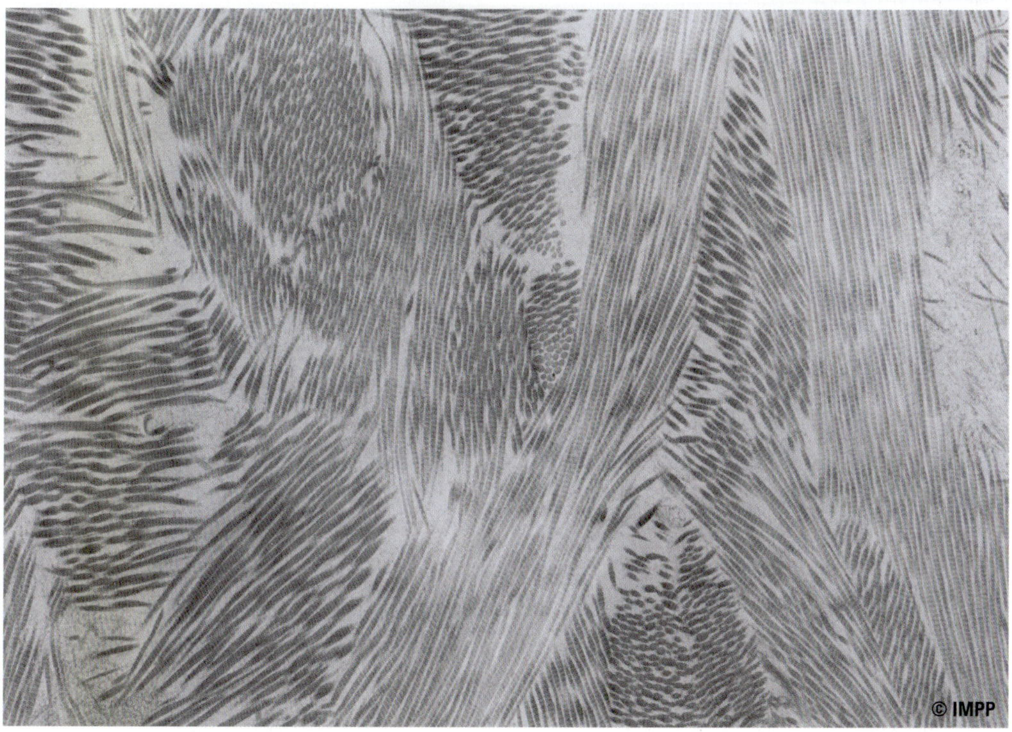

Bitte beachte die Hell-Dunkel-Streifung der Kollagenfibrillen.

Abb. 23: EM-Bild von geflechtartigem kollagenen Bindegewebe *medi-learn.de/7-histo1-23* den von lockerem Bindegewebe eingefasst, dem Peritendineum, von dem interessanterweise auch die Regeneration der Sehnen ausgeht. Im Längsschnitt liegen die Kollagenfasern in einem leicht gewellten Zustand vor.

2.2.4 Fett

Würden wir so viel Wissen über Fettgewebe wie Gewicht an demselben herumtragen, könnten wir diesen Abschnitt einfach aussparen. Mit 25 Jahren besteht das Gewicht eines Mannes zu ca. 15 %, das einer Frau zu ca. 25 % aus Fett, was rein rechnerisch einen Energievorrat von über einem Monat ergibt. Fettzellen sind spezialisierte Bindegewebszellen, die sich aus mesenchymalem Bindegewebe weiterentwickelt haben. Sie sind von retikulären Fasern und einer Basalmembran umgeben. Kollagene Fasern fassen die Zellen zu Fettläppchen zusammen, an die sich wahrscheinlich jeder noch leidvoll vom Präp-Unterricht erinnert. Man unterscheidet zwei verschiedene Fettsorten:

1. das weiße oder univakuoläre Fett,
2. das braune oder multivakuoläre Fett.

Weißes Fettgewebe

Hier sind die Zellen durch einen großen Fetttropfen im Zytoplasma gekennzeichnet, der die gesamte Zelle ausfüllt und sogar den Zellkern an den Rand drückt. Bei den allermeisten Fixierungen wird das Fett gelöst, sodass man nur noch die Zellmembran mit dem Zellkern in der typischen **Siegelring-Form** erkennt. Fettzellen sind reichlich von Blutkapillaren umgeben und von Nervenfasern innerviert. Im Physikum wird mit Freuden nach der Histophysiologie des Fettes gefragt, weshalb hier deren kurze Zusammenfassung folgt:

1. Im Blut sind Triacylglyzeride (Neutralfette) in Chylomikronen und Lipoproteinen verpackt.
2. In den Kapillaren des Fettgewebes werden die Triacylglyzeride von der Lipoproteinlipase des Endothels zu freien Fettsäuren und Glycerin gespalten.
3. In die Fettzellen aufgenommen werden nur die freien Fettsäuren, das Glycerin schwimmt zurück zur Leber.
4. Die Fettzellen synthetisieren aus den freien Fettsäuren wieder Triacylglyzeride und speichern sie als Fetttropfen.

5. Diese Speicherung wird durch Insulin angeregt (einziges antilipolytisches Hormon unseres Körpers), Katecholamine und Glukagon wirken dagegen lipolytisch (fettabbauend).
6. Fettzellen sondern nicht nur Fettsäuren, sondern auch **Leptin** ab, ein Hormon, das appetit- und gewichtsregulierende Wirkung besitzen soll.

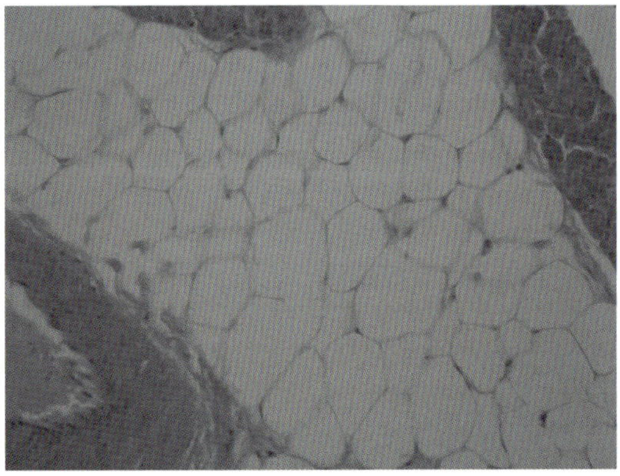

Abb. 24: Weißes Fettgewebe

medi-learn.de/7-histo1-24

Braunes Fettgewebe

Um braunes Fettgewebe wird immer viel Trara gemacht, dabei ist es beim erwachsenen Menschen in nur rudimentärem Ausmaß vorhanden und spielt nur eine geringe funktionelle Rolle. In geringem Maße hilft es dem Neugeborenen zur zitterfreien Wärmebildung. Es wird auch als multivakuoläres Fettgewebe bezeichnet, da das Fett innerhalb einer Zelle in vielen kleinen Vakuolen gespeichert ist. Die Zellen besitzen einen runden, mittigen Zellkern und viele Mitochondrien, die für die Wärmeproduktion und die braune Farbe verantwortlich sind.

Übrigens ...
Bis jetzt gab es noch kein Bild zu braunem Fettgewebe im Physikum, es taucht aber häufig einmal als Falschantwort auf.

2.2.5 Knorpel

Knorpel ist kein schöner Name, sieht unter dem Mikroskop aber häufig beeindruckend aus. Knorpel zeichnet sich durch Druckelastizität und die Fähigkeit aus, Gewicht zu tragen und Gleiten zu ermöglichen. Wie viele von uns aus der Küche wissen, ist Knorpel schneidbar. Knorpel gehört zu den wenigen gefäßfreien Geweben im menschlichen Körper und wird rein durch Diffusion aus dem umgebenden Perichondrium oder aus der Gelenkflüssigkeit ernährt.
Unbedingt merken solltest du dir, wo die unterschiedlichen Knorpelsorten vorkommen. Man unterscheidet drei Knorpelarten:

1. Hyalinen Knorpel,
2. elastischen Knorpel,
3. Faserknorpel.

Hyaliner Knorpel

Mehrere Klone einer Knorpelzelle (Chondrozyt) liegen in der Knorpelhofhöhle, dem **Territorium** oder **Chondron**. Das **Interterritorium** ist die Knorpelgrundsubstanz, die größtenteils aus Wasser, aber auch aus Glykanen, Kollagen II-Fasern und Mineralien besteht. Es besitzt keine Gefäße oder Nerven. Zu den Glykanen solltest du dir für das Physikum zwei Namen merken: den der Hyaluronsäure und den des flaschenbürstenartigen Proteoglykans Aggrecan, das Wassermoleküle anzieht, die bei Druck zur Seite weichen und so für die Elastizität des Knorpels sorgen.
Hyaliner Knorpel kommt im Kehlkopf, in den Gelenkoberflächen, im Nasenknorpel und in den Rippenansätzen vor.

In den Gelenkoberflächen ist der Knorpel NICHT von Perichondrium umgeben, hier wird er von der Synovia aus ernährt.

Elastischer Knorpel

Elastischer Knorpel zeichnet sich dadurch aus, dass seine Grundsubstanz neben Kollagen II-Fasern auch viel **Elastin** besitzt, was ihn sehr elastisch macht und ihm makroskopisch seine gelbe Farbe verleiht. Die Chondrone bestehen aus einer bis maximal drei Zellen.
Er kommt in der Ohrmuschel und im äußeren Gehörgang, in der Tuba auditiva und in der Epiglottis vor.

Faserknorpel

Faserknorpel ist von vielen kollagenen Typ I-Fasern durchsetzt, die ein fischgrätartiges Muster erzeugen. Die Knorpelzellen liegen häufig einzeln oder in kleinen isogenen Gruppen. Er besitzt kein Perichondrium, steht aber eng mit dem umgebenden Bindegewebe in Verbindung und kommt in den Menisci und in den Disci intervertebrales vor.

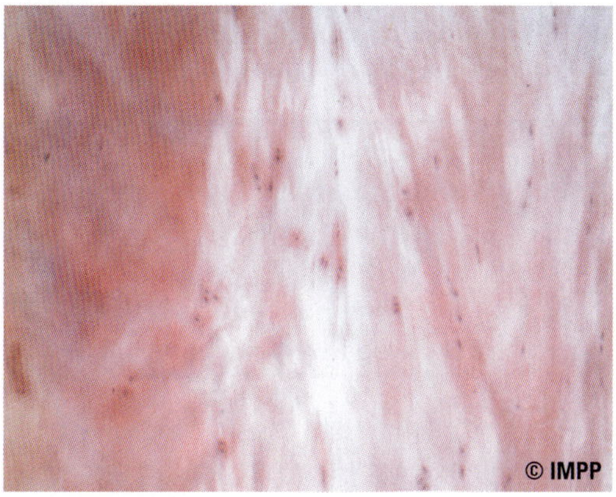

Zweischichtiger Aufbau:
links (intensiver gefärbt) hyaliner Knorpel (Kollagen Typ II) des Nukleus pulposus,
rechts der Anulus fibrosus mit Faserknorpel (Kollagen Typ I, Fischgrätmuster).

Abb. 25: Bandscheibe (Discus intervertebralis)

medi-learn.de/7-histo1-25

DAS BRINGT PUNKTE

Im schriftlichen Physikum wurde bislang häufig auf dem so banal erscheinenden Unterschied zwischen straffem und lockerem **Bindegewebe** herumgeritten. Punkte absahnen kannst du, wenn du weißt, dass

- Mastzellen mittels gebundenem IgE bei der allergischen Sofortreaktion aktiviert werden und dann ihre mit Histamin, Heparin, Leukotrienen und Bradykinin gefüllten Granula freisetzen,
- Kollagen Typ II v. a. in hyalinem und elastischem Knorpel vorkommt,
- Kollagen Typ III typisch für retikuläre Fasern ist,
- hyaliner Knorpel aus Kollagen Typ II besteht und v. a. im Kehlkopf, Gelenkflächen und Nasenknorpel vorkommt,
- Fettzellen durch Insulin angeregt Fett speichern und unter Katecholamin-/Glukagoneinfluss Fettsäuren absondern sowie
- Fettzellen Leptin produzieren.

FÜRS MÜNDLICHE

Nach Drüsen und Epithelien im vorherigen Abschnitt geht es jetzt um die Fragen zum Oberbegriff Bindegewebe. Die folgenden Fragen aus unserer Protokoll-Datenbank sollen dir dabei helfen.

1. **Bitte erklären Sie, wofür Bindegewebe eigentlich gut ist.**
2. **Was für Zellen finden Sie im Bindegewebe?**
3. **Erläutern Sie den Unterschied zwischen Stroma und Parenchym.**
4. **Bitte erklären Sie, warum es unterschiedliche Bindegewebsfasern gibt.**
5. **Erklären Sie bitte, was Fettzellen machen.**
6. **Welche Knorpelarten kennen Sie?**

---

1. Bitte erklären Sie, wofür Bindegewebe eigentlich gut ist.

- Zur Form- und Strukturgebung,
- als Ort der Immunabwehr und
- als Stützgewebe vieler Organe.

2. Was für Zellen finden Sie im Bindegewebe?

- Fibroblasten und -zyten, häufig noch Mastzellen, Plasmazellen und Makrophagen.

3. Erläutern Sie den Unterschied zwischen Stroma und Parenchym.

- Stroma: Stützgewebe eines Organs,
- Parenchym: funktionelles Gewebe.

4. Bitte erklären Sie, warum es unterschiedliche Bindegewebsfasern gibt.

Weil es im Körper unterschiedliche Aufgaben zu erfüllen gilt:

- Kollagene Fasern dienen zum Strukturerhalt (z. B. Sehnen),
- elastische Fasern dienen z. B. zur Windkesselfunktion der Aorta und
- retikuläre Fasern zur Formgebung lymphatischer Organe.

5. Erklären Sie bitte, was Fettzellen machen.

- Aufnahme freier Fettsäuren,
- Synthese und Speicherung von Triacylglyzeriden (insulingesteuert),
- Lipolyse durch Katecholamine und Glukagon und
- Abgabe von Leptin.

6. Welche Knorpelarten kennen Sie?

- Hyalinen Knorpel z. B. im Kehlkopf,
- elastischen Knorpel in der Ohrmuschel und
- Faserknorpel in den Bandscheiben.

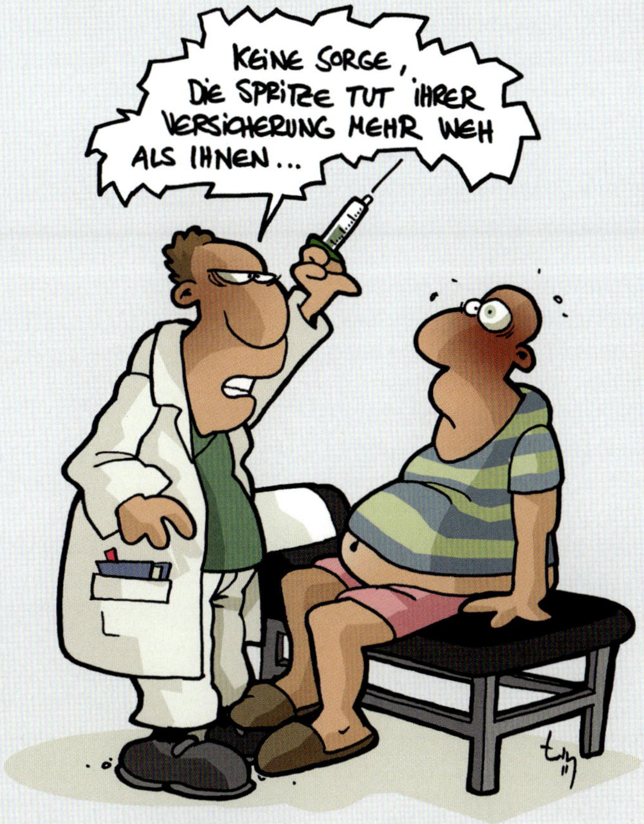

Mehr Cartoons unter www.medi-learn.de/cartoons

Pause

Kurze Pause!

2.2.6 Knochen

Ohne Knochen wären wir nur eine schleimige Masse, die sich wie eine Amöbe über den Boden bewegt. Knochen ist fest gegen Zug, Druck, Biegung und Drehung, er gehört zu den härtesten Geweben des menschlichen Körpers (nur Zahnschmelz ist härter). Nebenbei ist er auch noch der wichtigste Calciumspeicher. Dementsprechend werden immer wieder Fragen zu seinen Bestandteilen, seiner Einteilung und seiner Entwicklung gestellt.

Knochenbestandteile

Knochen besteht aus Knochenzellen und Interzellulärsubstanz (Matrix oder Osteoid). Die Interzellulärsubstanz wiederum besteht v. a. aus Phosphat und Calcium in Form von Apatitkristallen, kollagenen Fasern und Wasser (und Proteinen wie das Osteonektin, -calcin, und -pontin). Drei wichtige Zellarten solltest du dir merken:

1. Die **Osteoblasten** sind einkernige Zellen am Rande der Knochenbälkchen, die die noch unverkalkte Knochengrundsubstanz produzieren. Osteoblasten, die sich rundherum eingemauert haben, stoppen die Produktion von Knochensubstanz und heißen dann Osteozyten.
2. Die **Osteozyten** liegen in Knochenhöhlen – den Lakunen – und stehen über Zytoplasmaausläufer in den Canaliculi ossei (Knochenkanälchen) untereinander in Verbindung. Gap Junctions verbinden die Zellen miteinander und ermöglichen so die Ernährung der Osteozyten, die keinen direkten Kontakt zu Blutgefäßen haben.
3. Die **Osteoklasten** sind die Gegenspieler der Osteoblasten (sie „**kla**uen" Knochen) und außerdem große Physikumslieblinge. Sie sind mehrkernige Riesenzellen mit bis zu 50 Zellkernen, die die Eigenschaft besitzen, Knochengrundsubstanz abzubauen. Die der Grundsubstanz zugewandte Oberfläche ist unregelmäßig aufgefaltet (ruffled border) und so erheblich vergrößert. Eine intrazelluläre Carboanhydrase stellt H^+-Ionen bereit, die von einer Membran-ATPase nach außen geschleust werden. Das damit entstehende saure Milieu zusammen mit lysosomalen Enzymen ermöglicht es den Osteoklasten, die Knochensubstanz und insbesondere Calcium zu resorbieren. Somit „fressen" sich Osteoklasten in den Knochen ein und bilden die Howship-Lakunen, die Höhlen, in denen sie liegen. Sie arbeiten dabei so effizient, dass sie pro Zeiteinheit die gleiche Knochenmenge abbauen, die 150 Osteoblasten aufbauen. Ihre Aktivität wird hormonell gesteuert: Sie werden durch einen von Parathormon (stellt Calcium parat) in Gang gesetzten Mechanis-

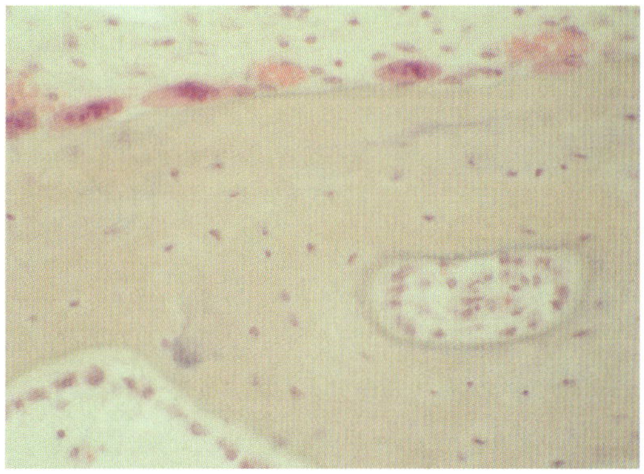

Abb. 26: Knochenbälkchen medi-learn.de/7-histo1-26

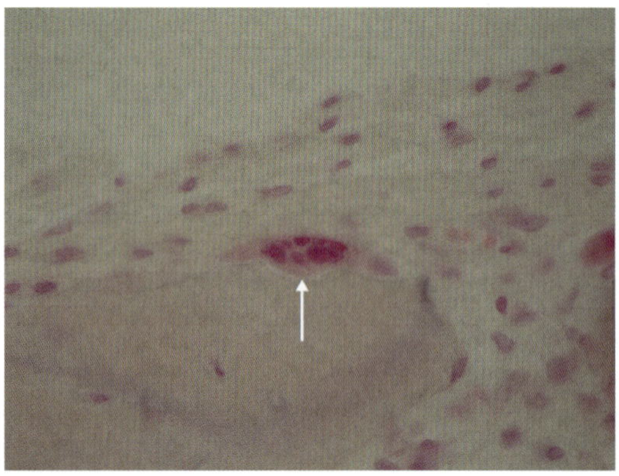

Abb. 27: Osteoklast medi-learn.de/7-histo1-27

mus aktiviert und durch Calzitonin und Östrogene gehemmt (deswegen die verstärkte Osteoporose bei Frauen in der Postmenopause). Man nimmt an, dass Osteoklasten Nachfolger der Monozyten des Blutes sind und damit zum mononukleären Phagozytosesystem gehören (s. Skript Histologie 2). Ihr Bild im Schriftlichen zu erkennen, schenkt beinahe jedes Mal Punkte.

Histologischer Aufbau

Der histologische Aufbau von Knochen ist an und für sich gar nicht kompliziert. Zum Verstehen ist aber zusätzlich noch eine Menge Vokabellernen notwendig.
Knochen kann **makroskopisch** in lange, kurze und platte Knochen eingeteilt werden. In jedem Knochen umgibt eine äußere kompakte

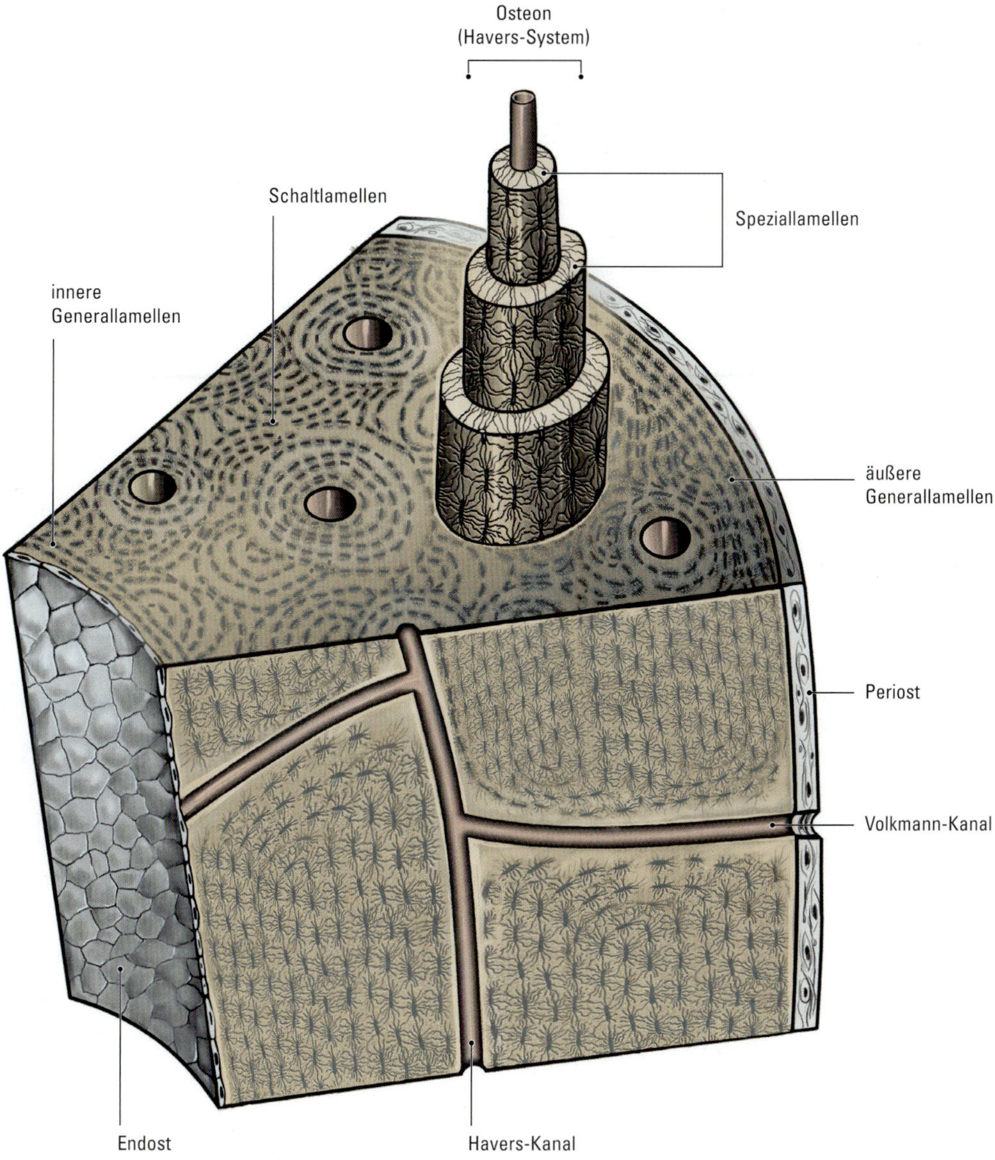

Abb. 28: Lamellenknochen

medi-learn.de/7-histo1-28

Schicht (die Substantia compacta) ein schwammartiges Balkenwerk (die Substantia spongiosa). Die langen oder Röhrenknochen bestehen aus einem Knochenschaft, der Diaphyse, auf der an beiden Enden eine Epiphyse sitzt. Die Epiphyse ist teilweise überknorpelt und bildet die Gelenkfläche. Zwischen Dia- und Epiphyse liegt die Metaphyse, die uns bei der Knochenentwicklung noch einiges Kopfzerbrechen bereiten wird (s. u. Abschnitt Knochenentwicklung). Schließlich gehören noch zwei Bindegewebsschichten zum Knochen: Erstens das Periost, das den größten Teil des Knochens von außen umgibt, reichlich mit Nerven versorgt ist (nicht das Schienbein tut uns weh, sondern dessen Periost) und Blutgefäße zur Ernährung des Knochens führt. Zweitens das Endost, das der Substantia compacta von innen anliegt.

Platte Knochen, wie z. B. das Schulterblatt und viele Schädelknochen, werden von zwei dünnen Kompaktaschichten (Lamina externa und interna) und einer dazwischenliegenden Spongiosaschicht, der Diploe, gebildet.

Mikroskopisch kann man zwei wesentliche Knochenarten unterscheiden: den Geflechtknochen und den Lamellenknochen. **Geflechtknochen** entsteht bei der Knochenneubildung, wenn die kollagenen Fasern der Grundsubstanz ungeordnet vorliegen. In der Regel wird er durch Lamellenknochen ersetzt; aber auch bei Erwachsenen liegt Geflechtknochen noch an wenigen Stellen vor, wie z. B. in der Pars petrosa des Os temporale und an einzelnen Sehnenansätzen. **Lamellenknochen** besteht aus Lamellen, also deutlich voneinander abgesetzten Knochenschichten, die durch **Kollagen Typ I-Fasern** und Osteozyten gekennzeichnet sind. Der grundlegende Aufbau von Lamellenknochen ist am einleuchtendsten an der Substantia compacta in den Diaphysen langer Röhrenknochen zu erklären (s. Abb. 28, S. 37). Die wesentlichen Baueinheiten von Lamellenknochen sind die **Osteone**. Sie bestehen aus einem in ihrer Mitte parallel zur Knochenoberfläche verlaufenden Zentralkanal, dem Havers-Kanal, und 3–20 Lamellen, die mit ihren Osteozyten konzentrisch um den Zentralkanal herum angeordnet sind. Die Lamellen eines Osteons nennt man Speziallamellen. Da Knochen ständig den statischen Gegebenheiten angepasst und somit nonstop umgebaut wird, werden schon vorhandene Osteone um- oder gar abgebaut. Die Reste alter Speziallamellen nennt man Schaltlamellen. Sie bilden Kreisteile ohne innen liegenden Havers-Kanal. Als dritte Lamellenart sind noch die Generallamellen erwähnenswert, die an der inneren und äußeren Oberfläche der Diaphysenröhre kreisförmig um den ganzen Knochen herum angeordnet sind. Damit die Blutgefäße in den Havers-Kanal kommen können, gibt es noch die Volkmann-Kanäle, die senkrecht von der Oberfläche in den Knochen eintreten und mit den Havers-Kanälen kommunizieren.
In den Markhöhlen vieler Knochen liegt zwischen der Substantia spongiosa das Knochenmark, das als gelbes Knochenmark zum Speichern von Fett dient und als rotes Knochenmark zur Erythro- und Leukopoese.

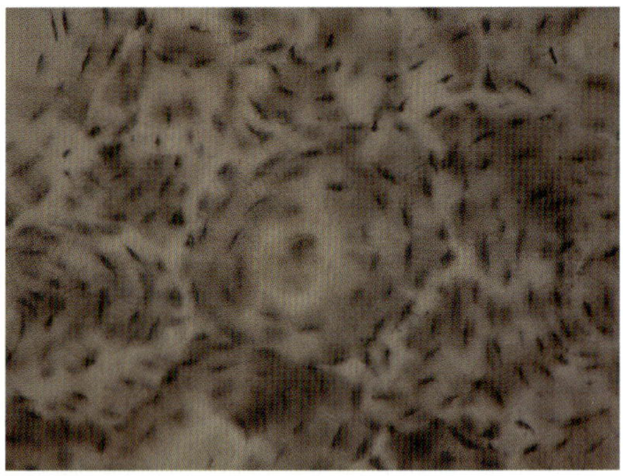

Mittig ist ein Osteon zu sehen mit kreisförmig angeordneten Osteozyten.

Abb. 29: Schnitt durch die Substantia compacta

medi-learn.de/7-histo1-29

Knochenentwicklung

Die Knochenentwicklung oder **Ossifikation** beginnt in der Fetalzeit mit der direkten Umwandlung von mesenchymalem Bindegewebe in

Knochen, der **desmalen Ossifikation**. So bilden sich z. B. die Klavikula und einzelne Schädelknochen, wie z. B. das Os parietale.
Das Gegenstück bezeichnet man als **chondrale Ossifikation**, bei der Röhrenknochen um und in groben Knorpelmodellen gebildet werden, die als Vorlage dienen. Sie verläuft in zwei Phasen. Zuerst wird dabei in der *perichondralen* Ossifikation der Diaphysenschaft um das Knorpelmodell herum gebildet, und zwar – verwirrenderweise – nach Art der desmalen Ossifikation, es wird also Bindegewebe in Knochen umgewandelt. Darauf folgt die *enchondrale* Ossifikation, bei der im Knorpelmodell selbst Knochen gebildet wird. Sie geht von der Grenze zwischen Metaphyse und Epiphyse, also der Epiphysenfuge aus. Hier muss man ein bisschen genauer hinsehen, da im Mikroskop deutlich ein Schichtaufbau zu erkennen ist, nach dem im Physikum häufig gefragt wird. In der **Reservezone** liegt hyaliner Knorpel mit morphologisch unveränderten Zellen vor. Sie füllt anfangs die gesamte Epiphyse aus, schrumpft aber nach deren Verknöcherung auf einen zur Epiphysenfuge hin gerichteten Streifen zusammen. In der darunter liegenden **Proliferationszone** teilen sich die Knorpelzellen lebhaft und bilden Säulen, die sich in Längsrichtung anordnen. Deswegen wird auch von Säulenknorpel gesprochen. In der **Resorptionszone** (Zone des Blasenknorpels) ist offensichtlich die Ernährung des

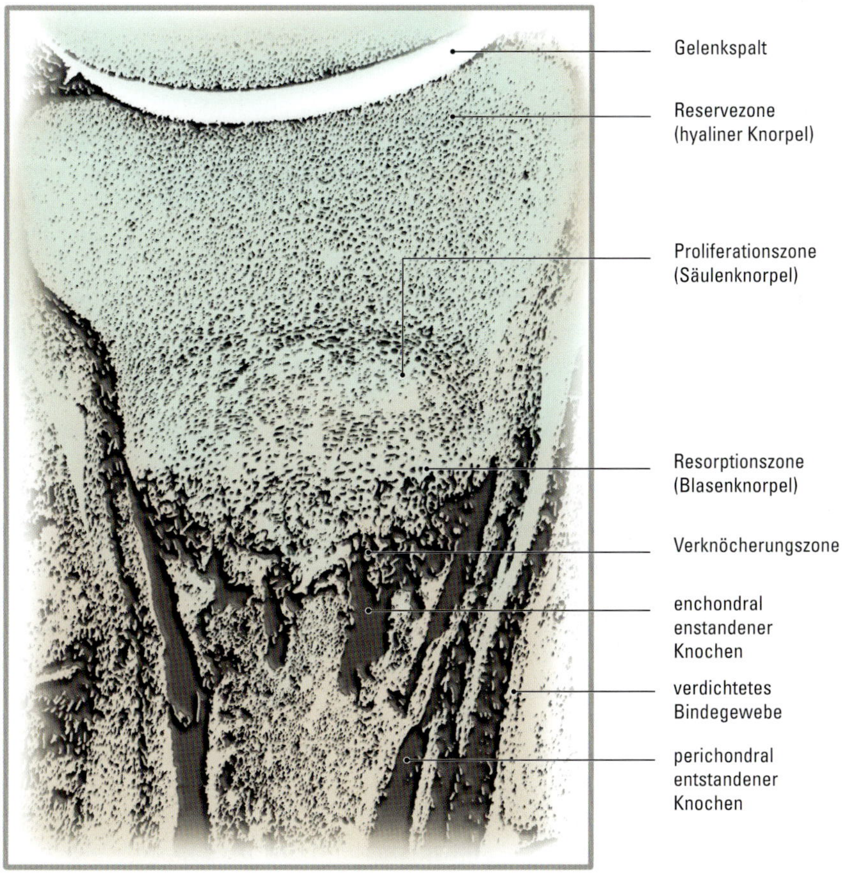

Abb. 30: Enchondrale Verknöcherung

medi-learn.de/7-histo1-30

Knorpels gestört: Es kommt zu einer Kalzifizierung des Knorpels und die Knorpelzellen vergrößern sich (Hypertrophie). Darunter liegt die **Verknöcherungszone**, in der die Knorpelzellen zugrunde gehen und die Knorpelhöhlen durch Chondroklasten eröffnet werden (daher auch Eröffnungszone genannt). Mit den Blutgefäßen einsprießende undifferenzierte Zellen wandeln sich in Osteoblasten um, die neuen Geflechtknochen bilden, der dann im letzten Schritt durch Lamellenknochen ersetzt wird. Die enchondrale Verknöcherung ist für das Längenwachstum verantwortlich, das normalerweise in der Fetalperiode beginnt und bis zum 15.–20. Lebensjahr anhält.

Die Verknöcherung der Epiphyse selbst verläuft ähnlich wie die in der Epiphysenfuge nach einem enchondralen Muster, aber radial um einen Knochenkern in der Epiphyse herum.

Knochenheilung

Die Heilung nach einem Knochenbruch beginnt mit dem Einsprießen von Blutgefäßen und Bindegewebszellen in den Frakturspalt. Osteogene Zellen beginnen hyalinen Knorpel zu bilden. Nach Art der enchondralen Ossifikation wird dann Knochen gebildet (s. Abschnitt Knochenentwicklung auf S. 38), d. h. man findet im Frakturgebiet hyalinen Knorpel, der durch Knochengewebe ersetzt wird (chondrale Ossifikation) und Bindegewebe, das in Knochen umgewandelt wird (desmale Ossifikation). Es wird fast immer mehr Gewebe gebildet als vorher vorhanden war. Das überschüssige Gewebe bezeichnet man als Kallus.

2.3 Muskelgewebe

Nach dem zugegebenermaßen etwas anstrengendenThema Knochen darfst du dich jetzt ein wenig mit den Muskeln entspannen. Hier lässt sich nämlich mit ein paar Basisinformationen der größte Teil der Physikumsfragen beantworten:

2.3.1 Quergestreifte Skelettmuskulatur

Dass du – so wie du bist – am Schreibtisch sitzen kannst, ja, es überhaupt auf den Stuhl geschafft hast, liegt am genialen Aufbau deiner Skelettmuskulatur. Dieser scheint auch auf die Physikumsmacher viel Eindruck gemacht zu haben, denn eine Frage zu Sarkomeren in jedem Physikum ist fast so sicher wie das Amen in der Kirche.

Muskeln bestehen aus **Muskelfasern**, die durch das Verschmelzen vieler Muskelstammzellen zu einer einzigen, bis zu 20 cm langen, vielkernigen Riesenzelle entstehen. Die randständigen Zellkerne und eine lichtmikroskopisch deutlich erkennbare Querstreifung sollten ein Skelettmuskelbild immer zu einem Physikumsjoker machen. Bevor wir uns jetzt gleich über den Aufbau unterhalten, noch einige wichtige Fakten:

- Skelettmuskulatur besitzt KEINE Gap Junctions. Es soll ja jede motorische Einheit getrennt innerviert werden und daher eben kein funktionelles Synzytium bilden, um z. B. so diffizile Aufgaben wie Kreuzchen machen auch in aller Perfektion ausführen zu können.
- Eine einzelne Nervenfaser kann eine oder ganz viele Muskelfasern innervieren. Alle Muskelfasern, die zu einer Nervenfaser gehören, nennt man **motorische Einheit**. In den äußeren Augenmuskeln besteht diese aus einer einzelnen Muskelfaser, im Oberschenkel aus über 100 Fasern. Motorische Einheiten funktionieren nach dem Alles-oder-Nichts-Prinzip: Entweder alle ihre Muskelfasern werden erregt und kontrahieren sich oder keine einzige.
- Auch Skelettmuskeln können regenerieren. Zwischen den Muskelfasern liegende Satellitenzellen besitzen nämlich die Fähigkeit, sich zu teilen und mit schon vorhandenen Muskelfasern zu verschmelzen.

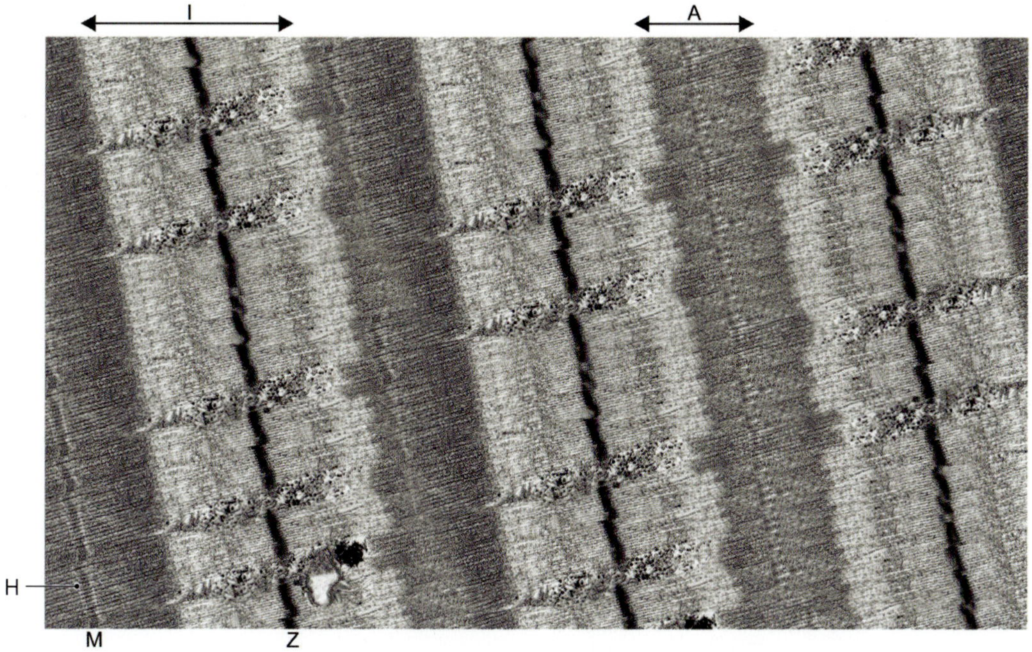

Als drei schwarze, dünne Streifen sind die Z-Streifen erkennbar, die in der hellen I-Zone liegen. Die längeren dunklen Abschnitte sind die A-Zonen, in deren Mitte ein dunkler Streifen (M-Streifen) in einer hellen Zone (H-Streifen) sichtbar ist.

Abb. 31: EM-Bild einer Muskelzelle

medi-learn.de/7-histo1-31

Sarkomer

Die Querstreifung der Muskelzellen entsteht durch den regelmäßigen Aufbau der **Myofibrillen**. Das sind die kontraktilen Elemente innerhalb der Zelle, mit denen du dich nun ein bisschen genauer beschäftigen solltest: Myofibrillen sind aus **Sarkomeren** aufgebaut, den kleinsten funktionellen Einheiten einer Muskelzelle. Schon lichtmikroskopisch – aber noch viel klarer im Elektronenmikroskop – erkennt man helle und dunkle Banden: Eine dunkle Querlinie inmitten eines relativ hellen Abschnitts bildet den Z-Streifen. Der helle Abschnitt wird als I-Bande bezeichnet (isotrop, im polarisierenden Licht einfach lichtbrechend). In einem größeren, dunklen Abschnitt, der A-Bande (anisotrop, im polarisierenden Licht doppelbrechend) erkennt man mittig einen etwas helleren Abschnitt, den H-Streifen (Hensen-Streifen), in dessen Mitte wiederum ein dünner, schwarzer Strich zu sehen ist, der M-Streifen (Mittelstreifen). So, und was soll das alles? Die Muskelkontraktion entsteht durch das Aneinandergleiten von zueinander parallelen relativ dünnen Aktin- und relativ dicken Myosinfilamenten. Die Aktinfasern sind untereinander über den Z-Streifen verbunden und reichen bis zum H-Streifen. Die helle Zone links und rechts um den Z-Streifen ist die I-Bande, eine Zone, in der nur Aktinfilamente vorkommen. Die A-Bande ist durch die unveränderliche Länge der Myosinfilamente definiert und deswegen so dunkel, weil hier sowohl Aktin- als auch Myosinfilamente nebeneinander liegen (Achtung: Ausnahme ist der H-Streifen, wo nur Myosinfilamente liegen). Der M-Streifen in der Mitte verbindet die Myosinfilamente untereinander. Bei der Muskelkontraktion verkürzen sich I-Banden und H-Streifen, weil

die Aktinfilamente sich einander nähern. Die A-Bande bleibt immer gleich lang. Ein Sarkomer reicht von einem Z-Streifen zum nächsten, die Reihenfolge der Streifen lautet: Z-I-A-H-M und wieder zurück. Durch eine leichte Vordehnung wird eine optimale Überlappung der Aktin- und Myosinfilamente und damit eine stärkere Kraftentwicklung erreicht.
Ein ziemlich langes, elastisches Protein namens Titin (übrigens das größte bekannte humane Protein) ist auf der einen Seite mit dem M-Streifen und auf der anderen über **α-Aktinin** mit dem Z-Streifen verbunden. Es ist für die Längsstabilisierung der Myofibrillen da. Diese Tatsache ist vielleicht ein bisschen verwirrend, weil Titin deutlich voneinander abgegrenzte Abschnitte verbindet, weswegen es natürlich auch im Physikum auftauchen muss.

Merke!

„**Z**ieh **I**mmer **A**m **H**ellen **M**uskel" für die Reihenfolge der Streifen: **Z-I-A-H-M**.

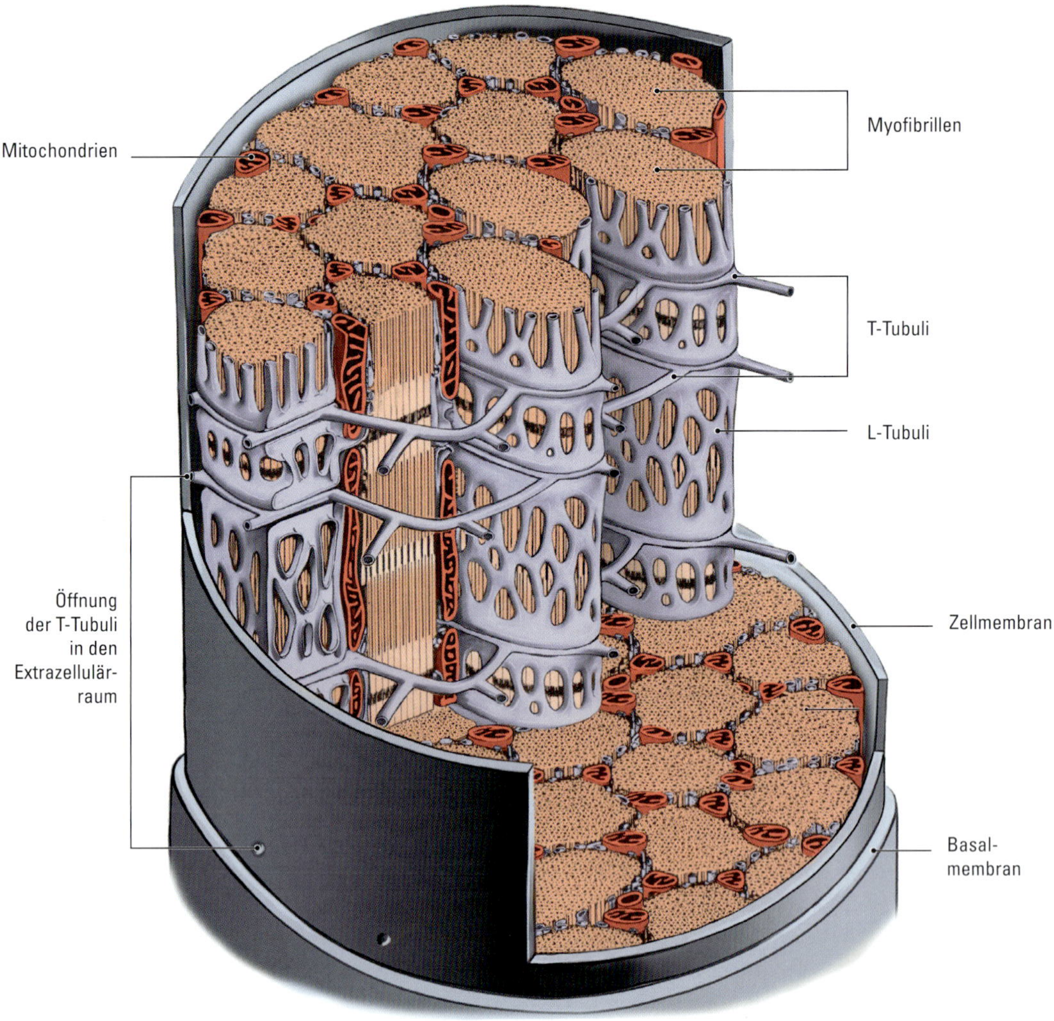

Abb. 32: Plasmalemm einer Muskelzelle = Sarkolemm *medi-learn.de/7-histo1-32*

Sarkolemm

Als Sarkolemm wird die Gesamtheit der Plasmamembranen der Muskelzellen bezeichnet. Wie alle Zellen ist auch die Muskelzelle von einer Plasmamembran umgeben, die allerdings röhrenförmige Einstülpungen quer durch die Zelle besitzt, die **T-Tubuli** (T von transversal). Bei Erregung der Zelle wandern die Aktionspotenziale an den T-Tubuli entlang ins Innere und damit in die Nähe des sarkoplasmatischen Retikulums (das gER des Muskels), die auch **L-Tubuli** genannt werden (L von longitudinal) und als Calciumspeicher dienen. An den **Triaden** liegen die L-Tubuli in direkter Nachbarschaft zu den T-Tubuli. Kommt nun ein Aktionspotenzial die T-Tubuli entlang geschossen, verändert sich ein spannungsabhängiger Calcium-Kanal (Dihydropyridin-Rezeptor). Dies aktiviert Calcium-Känale in den L-Tubuli (Ryanodin-Rezeptoren). Calcium strömt in Sekundenbruchteilen kaskadenartig aus der gesamten Länge der L-Tubuli ins Zytoplasma und löst damit die Kontraktion der Myofibrillen aus. Die Triaden sind also der Ort, wo ein elektrischer Reiz in chemische Veränderungen umgeformt wird, die dann an den Myofibrillen zur mechanischen Kontraktion führen (**elektromechanische Kopplung**).

Übrigens ...
Das Sarkolemm wird stabilisiert durch ein Protein namens Dystrophin, welches über einen transmembranen Proteinkomplex („Dystroglykane") das Zytoskelett mit der extrazellulären Matrix verknüpft. Ein Mangel an Dystrophin ist Ursache für fortschreitende Muskelerkrankungen, sogenannte Muskeldystrophien.

Muskelspindel

Muskelspindeln sind ein Beispiel für die vielen kleinen und fisseligen Sachen, die für das Funktionieren unseres Körpers unerlässlich sind, gleichzeitig aber so klein sind, dass man sie leicht übersieht. Darauf baut – wie sollte es anders sein – das Physikum mit immer genauer werdenden Fragen.

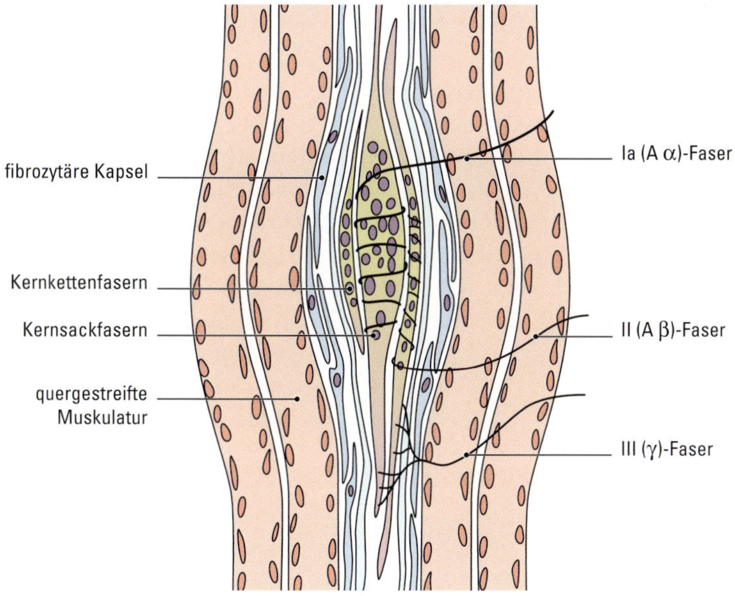

Abb. 33 a: Muskelspindel längs

medi-learn.de/7-histo1-33a

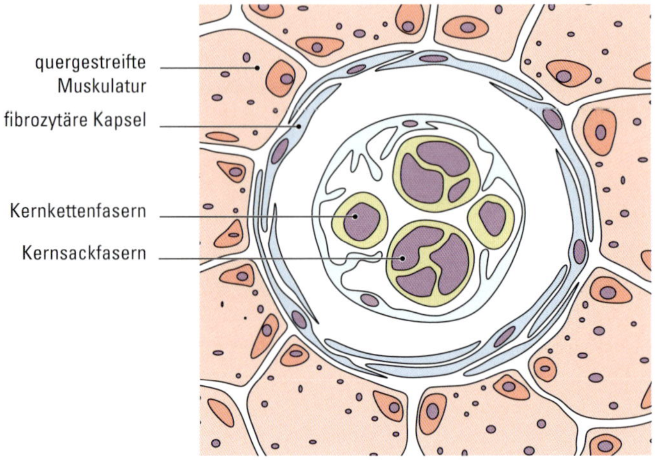

Abb. 33 b: Muskelspindel quer

medi-learn.de/7-histo1-33b

Muskelspindeln sind propriozeptive Dehnungsrezeptoren des Skelettmuskels. Sie melden also dem Gehirn, wie stark unsere Muskeln angespannt sind. Durch die Meldung aller Muskelspindeln kann das Gehirn dann die Lage der Extremitäten zueinander errechnen. Ohne sie könnten wir uns nur schwer auf die Stirn klopfen, wenn wir wieder einmal vor einer völlig blödsinnigen Physikumsfrage stehen. Muskelspindeln bestehen aus spezialisierter quergestreifter Muskulatur, die als **Kernsack- und Kernkettenfasern** oder als **intrafusale Fasern** (lat. fusus: Spindel) bezeichnet werden. Sie sind sowohl afferent als auch efferent innerviert und melden daher nicht nur den Dehnungszustand, sondern können schon im Voraus auf eine bestimmte Länge geeicht werden.

2.3.2 Herzmuskulatur

Auch Herzmuskulatur besteht prinzipiell aus quergestreifter Muskulatur. Sie weist aber einige entscheidende Unterschiede auf, die es dem Herz ermöglichen, unser immer länger werdendes Leben über ununterbrochen zu schlagen, selbst wenn es ab und an vor Freude zu zerspringen scheint.

Übrigens ...
Sollten wirklich einmal Herzmuskeln absterben, z. B. bei einem Infarkt, ist das besonders tragisch, weil sie keine Fähigkeit zur Regeneration besitzen.

Auch Herzmuskelzellen entstehen durch das Verschmelzen von Myoblasten. Reife Zellen besitzen aber nur ein oder zwei Zellkerne, die mittig in der Zelle liegen. Herzmuskelzellen sind häufig Y-förmig aufgezweigt, sodass viele Verbindungen zwischen den Zellen entstehen. Sie müssen nämlich besonders gut miteinander verbunden sein, um den beständigen mechanischen Anforderungen gerecht zu werden. Das sichtbare Ergebnis sind deutlich erkennbare schwarze Streifen zwischen den Zellen, die **Glanzstreifen oder Disci intercalares**. Sie weisen folgende Zell-Zellverbindungen auf:

- **Fasciae adhaerentes**, die der Verankerung der Aktinfilamente dienen,
- **Maculae adhaerentes**, die die Muskelzellen untereinander verbinden und
- die funktionell äußerst wichtigen **Gap Junctions**, durch die alle Herzmuskelzellen elektrisch miteinander verkuppelt sind und so ein **funktionelles Synzytium** bilden.

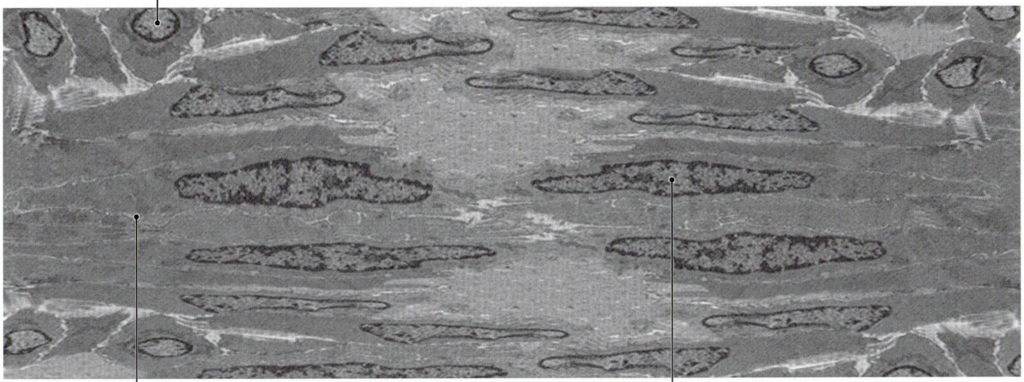

Abb. 34: Glatte Muskelzellen

medi-learn.de/7-histo1-34

(Wer noch Lust auf komische Physikums-Proteine hat, kann sich hier das Connexin 43 als herzspezifisches Nexusprotein merken).
Außerdem fallen viele Mitochondrien und reichlich Glykogenablagerungen auf, die den verstärkten Energiebedarf der Zellen befriedigen. Funktionell bedeutend sind auch am Herzmuskel die Sarkomere, die identisch wie im Skelettmuskel aufgebaut sind. Auch hier bewirkt eine leichte Dehnung, z. B. bei verstärkter diastolischer Füllung, eine größere Kraftentwicklung (Frank-Starling-Mechanismus). Die Zellen im Herzvorhof besitzen außerdem auch noch die Fähigkeit zur Bildung und Sekretion von Hormonen. Wichtig ist das ANF: atrialer natriuretischer Faktor, auch Cardiodilatin oder ANP (atriales natriuretisches Peptid) genannt.

2.3.3 Glatte Muskulatur

Glatte Muskulatur, das sind spindelförmige, relativ dünne Zellen ohne erkennbare Querstreifung mit einem mittigen, länglichen Zellkern. Auch hier ist die Fähigkeit zur Kontraktion an **Aktin- und Myosinfilamente** gebunden, die aber netzartig vorliegen. Eingearbeitet in das Aktinnetzwerk sind Verdichtungen (Areae densae oder Anheftungsplaques), die der Verbindung der Aktinfilamente dienen und den Z-Streifen der Skelettmuskulatur entsprechen. Glatte Muskeln kontrahieren sich zwar langsamer als Skelettmuskulatur, sie können aber pro Fläche eine größere Kraft entwickeln und im kontrahierten Zustand verharren, ohne zu ermüden. Sie unterliegen KEINEM Alles-oder-Nichts-Gesetz und benötigen wegen ihres geringen Durchmessers und der langsamen Kontraktion KEINE T-Tubuli. Glatte Muskulatur kommt z. B. in den Eingeweiden und den Blutgefäßen vor. Sie bildet kleine Einheiten, die uns die Haare zu Berge stehen lassen (Mm. arrectores pilorum), oder sogar ganze Organe, wie den Uterus.

DAS BRINGT PUNKTE

In der schriftlichen Prüfung kannst du viele **Knochenfragen** beantworten, wenn du weißt, dass

- die Knochensubstanz von Osteoblasten erbaut, von Osteozyten erhalten und von Osteoklasten zerstört wird,
- Parathormon die mehrkernigen Osteoklasten aktiviert, die beim Knochenabbau Calcium freisetzen,
- Lamellenknochen als wesentliche Baueinheiten Osteone besitzen, in denen das Kollagen Typ I in Speziallamellen um einen zentralen Havers-Kanal herum angeordnet ist,
- Schaltlamellen der Lamellenknochen Überreste teilweise abgebauter Osteone sind,
- bei der Entstehung langer Röhrenknochen erst um ein Knorpelmodell perichondral ein knöcherner Schaft gebildet wird, an dessen Ende – also an den Epiphysenfugen – enchondral das Längenwachstum stattfindet und
- diese Zone der enchondralen Verknöcherung morphologisch in eine Reserve-, Proliferations-, Resorptions- und eine Verknöcherungszone aufgeteilt ist.

Zu den **Muskeln** solltest du wissen, dass

- Muskeln aus Myofibrillen aufgebaut sind, deren kleinste Einheit das Sarkomer darstellt (parallel aneinandergelagerte Aktin- und Myosinfilamente, deren regelmäßiger Aufbau Z-, I-, A-, H- und M-Streifen bildet),
- der A-Streifen durch die unveränderliche Länge der Myosinfilamente definiert ist,
- Muskelspindeln afferent und efferent innerviert sind und aus intrafusalen Fasern, also den Kernsack- sowie den Kernkettenfasern bestehen und
- Herzmuskelzellen mittels Glanzstreifen miteinander verbunden sind, in denen Gap Junctions für die Bildung eines funktionellen Synzytiums sorgen und Fasciae und Maculae adhaerentes für die Festigkeit der Verbindung zuständig sind.

FÜRS MÜNDLICHE

Im Speziellen geht es jetzt um Knochen und Muskeln. Die folgenden Fragen der mündlichen Prüfungsprotokolle sollen dir helfen, das Gelernte zu rekapitulieren.

1. **Bitte erklären Sie, woraus Knochen aufgebaut ist.**
2. **Erläutern Sie bitte den Unterschied zwischen Lamellen- und Geflechtknochen. Wo kommen die beiden vor?**
3. **Erklären Sie bitte, was ein Osteon ist.**
4. **Erklären Sie bitte den Aufbau eines Sarkomers.**
5. **Bitte erklären Sie, was das Besondere an Herzmuskelzellen ist.**
6. **Erläutern Sie bitte, was das Besondere an glatter Muskulatur ist und wo sie vorkommt.**
7. **Bitte nennen Sie die Stationen der elektromechanischen Koppelung.**

1. Bitte erklären Sie, woraus Knochen aufgebaut ist.

Zellen:
- Osteoblasten
- Osteozyten
- Osteoklasten

Interzellulärsubstanz:
- Apatitkristalle
- Kollagen Typ I

2. Erläutern Sie bitte den Unterschied zwischen Lamellen- und Geflechtknochen. Wo kommen die beiden vor?

Geflechtknochen:
- Kollagenfasern ungeordnet (z. B. Os temporale Pars petrosa)

Lamellenknochen:
- Kollagenfasern schichtartig in Spezial-, Schalt- und Generallamellen aufgebaut (z. B. Diaphyse langer Röhrenknochen)

3. Erklären Sie bitte, was ein Osteon ist.

Eine Baueinheit des Knochengewebes:
- Konzentrische Speziallamellen mit dazwischenliegenden Osteozyten liegen um einen Havers-Kanal herum.

4. Erklären Sie bitte den Aufbau eines Sarkomers.

In einem Sarkomer liegen Aktin- und Myosinfilamente parallel zueinander verschieblich. Unterschiedliche Überschneidungsorte und Verbindungslinien bilden: Z-, I-, A-, H- und M-Streifen.

5. Bitte erklären Sie, was das Besondere an Herzmuskelzellen ist.

Herzmuskelzellen
- haben eine Y-förmige Zellgestalt,
- haben eine Querstreifung wie die Skelettmuskelzellen,
- arbeiten unermüdlich,
- haben viele Mitochondrien,
- haben Glanzstreifen,
- besitzen keine Regenerationsfähigkeit,
- produzieren Hormone.

6. Erläutern Sie bitte, was das Besondere an glatter Muskulatur ist und wo sie vorkommt.

Glatte Muskulatur
- hat keine Streifung wegen der ungeordneten Filamentanordnung,
- hat einkernige Zellen,
- hat keine T-Tubuli,
- kennt kein Alles-oder-Nichts,
- hat eine effizientere Kraftentwicklung als die quergestreifte Muskulatur,
- kommt im Darm sowie den Gefäßen vor.

7. Bitte nennen Sie die Stationen der elektromechanischen Koppelung.

- Synapse,
- Zellmembran,
- T-Tubuli,
- L-Tubuli,
- Zytoplasma,
- Aktin- und Myosinfilamente.

Mehr Cartoons unter www.medi-learn.de/cartoons

Pause

Kurz grinsen, eine mittellange Pause einlegen und dann auf an das letzte Kapitel!

2.4 Nervengewebe

Das Nervengewebe bildet sicherlich den komplexesten und bis jetzt am wenigsten verstandenen Teil unseres Körpers: das zentrale und das periphere Nervensystem. Wir dürfen in diesem Abschnitt endlich einmal ein wenig philosophisch werden, wenn wir uns überlegen, was für eine aufregende, einzigartige Aufgabe uns hier ansteht: Eine Struktur versucht sich selbst ansatzweise zu verstehen, sich selbst (auch mittels anderer Lebewesen, z. B. Versuchstieren) auf den Grund zu gehen und ihre ihr selbst innewohnende Funktionsweise zu entschlüsseln. Das gibt es vielleicht sonst nirgendwo im Universum. Dass uns ausgerechnet das Physikum vor diese eventuell unlösbare Aufgabe setzt, zeigt, wie anmaßend Wissenschaft manchmal ist ...
Im Nervengewebe kann man zwei Zellgruppen unterscheiden:

- die funktionellen Nervenzellen oder Neurone und
- die Stütz- und Helferzellen, die Gliazellen.

Dieses Kapitel wird sich größtenteils mit den Neuronen beschäftigen, ihre Morphologie, ihre Klassifikation und ihre Verbindungen (die Synapsen) betrachten, um dann – von klein zu

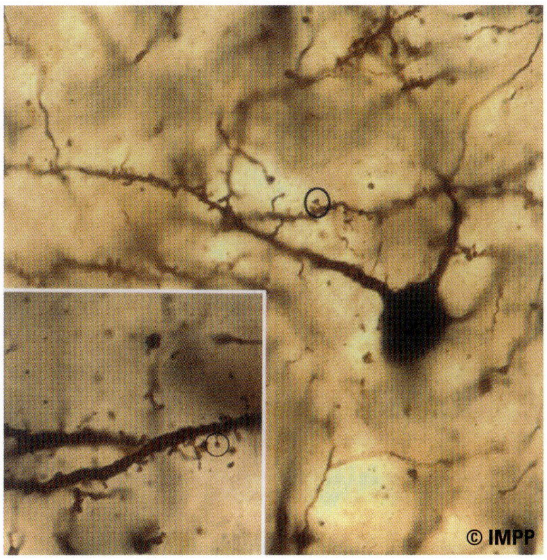

Abb. 35: Spines an den Dendriten eines Neurons

medi-learn.de/7-histo1-35

groß – erst den Aufbau der Nervenfasern und dann den der makroskopisch sichtbaren Nerven zu behandeln.
Die Gliazellen werden hier nur kurz angesprochen, obwohl ohne sie keine Nervenzelle lange überleben, geschweige denn funktionieren könnte und beide entwicklungsgeschichtlich aus dem gleichen Gewebe hervorgehen, dem Neuroektoderm.
Den Abschluss bildet ein kurzer Abschnitt über die Ganglien, da sie immer wieder im Physikum gefragt werden und der Großteil der Fragen mit einigen wenigen Begriffen souverän beantwortet werden kann.

2.4.1 Nervenzellen = Neurone

Man streitet sich noch über die Anzahl der Nervenzellen in unserem Körper, die Angaben schwanken zwischen 10 und 30 Milliarden. Sie sind unsere informationsverarbeitenden und -speichernden Einheiten mit Fähigkeiten, die jeden Computer in den Schatten stellen.

Morphologie

Grob lässt sich der Aufbau von Neuronen in drei Abschnitte unterteilen: einen empfangenden, einen verarbeitenden und einen sendenden Teil (s. Abb. 36, S. 50). Der empfangende Abschnitt wird von den baumartigen **Dendriten** gebildet, den Zellausläufern, an die die Synapsen anderer Zellen andocken. Zahlreiche Dendriten haben Dornen (spines). Dabei handelt es sich um bis zu 2 µm große Vorwölbungen, an die in der Regel andere Axone mit Synapsen herantreten. Die Information sammelt sich auf der Membran des **Perikaryons**, des zytoplasmareichen Abschnitts um den Zellkern herum. Hier liegt das trophische Zentrum der Zelle: Im Zytoplasma und den Organellen werden die meisten metabolischen Aufgaben der Zelle gemeistert und hier werden auch die Informationen in Form veränderter Membranpotenziale gesammelt sowie verarbeitet. Am großen Zellkern fällt vor allem sein deutlicher Nukleolus und fein verteiltes Chromatin auf. Franz Nissl entwickelte als 24-jähriger Medizinstudent im Jahre 1884 eine bis heute benutzte Färbung (die Nissl-Substanz), mit der sich grobschollige Organellen im Zytoplasma von Nervenzellen darstellen lassen. Das endoplasmatische Retikulum des Nerven war gefunden. Hier werden alle erforderlichen Proteine der Zelle synthetisiert. Das Zytoskelett wird hauptsächlich von Neurofilamenten und Mikrotubuli gebildet.

An einem besonderen Abschnitt des Perikaryons, dem Ursprungskegel oder Axonhügel, liegt keine Nissl-Substanz vor, sodass im Lichtmikroskop dieser hell bleibt. Im Elektronenmikroskop ist jedoch ein Bündel aus Mikrotubuli und einer subplasmalemmnalen Verdichtung (sog. dense layer) erkennbar. Auch hier, am Summationspunkt der postsynaptischen Potentiale, können noch Synapsen liegen. Hier beginnt dann der

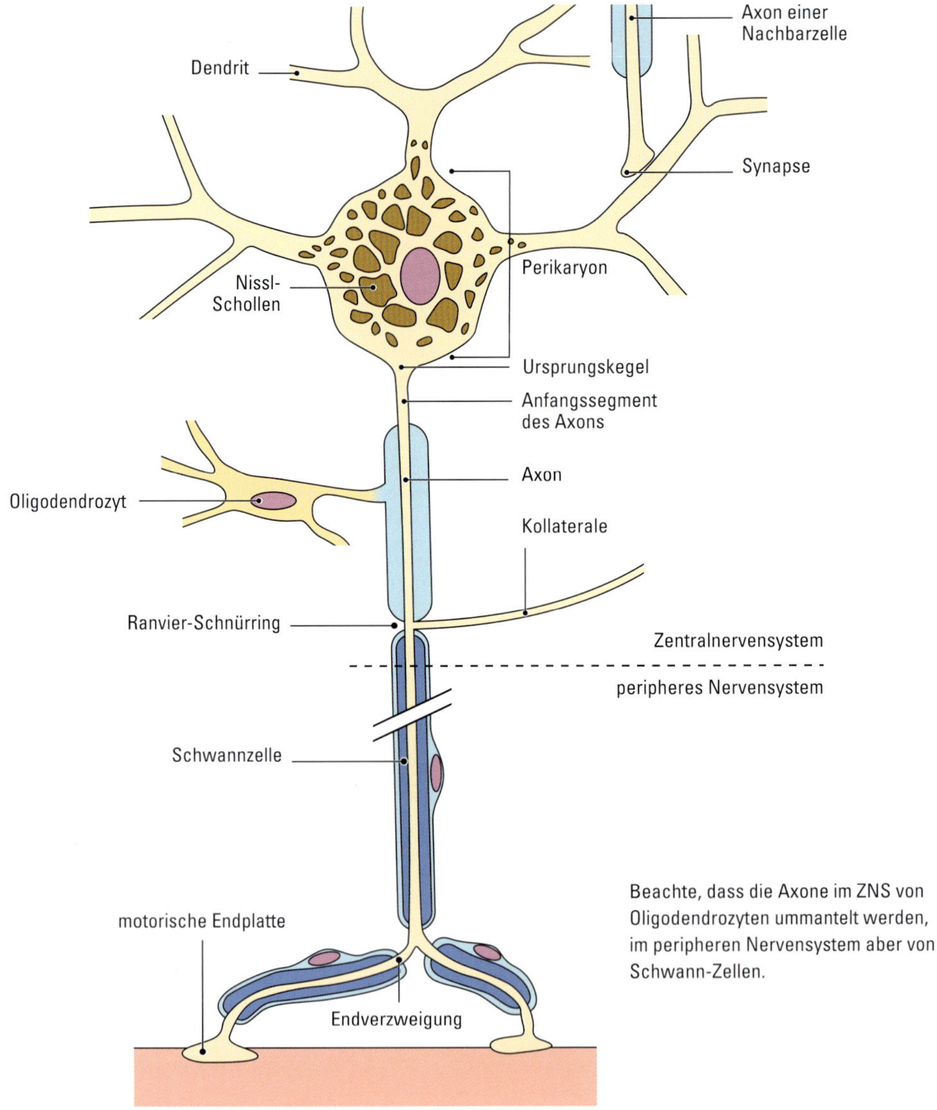

Abb. 36: Schematischer Aufbau einer Nervenzelle

medi-learn.de/7-histo1-36

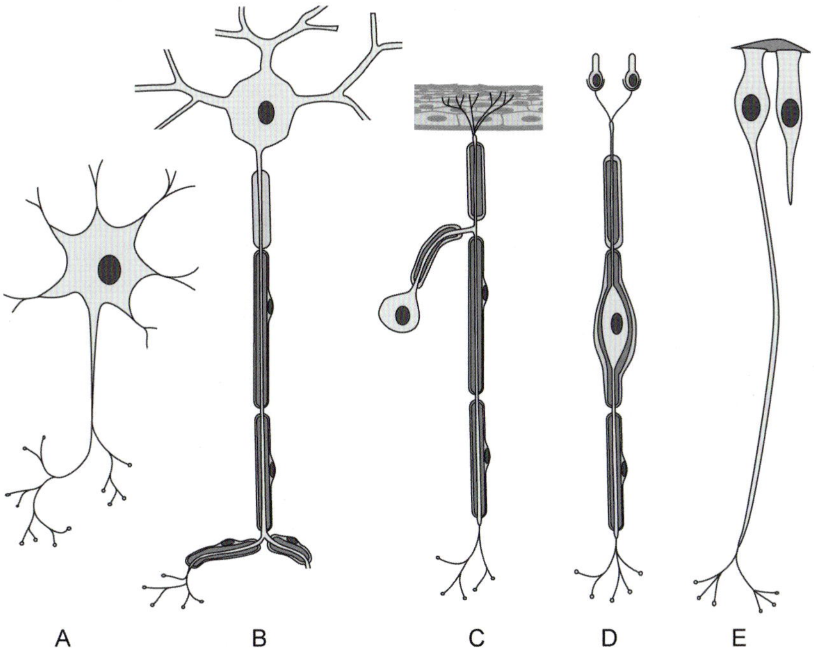

A: Multipolare Nervenzelle im Gehirn (Interneuron)
B: Motoneuron mit langem, myelinisiertem Axon
C: Pseudounipolare Nervenzelle, ihr Perikaryon sitzt im Spinalganglion (nicht eingezeichnet).
D: Bipolare Nervenzelle (wahrscheinlich im Hirnnerv VIII)
E: Primäre Sinneszelle in der Regio olfactoria (Zelle, die direkt Sinnesreize wahrnimmt und diese ins Gehirn weiterleitet, also histologisch zwischen Sinnes- und Nervenzellen einzuordnen ist).
Achtung: Die Proportionen sind grotesk verschoben, das Interneuron ist stark vergrößert dargestellt, das Axon bei B kann sehr lang sein und die bipolare Nervenzelle sehr kurz.

Abb. 37: Klassifikation von Nervenzellen

medi-learn.de/7-histo1-37

sendende Abschnitt der Zelle, das Axon. Es besteht aus einem Anfangssegment ohne Axonscheide, der Hauptverlaufsstrecke, die meistens ummantelt (myelinisiert) ist, und Endauftreibungen, den Boutons, an denen die Synapsen liegen. In den Axonen liegen – neben Mitochondrien – vor allem Mikrotubuli, die die Schienenwege für den axonalen Transport bilden. Hierbei schiebt Kinesin weg vom Zellkern und Dynein dazu hin.

Merke!

„Nerv, bin weg zum Kino und komme dynamisch zurück" für den axonalen Transport über Kinesin weg vom Zellkern und Dynein hin zum Zellkern.

Klassifikation

Auch Nervenzellen kann man dem Aussehen nach klassifizieren (s. Abb. 37, S. 51). In diesem Fall mit nur geringem praktischen Nutzen für das wirkliche Leben, aber von herausragender Bedeutung für die Beantwortung der Physikumsfragen. Ganz besonders prüfungsrelevant ist, wo welche Nervenzellen vorkommen:

- **Bipolare Nervenzellen** sind äußerst selten und kommen z. B. in der Retina vor. Ihr Perikaryon besitzt zwei Pole: Auf der einen Seite erreicht ein einziger Fortsatz, der sich in der Peripherie aufzweigen kann, das Perikaryon. Auf der gegenüberliegenden Seite sprießt ein weiterer Fortsatz aus.
- In **pseudounipolaren Nervenzellen** durchlaufen die Erregungen das Perikaryon nicht.

Es besitzt nur einen Fortsatz, der sich aber in einen Dendriten- und einen Axonteil aufspaltet. Von essenzieller Bedeutung für das Physikum ist ihr Vorkommen: Pseudounipolare Nervenzellen kommen vor allem in **sensiblen Spinalganglien** und in **sensiblen Hirnnervenganglien**, wie z. B. im Ganglion trigeminale, vor.

- **Multipolare Nervenzellen** besitzen mehrere Dendriten und ein Axon. Die meisten Nervenzellen sind multipolare Nervenzellen. Sie kommen in den vegetativen Ganglien – z. B. den Grenzstrangganglien und dem Ganglion ciliare – sowie überall im Gehirn vor. Multipolare Nervenzellen haben häufig sehr auffällige Formen, die dann besonders bezeichnet werden: Motoneurone, Purkinje-Zellen, Pyramidenzellen usw.

Synapsen

Synapsen sind Orte, an denen eine elektrische Erregung von einer Zelle in eine chemische Form übertragen wird, so die folgende Zelle erreicht und dort weiterverarbeitet wird, z. B. erneut in eine elektrische Erregung umgewandelt wird. Die zwei Partnerzellen können zwei Nervenzellen, eine Nerven- und eine Muskelzelle, eine Nerven- und eine Drüsenzelle oder auch eine Sinnes- und eine Nervenzelle sein.

Bei Synapsen zwischen zwei Nerven werden drei wesentliche Abschnitte unterschieden:
- der präsynaptische Abschnitt mit der präsynaptischen Membran, Bläschen und Zellorganellen,
- der synaptische Spalt und
- der postsynaptische Abschnitt.

Im **präsynaptischen Abschnitt** werden die präsynaptischen Bläschen entweder über den axonalen Transportweg in die Boutons transportiert oder im hier vorhandenen endoplasmatischen Retikulum synthetisiert, wobei sie von einem Protein, dem **Synapsin**, umgeben sind, das sie am Zytoskelett befestigt. Weiterhin liegen im Bouton auch noch Mitochondrien und Neurofilamente und natürlich die präsynaptische Membran. Erreicht ein Aktionspotenzial den Bouton, öffnen sich spannungsabhängige Ca^{2+}-Kanäle, was zu einem Ca^{2+}-Einstrom in die Zelle führt. Dadurch löst sich das Synapsin von den Bläschen, die dann mit der präsynaptischen Membran verschmelzen und die Transmitter in den synaptischen Spalt freisetzen. Sowohl die Bläschenmembran als auch die Transmitter können recycelt werden: die Membran über Mikropinozytose (als Coated Vesicle), die Transmitter über Wiederaufnahme in die präsynaptische Zelle. Der **synaptische Spalt** ist meistens 20 nm breit (Ausnahmen: Synapsen „en distance“, die z. B. die glatte Muskulatur innervieren und deren synaptischer Spalt bis zu 500 nm breit ist) und mit einer dichten Schicht aus Glykoproteinen ausgefüllt, die die Zellen aneinander befestigen. Die Transmitter diffundieren durch diesen Spalt, binden an einen postsynaptischen Rezeptor und werden nach ihrer Wirkungsentfaltung abgebaut oder diffundieren weg.
Der **postsynaptische Abschnitt** besteht aus einer Membran mit Rezeptorproteinen, an die die Transmitter andocken. Ist die postsynaptische Zelle eine Nervenzelle, wird hier das chemische Signal wieder in ein elektrisches (Änderung des Membranpotenzials) umgewandelt.

In Sinneszellen mit einem hohen konstanten Umsatz an Neurotransmittern, so z. B. den Photorezeptorzellen, den bipolaren Zellen der Retina und in vestibulocochleären Haarzellen, sind spezialisierte Synapsen, sogenannte synaptische Bänder oder Lamellen, beschrieben worden, die die koordinierte Freisetzung von besonders vielen Vesikeln ermöglichen.

Axonscheide

Wie in der Elektrotechnik, sind auch im Nervensystem elektrische Leitungen ohne Isolation nur in Ausnahmen etwas wert. Die Isolationsschicht um die Axone – die Axonscheide – wird im peripheren Nervensystem von den **Schwann-Zellen** gebildet. Sie können viele Membranschichten (Lamellen) bilden, die

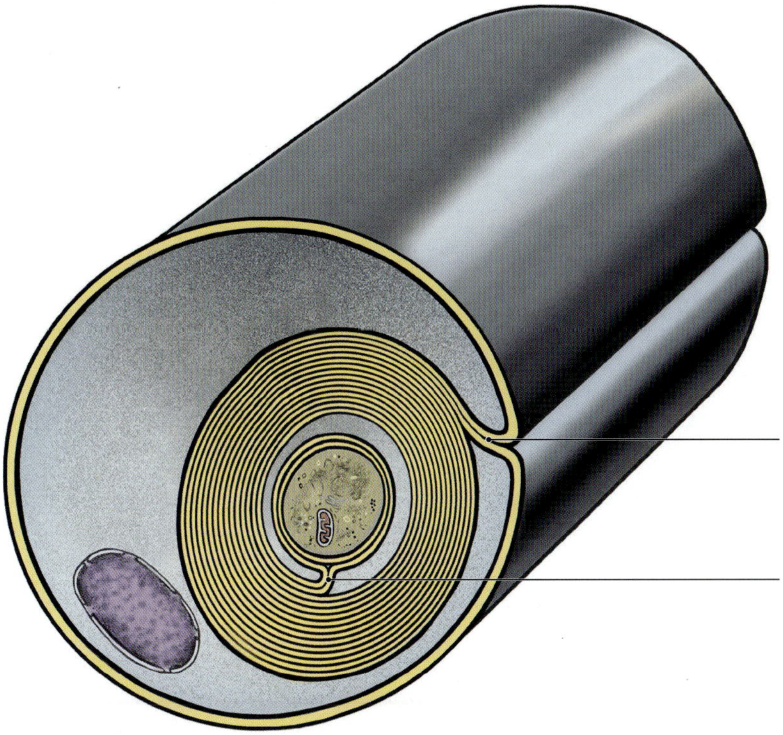

Abb. 38: Axonscheide

medi-learn.de/7-histo1-38

als **Mark** oder **Myelin** bezeichnet werden. Je nach Vorkommen der Lamellen unterscheidet man markhaltige und marklose Nervenzellen. Bei der Entwicklung der **markhaltigen Nervenzellen** stülpen sich die Hüllzellen um die Axone. Treffen die beiden Zytoplasmaausläufer zum ersten Mal auf der anderen Seite zusammen, liegen zwei Membranschichten ein und derselben Hüllzelle aneinander. Diese Doppelschicht nennt man **Mesaxon**. Ein Ausläufer stülpt sich zungenartig unter den anderen und wickelt sich immer weiter um das Axon, bis viele Membranabschnitte (mit fast keinem Zytoplasma dazwischen) übereinander liegen und das Myelin bilden. Ein (äußeres und ein inneres) Mesaxon bleibt aber immer vorhanden (s. Abb. 38, S. 53).

Im Längsschnitt einer markhaltigen peripheren Nervenfaser sind mehrere Strukturen erkennbar:

- Ein **Ranvier-Schnürring** liegt zwischen zwei hintereinander an dem Axon liegenden Schwann-Zellen. Hier kann eine Depolarisation der Axonmembran erfolgen, da diese hier nicht isoliert ist. Die Basalmembran, die den Hüllzellen außen anliegt, ist übrigens auch hier nicht unterbrochen, was du dir fürs Physikum merken solltest.
- Der Abstand zwischen zwei Ranvier-Ringen wird als **Internodium** bezeichnet und entspricht damit genau der Länge einer Schwann-Zelle.

- **Schmidt-Lanterman-Einkerbungen** sind gar keine Einkerbungen, sondern kurze Abschnitte innerhalb eines Internodiums, in denen das Zytoplasma zwischen den Membranen erhalten geblieben ist. Sie stellen also im Gegenteil eine Erweiterung (Ausbuchtung) der Membranschichten dar und sind für den erleichterten

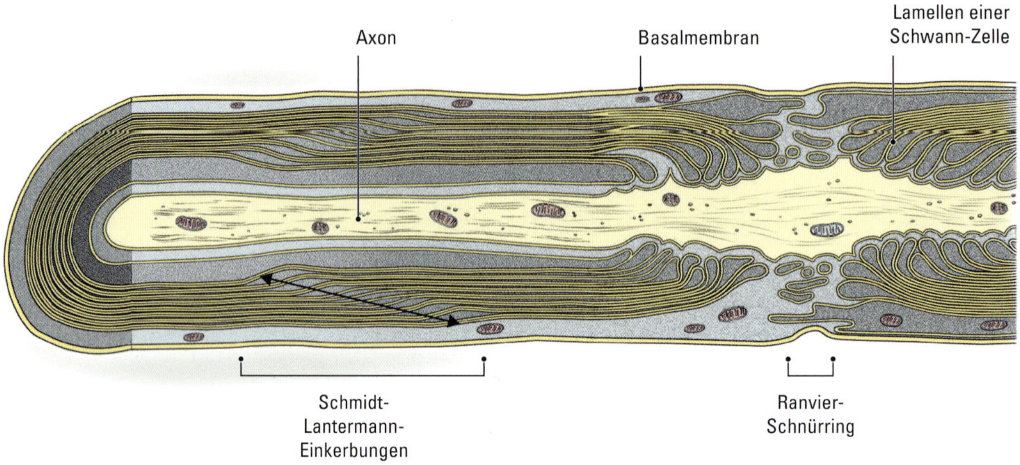

Abb. 39: Markhaltige periphere Nervenfaser, Längsschnitt *medi-learn.de/7-histo1-39*

Stoffaustausch zwischen den außen- und den innenliegenden Schichten mit Gap Junctions ausgestattet.

Marklose Nervenfasern sind auch von Hüllzellen umgeben, die sich allerdings nur um die Axone gestülpt haben – sie bilden ein Mesaxon, wickeln sich aber nicht weiter herum. Eine Hüllzelle kann eine einzelne Nervenfaser, aber auch mehrere marklose Nervenfasern gemeinsam umhüllen, die sich dann ein **Mesaxon** teilen.

2.4.2 Nerven

Nerven sind von Bindegewebe zusammengefasste Nervenfasern (Axon + Schwann-Zelle) peripherer Nerven. Um das einmal von klein nach groß aufzuzählen:

1. Um ein Axon gewickelt liegt die **Schwann-Zelle**,
2. die Schwann-Zelle ist von Bindegewebe umgeben (das **Endoneurium**),
3. das Endoneurium ist von **Perineurium** umgeben,
4. das Perineurium fasst die Nervenfasern bündelartig zusammen und
5. diese Bündel werden wiederum vom **Epineurium** als **Nerv** zusammengehalten.

2.4.3 Neuroglia

Neurogliazellen kommen sowohl im peripheren als auch im zentralen Nervensystem vor. Die Gliazellen im peripheren Nervensystem sind die **Schwann-Zellen**, die größtenteils schon besprochen wurden. Sie umhüllen die peripheren Nervenfasern und bilden obendrein auch noch wesentliche Leitschienen bei der Regeneration verletzter Nervenfasern (Büngener-Bänder).

Im Gehirn sind die Gliazellen im Prinzip die spannenden Zellen. Um ein ganz weites Beispiel heranzuholen: Wäre das Gehirn ein Krankenhaus und die Ärzte die Informationsverarbeiter, also die Nervenzellen, erschienen die Gliazellen als die Personen, die den ganzen Betrieb im Gange halten, also die Krankenschwestern, Putzfrauen und Sekretäre, ohne die die Ärzte keinen Tag auch nur ansatzweise etwas zustande brächten.

An dieser Stelle werden nur die **Astrozyten** und die **Oligodendrozyten** besprochen. Es gibt aber noch einen Haufen anderer Gliazellen, wie die Mikrogliazellen, die Makrophagen-äquivalente des Gehirns, oder auch die Tanyzyten, Pituizyten und Ependymzellen, von

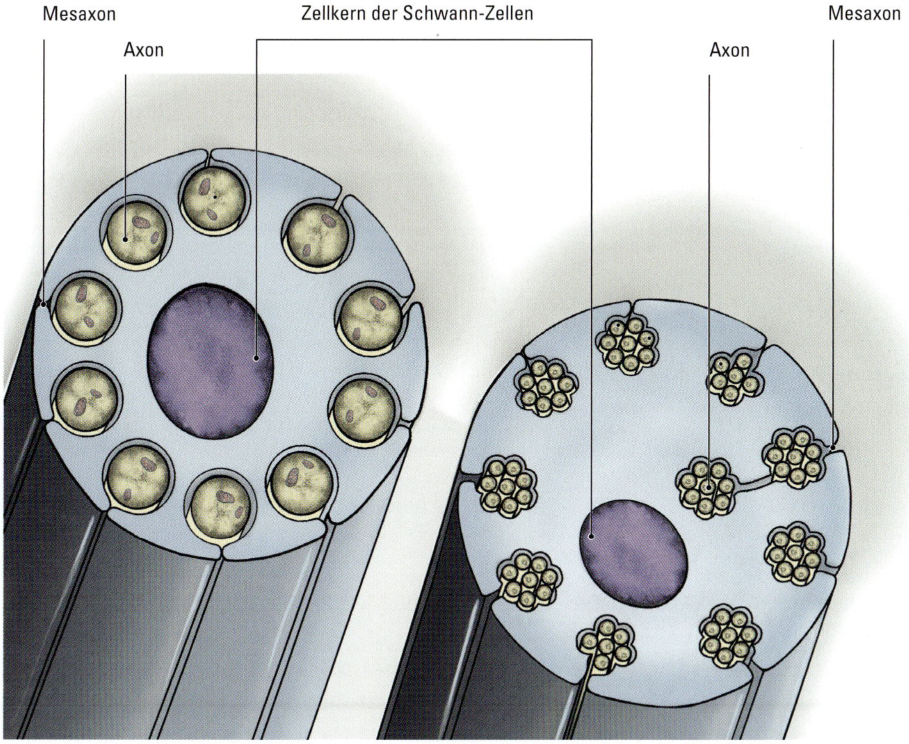

Abb. 40: Marklose periphere Nervenfaser, Querschnitt

medi-learn.de/7-histo1-40

deren Existenz du wenigstens schon einmal gehört haben solltest. Gemein ist allen Gliazellen, dass sie – im Gegensatz zu den meisten Nervenzellen – zeitlebens teilungsfähig bleiben (womit der Krankenhausvergleich schon ein wenig ins Hinken gerät).

Astrozyten heißen so, weil sie wunderschön sternförmig aussehen, was man – wie du dir hoffentlich gemerkt hast – am besten mit der **GFAP-Färbung** darstellen kann (s. Abb. 3, S. 6). Sie erfüllen vielfältige Aufgaben:

- Sie „füttern" die Nervenzellen mit Metaboliten und
- kontrollieren den Ionenhaushalt, vor allem den Kaliumhaushalt an den Synapsen.
- Wird das ZNS verletzt, vergrößern sich die Astrozyten, teilen sich und bilden Narben.

Untereinander stehen Astrozyten durch Gap Junctions in Verbindung.

Übrigens ...
Die Astrozyten sind die Lieblinge eines jeden Krankenhauses und außerdem auch noch des schriftlichen Physikums, weshalb du sie dir unbedingt merken solltest.

Oligodendrozyten sind die Hüllzellen des Gehirns und erfüllen die Aufgabe der peripheren Schwann-Zellen. Sie isolieren Axone im ZNS – inklusive Rückenmark und Nervus opticus – nicht jedoch den peripheren Verlauf der restlichen Hirnnerven, die von Schwann-Zellen umgeben sind. Im Unterschied zu ihren peripheren Verwandten umhüllt ein Oligodendrozyt viele Axone mit seinen Ausläufern, sodass in den Axonscheiden im ZNS die Zellkerne fehlen. Außerdem sind Oligodendrozyten NICHT von einer Basalmembran umgeben.

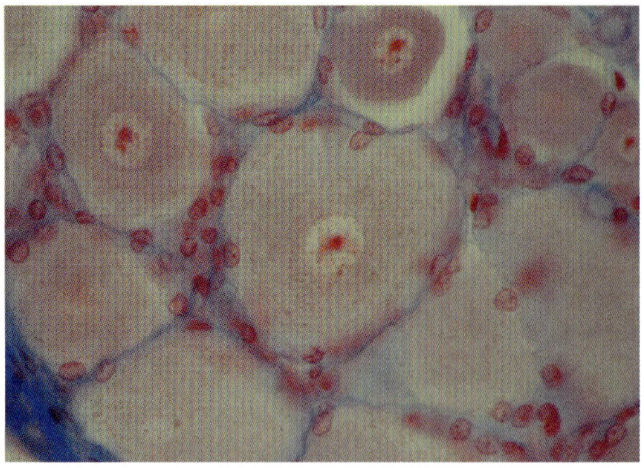

Abb. 41: Pseudounipolare Nervenzellen im Spinalganglion *medi-learn.de/7-histo1-41*

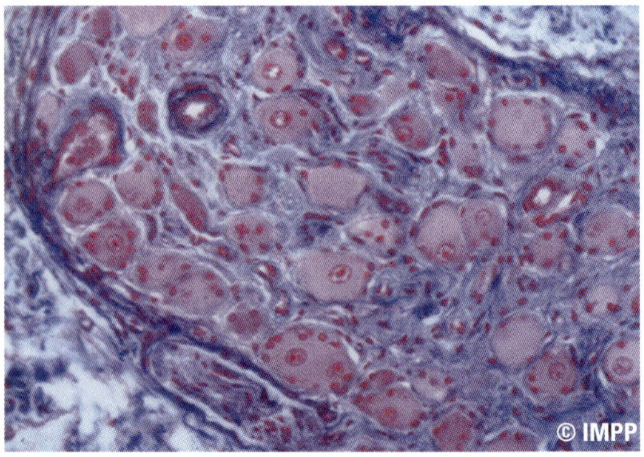

Auch hier erkennt man viele kleine Zellen (oder besser deren Kerne) um große Zellen mit einem mittigen Zellkern herum. Weiterhin ist viel Bindegewebe und ungefähr auf 11 Uhr eine Arteriole zu sehen.

Abb. 42: Autonomes Ganglion *medi-learn.de/7-histo1-42*

2.4.4 Ganglien

Ganglien sind ovale, von Bindegewebe umhüllte Ansammlungen der Perikarya peripherer Nerven. Die Perikarya werden von einer Schicht flacher Mantelzellen, den **Satellitenzellen**, umgeben. Man unterscheidet histologisch v. a. die kraniospinalen und die vegetativen Ganglien:

- Als **kraniospinale Ganglien** fasst man Ganglien in den dorsalen Wurzeln der Spinalnerven im Rückenmark (Spinalganglien) und im Verlauf einiger sensibler Hirnnerven (kraniale Ganglien) zusammen. Sie enthalten hauptsächlich die von Mantelzellen umgebenen Perikarya pseudounipolarer Nervenzellen und von Schwann-Zellen ummantelte Axone. Mit der Verknüpfung „pseudounipolare Nervenzellen" und „Spinalganglion" findet man übrigens erstaunlich viele Physikumsantworten ...
- **Vegetative Ganglien** sind Bestandteile des vegetativen Nervensystems, also des Sympathikus oder Parasympathikus. In den vegetativen Ganglien erfolgt die Verschaltung des Axons eines präganglionären Neurons mit dem Perikaryon eines postganglionären Neurons. Wichtig zu merken ist, dass hier besonders viele **multipolare Nervenzellen** vorhanden sind.

DAS BRINGT PUNKTE

Damit du im Schriftlichen punkten kannst, solltest du dir zu den **Nerven** merken, dass
- beim axonalen Transport Kinesin weg vom Zellkern und Dynein hin zum Zellkern transportiert,
- pseudounipolare Nervenzellen v. a. in den sensiblen Kopf- und in den Spinalganglien vorkommen,
- periphere markhaltige Axone von Schwann-Zellen umgeben sind, deren Membranschichten lamellenartig umeinander gewickelt sind und ein äußeres sowie ein inneres Mesaxon bilden,
- periphere marklose Fasern sehr wohl auch ein Mesaxon besitzen, welches sich mehrere Fasern teilen können,
- Astrozyten GFAP-positiv sind und die Neurone metabolisch versorgen, den zentralnervösen Ionenhaushalt kontrollieren sowie nach Hirnverletzungen Narben bilden können und
- Oligodendrozyten die Hüllzellen der zentralnervösen Axone sind.

Hilfreich ist daneben noch das Wissen um die Klassifikation und den Aufbau von Nervenzellen sowie über den Sinn und Unsinn von Ranvier-Schnürringen und Schmidt-Lanterman-Einkerbungen.

FÜRS MÜNDLICHE

Den Abschluss dieses Skripts bilden die Nerven. Ein letztes Mal Konzentrieren, dann liegt dieses Skript hinter dir. Auf geht's zu den mündlichen Prüfungsfragen zu diesem Thema.

1. **Bitte erklären Sie den Aufbau eines Neurons.**
2. **Bitte erläutern Sie, was Gliazellen sind und wofür sie gut sind.**
3. **Erklären Sie bitte den Aufbau einer Schwann-Scheide.**
4. **Bitte erläutern Sie, was ein Mesaxon ist.**

---

1. Bitte erklären Sie den Aufbau eines Neurons.
Ein Neuron besteht aus
- Dendriten,
- Perikaryon mit Zellkern und Nissl-Substanz,
- Axon mit Mikrotubuli und Boutons.

2. Bitte erläutern Sie, was Gliazellen sind und wofür sie gut sind.
Gliazellen sind die Stütz-, Isolations- und Hilfszellen des Nervengewebes. Oligodendrozyten (zentral) und Schwann-Zellen (peripher) isolieren, Astrozyten regulieren den Ionenhaushalt, versorgen Neurone und bilden Narben, Mikrogliazellen wirken bei der Immunabwehr mit.

3. Erklären Sie bitte den Aufbau einer Schwann-Scheide.
Schwann-Zellen bilden Zellmembran-Lamellen um das Axon herum (mit Zytoplasmaverdickungen, den Schmidt-Lanterman-Einkerbungen).
Zwischen zwei Zellen liegt der Ranvier-Schnürring zur saltatorischen Erregungsweiterleitung.

4. Bitte erläutern Sie, was ein Mesaxon ist.
Ein Mesaxon ist eine Doppellamelle, die innere und äußere Verbindung zwischen umgebender Zellmembran und Lamellenwickelung.

Mehr Cartoons unter www.medi-learn.de/cartoons

Pause

Geschafft! Hier noch ein kleiner Cartoon als Belohnung, bevor es mit dem Kreuzen losgeht ...

Histologische Färbungen

Färbung	Farbe der Zellkerne	Farbe des Zytoplasma	Farbe der Kollagenfasern
H.E. (Hämatoxylin-Eosin)	Blau	Rot	Rot
Azan (Azokarmin, Anilin, Orange G)	Rot	Blassrot	Blau
Van Gieson (Eisenhämatoxylin, Pikrinsäure, Säurefuchsin)	Braunschwarz	Gelb	Rot
Goldner (Eisenhämatoxylin, Azophloxin, Lichtgrün)	Braunschwarz	Rot	Grün
PAS (Period-Acid-Schiff)	Färbt Magentarot (u. a. Glykogen, Cellulose und neutralen Schleim, z. B. von Becherzellen)		
Giemsa	Rot	Bläulich	

- Saure Farbstoffe (z. B. Eosin) binden an basische Strukturen (z. B. Hämoglobin, Mitochondrien, Plasmaproteine), die dementsprechend als azidophil bezeichnet werden.
- Basische Farbstoffe (z. B. Hämatoxylin) binden an saure Strukturen (z. B. DNA, RNA), die dementsprechend als basophil bezeichnet werden.
- Die Giemsa-Färbung eignet sich besonders, DNA (und damit auch Chromosomen und mitotische Veränderungen) sowie Parasiten anzufärben.

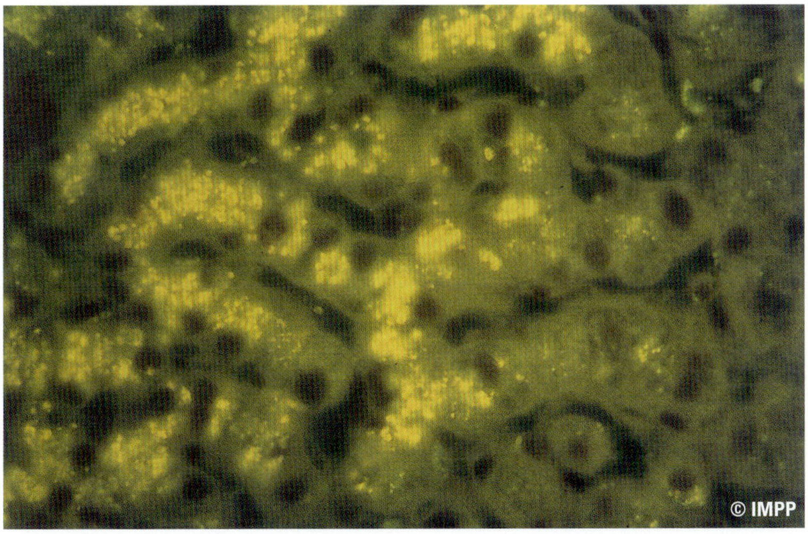

Lebergewebe unter UV-Licht fotografiert, sodass intrazelluläre Lysosomen durch Eigenfluoreszenz farblich anders sichtbar werden. Was da leuchtet, ist eingelagertes Lipofuszin, das man nur bei älterem Lebergewebe findet.

IMPP-Bild 1: Lipofuszin in der Leber *medi-learn.de/7-histo1-impp1*

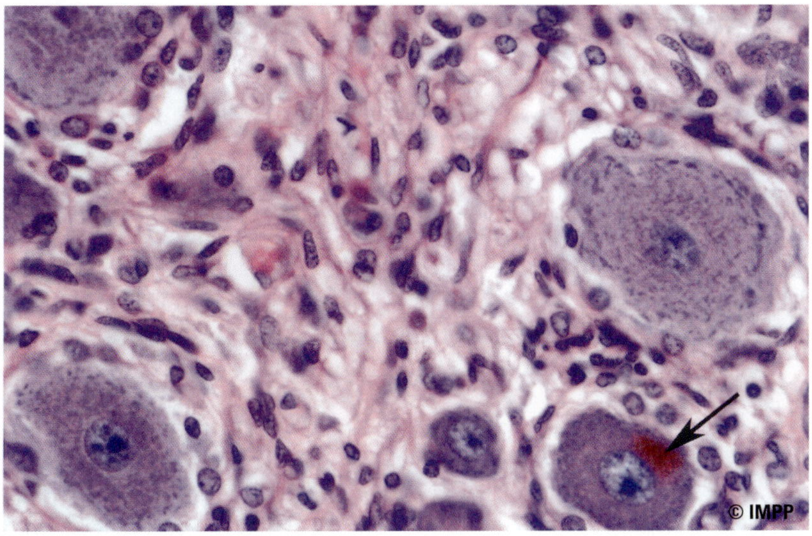

IMPP-Bild 2: Lipofuszin im Neuron *medi-learn.de/7-histo1-impp2*

Index

Deine Meinung ist gefragt!

Es ist erstaunlich, was das menschliche Gehirn an Informationen erfassen kann. Slbest wnen kilene Fleher in eenim Txet entlheatn snid, so knnsat du die eigneltchie lofnrmotian deoncnh vershteen – so wie in dsieem Text heir.

Wir heabn die Srkitpe mecrfhah sehr sogrtfältg güpreft, aber vilcheliet hat auch uesnr Girehn – so wie deenis grdaee – unbeswust Fheler übresehne. Um in der Zuuknft noch bsseer zu wrdeen, bttein wir dich dhear um deine Mtiilhfe.

Sag uns, was dir aufgefallen ist, ob wir Stolpersteine übersehen haben oder ggf. Formulierungen verbessern sollten. Darüber hinaus freuen wir uns natürlich auch über positive Rückmeldungen aus der Leserschaft.

Deine Mithilfe ist für uns sehr wertvoll und wir möchten dein Engagement belohnen: Unter allen Rückmeldungen verlosen wir einmal im Semester Fachbücher im Wert von 250 Euro. Die Gewinner werden auf der Webseite von MEDI-LEARN unter www.medi-learn.de bekannt gegeben.

Schick deine Rückmeldung einfach per E-Mail an support@medi-learn.de oder trag sie im Internet in ein spezielles Formular für Rückmeldungen ein, das du unter der folgenden Adresse findest:

www.medi-learn.de/rueckmeldungen

Ulrike Bommas-Ebert

Histologie Band 3

MEDI-LEARN Skriptenreihe

7., komplett überarbeitete Auflage

MEDI-LEARN Verlag GbR

Autoren: Ulrike Bommas-Ebert, Maximilian Drewes (1.–3. Auflage)
Fachlicher Beirat: PD Dr. Rainer Viktor Haberberger

Teil 3 des Histologiepaketes, nur im Paket erhältlich
ISBN-13: 978-3-95658-014-7

Herausgeber:
MEDI-LEARN Verlag GbR
Dorfstraße 57, 24107 Ottendorf
Tel. 0431 78025-0, Fax 0431 78025-262
E-Mail redaktion@medi-learn.de
www.medi-learn.de

Verlagsredaktion:
Dr. Marlies Weier, Dipl.-Oek./Medizin (FH) Désirée Weber, Denise Drdacky, Jens Plasger, Sabine Behnsch, Philipp Dahm, Christine Marx, Florian Pyschny, Christian Weier

Layout und Satz:
Fritz Ramcke, Kristina Junghans,
Christian Gottschalk

Grafiken:
Dr. Günter Körtner, Irina Kart, Alexander Dospil,
Christine Marx

Illustration:
Daniel Lüdeling

Druck:
Löhnert Druck

7. Auflage 2015

Wichtiger Hinweis für alle Leser
Die Medizin ist als Naturwissenschaft ständigen Veränderungen und Neuerungen unterworfen. Sowohl die Forschung als auch klinische Erfahrungen führen dazu, dass der Wissensstand ständig erweitert wird. Dies gilt insbesondere für medikamentöse Therapie und andere Behandlungen. Alle Dosierungen oder Applikationen in diesem Buch unterliegen diesen Veränderungen.
Obwohl das MEDI-LEARN Team größte Sorgfalt in Bezug auf die Angabe von Dosierungen oder Applikationen hat walten lassen, kann es hierfür keine Gewähr übernehmen. Jeder Leser ist angehalten, durch genaue Lektüre der Beipackzettel oder Rücksprache mit einem Spezialisten zu überprüfen, ob die Dosierung oder die Applikationsdauer oder -menge zutrifft. Jede Dosierung oder Applikation erfolgt auf eigene Gefahr des Benutzers. Sollten Fehler auffallen, bitten wir dringend darum, uns darüber in Kenntnis zu setzen.

Inhalt

1 Verdauungstrakt

Fragen in den letzten 10 Examen: 14

1

Der Verdauungstrakt ist ein sehr großes Organsystem. Vielleicht wird es genau deshalb so gerne im Physikum gefragt?
Um den Aufbau des Verdauungstrakts zu verstehen, ist es wieder von Vorteil, wenn du dir zuerst Gedanken über seine Aufgaben machst. Dazu gehören:
- der Transport der Nahrungsbestandteile,
- die Zersetzung der Nahrungsbestandteile und
- die Abwehr von unerwünschten Eindringlingen.

Informationen (auch histologische) zu Zungenpapillen und Zähnen findest du im Skript Anatomie 4.

1.1 Transport

Während der Zeit, die ein Mittagessen oder ein Frühstück im Darm verbringt, wird sein biologischer Wert für uns immer geringer. Also muss eines Tages alles wieder raus, was reingekommen ist. Um das zu gewährleisten, hat der Darm die besondere Bewegungsform der

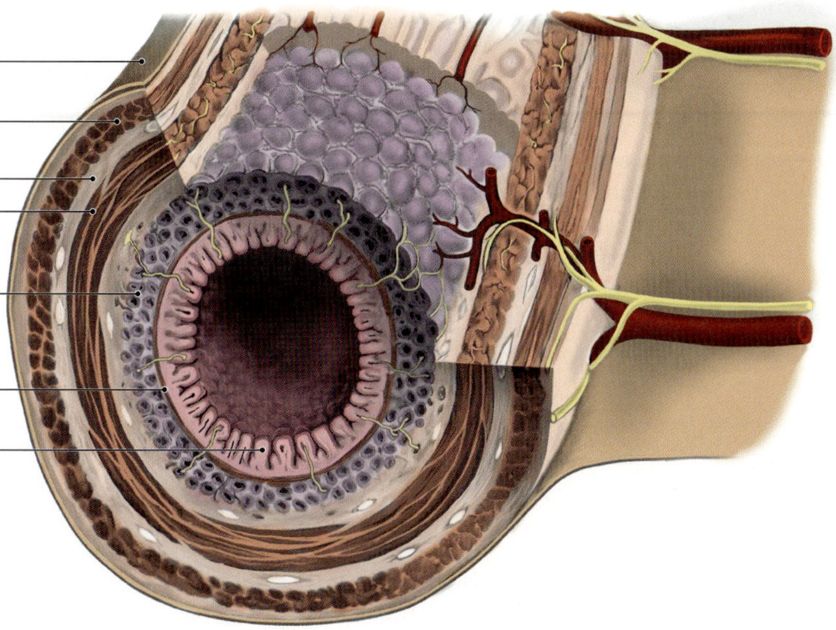

Abb. 1: Wandschichten des Darmtrakts *medi-learn.de/7-histo3-1*

Von innen nach außen folgen aufeinander:
- Tela mucosa (Mucosa) mit
  - Lamina epithelialis mucosae,
  - Lamina propria mucosae und
  - Lamina muscularis mucosae (folgt im Verlauf dem Epithel!)
- Tela submucosa mit submukösen Drüsen
- Tunica muscularis mit einer inneren zirkulären und einer äußeren longitudinalen Schicht
- Tunica adventitia (Serosa)
  - in diesem Bindegewebsraum verlaufen Blut- und Lymphgefäße
  - dient als Verschiebespalt und
  - ist in Darmabschnitten mit Mesenterium nur schwach ausgeprägt.

Peristaltik entwickelt, die einen ganz besonderen Bau seiner Wand und der einzelnen Wandschichten zur Folge hat. Dazu gehören die verschiedenen Muskelschichten, die Schleimhautdrüsen und die Nervenzellen, die die Bewegung koordinieren. Der **Wandbau** des Verdauungstrakts setzt sich fort von der oberen Ösophagusenge bis zum Anus. Daher kann man ihn getrost als Grundstruktur bezeichnen, die in den einzelnen Darmabschnitten lediglich kleinen Veränderungen unterworfen ist.

Merke!

Die Lamina muscularis mucosae folgt in ihrem Verlauf dem Schleimhautepithel und dringt bis in die Plicae circulares ein.

1.1.1 Enterisches Nervensystem

Um die Bewegungen des Darmrohrs zu koordinieren, bedarf es eines eigenen Nervensystems. Dieses Gehirn des Darms befindet sich als Plexus myentericus (Auerbach-Plexus) zwischen der zirkulären und der longitudinalen Schicht der Tunica muscularis und als Plexus submucosus zwischen der Tela submucosa und der zirkulären Muskelschicht (s. Abb. 1, S. 1). In seiner Gesamtheit heißt dieses Nervensystem enterisches Nervensystem. Dieses autonome Nervensystem hat eine Eigendynamik, die jedoch der Regulation von Sympathikus und Parasympathikus unterliegt.

Übrigens ...

- Die „interstitiellen Zellen von Cajal" sind verzweigte Zellen in der Tunica muscularis des Darms mit Kontakten sowohl zu Axonen als auch zu glatten Muskelzellen und werden auch als **Schrittmacherzellen** des Darms bezeichnet.
- Man munkelt, dass das enterische Nervensystem sogar mehr Nervenzellen beherbergt als unser Gehirn. Wer gerne isst, der weiß das eigentlich ...
- Ein Fehlen von Nervenzellen des Plexus myentericus wird als **Morbus Hirschsprung** bezeichnet.

Merke!

- Plexus submucosus (**M**eissner) für die Schleimhaut zuständig (**M**ucosa, liegt zur **M**itte hin)
- Plexus myentericus (**A**uerbach) innerviert die Muskelschichten (Muskul**a**ris, liegt **a**ußen)

1.2 Zersetzung

Die Nahrung, die wir zu uns nehmen, kann in dieser Form nicht von unseren Zellen aufgenommen werden. Zur Resorption muss sie in ihre molekularen Bausteine zerlegt werden. Begleiten wir unsere Nahrung unter diesem Gesichtspunkt durch den ganzen Darm, lernen wir die Verdauungsvorgänge auch bis ins molekulare Detail kennen. In der Molekularbiologie wird viel geforscht, und wo viel geforscht wird, wird viel entdeckt, was detailliert genug ist, um im Physikum gefragt zu werden.
In den Bereich der molekularen Verdauung gehören die Schleimhaut und die großen Oberbauchdrüsen. Da sich bei diesen Vorgängen viele biochemische Prozesse abspielen, werde ich dort, wo es für das Verständnis notwendig ist, darauf eingehen. Für detailliertere Informationen möchte ich jedoch auf das Skript Biochemie 7 verweisen.

1.3 Abwehr

Im Grunde ist unser Darm nichts anderes, als eine nach innen gekehrte Körperoberfläche. Daher besteht auch hier – wie in der Haut (s. Skript Histologie 2) – die Notwendigkeit zur Abwehr. Die Abwehraufgabe wird von lymphatischem Gewebe wahrgenommen, das sich sehr zahlreich in der Wand unseres Darms befindet. Genau genommen befindet sich das lymphatische Gewebe unter der Schleimhaut und reicht bis in die Submucosa. Dabei sitzen unterhalb des Epithels einzelne Lymphfollikel und in der Submucosa sowie zwischen den Blättern der Mesenterien zahlreiche Lymphknoten. In einigen Abschnitten des Verdauungstrakts nimmt das lymphatische Gewebe besonders ausgeprägte Formen an. Dies sind

- die **Tonsillen**, die den **Waldeyer-Rachenring** bilden,
- die **Peyer-Plaques** im terminalen Ileum und
- die **Appendix vermiformis**, die auch als die Tonsille des Darms gilt.

1.3.1 Peyer-Plaques-Regionen

Für die Peyer-Plaques-Regionen des Ileums gilt: Sie liegen gegenüber dem Mesenterialansatz und sind im Grunde etwas speziellere Lymphknoten. Darum gibt es in ihnen auch Hochendothelvenolen und Sekundärfollikel mit zahlreichen Lymphozyten. Als Spezialität finden sich hier zum Darmlumen hin **Domareale**. Das sind kuppelförmige Räume mit zahlreichen Lymphozyten.
Die Peyer-Plaques haben eine Verbindung zu M-Zellen. Letztere sind Teil des MALT-Systems (Mucosa associated lymphatic tissue). Die M-Zellen nehmen endozytotisch apikal Antigene auf und präsentieren diese basal Lymphozyten und Makrophagen. Außerdem sind sie wichtig für die Resorption oral aufgenommener Impfstoffe.

1.4 Abschnitte des Darms

Natürlich beginnt der Verdauungstrakt nicht mit der Speiseröhre, sondern mit den Lippen, den Zähnen, der Mundhöhle und dem Rachen. Diese Bereiche sind jedoch Themen des Skripts Anatomie 4.
An die drei Aufgabenbereiche Transport, Zersetzung und Abwehr werde ich mich in den folgenden Abschnitten als Grundstruktur halten.

1.4.1 Ösophagus

Die wichtigste Aufgabe der Speiseröhre besteht im Weiterleiten der noch weitgehend unverdauten Nahrung. Sie übernimmt den Speisebrei aus dem Rachen und gibt ihn an den Magen ab. Daraus ergibt sich eine verhältnismäßig dicke Tunica muscularis und eine ebenso recht ansehnliche Lamina epithelialis mit **unverhorntem (= nichtverhornendem) Plattenepithel**. Dieses erfüllt u. a. eine Schutzfunktion vor den noch rauen, kantigen Nahrungsbrocken. Man denke nur daran, wie manche Menschen ihr Essen fast unzerkaut hinunterschlingen.
Histologisch erscheint die Schleimhaut aufgefaltet wie im makroskopischen Bild. Die Faltung resultiert aus der Notwendigkeit, dehnbar (ein Reserveraum) zu sein und daraus, dass sich die Muskulatur durch die Fixierung des Präparates zusammenzieht.
In der Tela submucosa finden sich die **Glandulae oesophageae**. Diese sorgen für einen **reibungslosen** Transport (und sind NICHT etwa Becherzellen, wie es manchmal in den Antwortmöglichkeiten angeboten wird).

Das lymphatische System ist in der Tela submucosa durch vereinzelte Lymphfollikel vertreten. Doch auch das unverhornte Plattenepithel allein stellt schon einen guten Schutz dar.

Merke!

Im nichtverhornenden Plattenepithel des Ösophagus finden sich KEINE Becherzellen. Deren Aufgabe wird von den Glandulae oesophageae übernommen.

Übrigens ...
- Eine enzymatische Aufbereitung wird vom Ösophagus selbst NICHT eingeleitet.

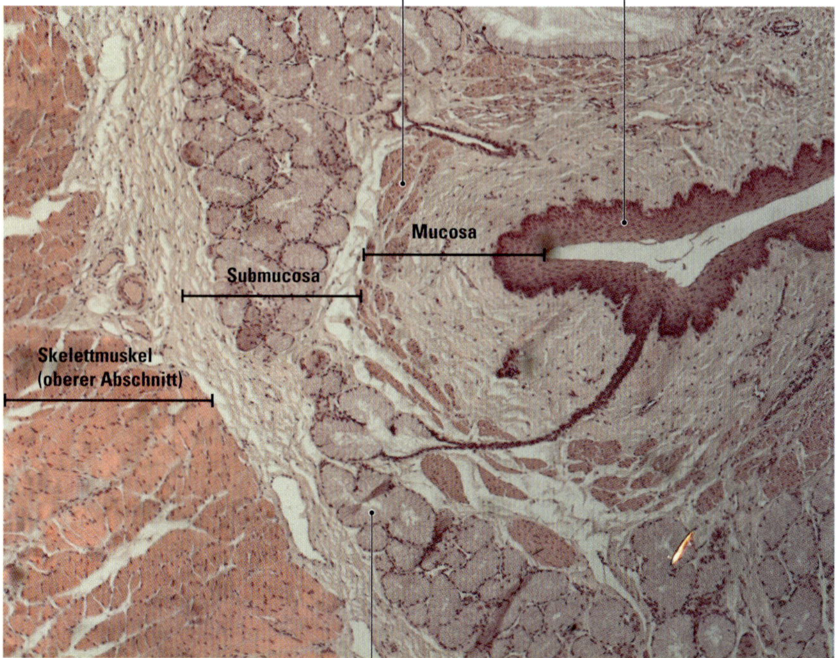

Abb. 2: Ösophagus

medi-learn.de/7-histo3-2

- Ein mehrschichtig unverhorntes Plattenepithel kann bei starker mechanischer Beanspruchung in ein verhorntes übergehen (z. B. im Ösophagus durch sehr ballaststoffreiche Nahrung oder in der Vagina).

1.4.2 Magen

Die Hauptaufgabe des Magens ist die chemische Zersetzung der Nahrung. Diese wird gewährleistet von einer sehr komplex aufgebauten Schleimhaut, die verschiedenste Funktionen zu erfüllen hat. Zum einen muss sie all die zersetzenden Stoffe bereitstellen, zum anderen darf sie sich dadurch nicht selbst verdauen. Als Schutz vor Selbstverdauung ist die Mageninnenfläche mit einer Zellschicht aus **Schleim- und Nebenzellen** ausgekleidet, die einen alkalischen Schleim produziert. Die Produktion der Säure und der Enzyme findet in den **Beleg- und Hauptzellen** der Hauptdrüsen (**Glandulae gastricae propriae**) von Fundus und Corpus statt.

Merke!

Im Großen und Ganzen hat der Magen den gleichen Wandbau wie der Rest des Darms. Die Physikumsfragen beschäftigen sich daher fast ausschließlich mit dem Aufbau der Schleimhaut und der Funktion ihrer einzelnen Zellen (s. IMPP-Bild 1, S. 58 und IMPP-Bild 2, S. 59).

Es ist Zeit, einen Blick auf die Histologie der Magenschleimhaut zu werfen:

Foveolae gastricae

Die Magengrübchen sind alle mit einem **einschichtigen, hochprismatischen Epithel** überzogen, das den schützenden Schleim sezerniert. Interessant ist, dass direkt unter diesen Zellen die Lamina propria mucosae liegt, obwohl der Abstand zur Muscularis mucosae noch sehr weit zu sein scheint.

Merke!

Direkt unter den **Epithelzellen** der Foveolae gastricae liegt die Lamina propria mucosae.

Glandulae gastricae propriae (Hauptdrüsen)

In den Hauptdrüsen finden sich im wesentlichen drei Zelltypen:
- Belegzellen,
- Hauptzellen,
- Nebenzellen.

Belegzellen (Parietalzellen): Zu sehen ist eine Belegzelle auf dem IMPP-Bild 1, S. 58 im Anhang. Am zahlreichsten sind die Belegzellen vertreten, die für die Sekretion der H^+- und der Cl^--Ionen zuständig sind. Damit diese latent aggressiven Ionen (aus der Salzsäure = HCl) nur einen kurzen Weg zu ihrem Einsatzort zurücklegen müssen, befinden sich die meisten Beleg-

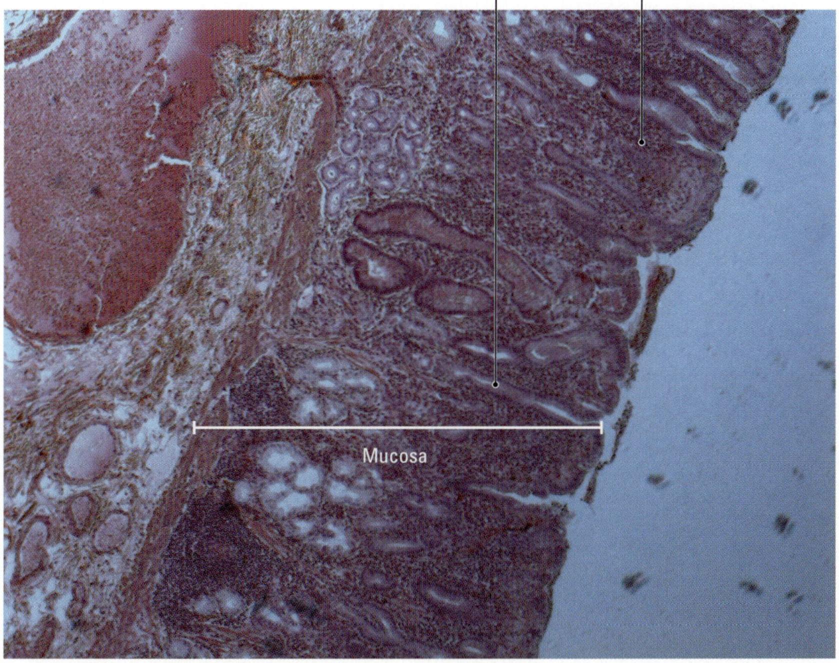

Abb. 3: Magenschleimhaut und Pylorus medi-learn.de/7-histo3-3

Die Schleimhaut erstreckt sich bis in den Bereich, wo erste glatte Muskelzellen die Lamina muscularis mucosae markieren. Sie lässt sich auf den ersten Blick grob in zwei Teile gliedern:
- Der lumennahe Anteil erscheint unregelmäßig gefaltet. Er zeigt Täler und Berge, die **Foveolae gastricae** (Magengrübchen).
- Von den Tälern setzen sich Gänge in die Tiefe fort, die sich kurz vor der Lamina muscularis mucosae aufzweigen. Das sind die **Glandulae gastricae propriae** des Magens.

Der obere Bereich dieser Drüsen nennt sich Drüsenhals, der untere Drüsengrund.

zellen im Hals und im mittleren Abschnitt des Drüsenschlauchs (s. Abb. 5, S. 7). Die Ausschleusung der H^+-Ionen erfolgt dort über die apikale **H^+/K^+-ATPase**.

Insbesondere in den Belegzellen (Parietalzellen) des Magens befindet sich das Enzym Carboanhydrase (CA). Mittels der CA werden Wasserstoff-Ionen (H^+) aus Kohlensäure (H_2CO_3) abgespalten und über die in der Zellmembran befindliche Ionenpumpe, eine Wasserstoff-Kalium-ATPase (das braucht Energie, dies erklärt den Mitochondrienreichtum dieser Zellen), im Austausch gegen Kalium-Ionen in Richtung Magenlumen transportiert (daher sind CA-Hemmer die wirksamsten Medikamente bei Magenübersäuerung). Das dabei in der Belegzelle entstehende HCO_3^- wird ins Blut abtransportiert. Das zur Salzsäurebildung wichtige Chlorid-Ion stammt aus dem Blut. Wichtig ist sich zu merken, dass die Salzsäure (HCl) erst im Magen und nicht schon in der Belegzelle entsteht (wäre sonst vermutlich nicht so günstig für die Zelle ...).

Die Belegzellen produzieren die H^+-Ionen auf Vorrat und speichern sie in **tubulären** Vesikeln zwischen, bis sie durch **Gastrin, Histamin** oder **Acetylcholin** (über den Parasympatikus) zu deren Abgabe angeregt werden. Diese Aufgabe verbraucht sehr viel Energie, die durch eine große Anzahl von **Mitochondrien vom Cristae-Typ** bereitgestellt wird. Anhand dieser Mitochondrien und ihrer speziellen Anfärbbarkeit kann man die Belegzellen histologisch gut identifizieren. Die zahlreichen Mitochondrien sind auch in EM-Bildern gut zu sehen und erleichtern so die Identifizierung des Magens.

Neben der Salzsäureproduktion bilden die Belegzellen auch noch den **Intrinsic factor**, ein Peptid, das zur Aufnahme von Vitamin B_{12} (Cobalamin, der zugehörige Extrinsic factor) essenziell ist.

Übrigens ...

- Der Komplex aus Intrinsic und Extrinsic factor wird erst im terminalen Ileum vom Körper aufgenommen.

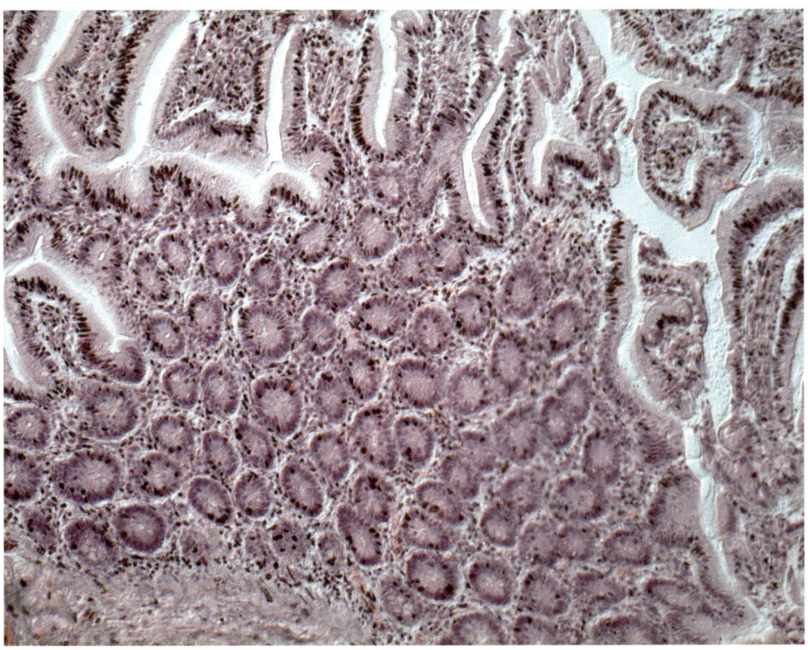

Abb. 4: Foveolae gastricae

medi-learn.de/7-histo3-4

- Cobalamin spielt eine wichtige Rolle bei der Erythropoese und bei der Reifung und Erhaltung anderer Zellen (z. B. Nervenzellen).
- Fehlt das terminale Ileum oder ein Großteil des Magens (Auslöser = Chirurg) oder ist es stark entzündet (Auslöser = Morbus Crohn), so kann Cobalamin nicht aufgenommen werden und es entsteht eine Mangelsituation.

Hauptzellen: Die zweite große Zellgruppe in den Hauptdrüsen sind die Hauptzellen. Ihre Aufgabe ist es, den Enzymvorläufer Pepsinogen herzustellen. Ihre hohe Syntheserate spiegelt sich in einer ansehnlichen Ausstattung mit rauem endoplasmatischem Retikulum wieder, das ja einen wichtigen Anteil an der Proteinsynthese hat (s. Skript Biologie und Histologie 1).

Da Pepsinogen wesentlich ungefährlicher ist als Salzsäure, befinden sich die Hauptzellen vor allem am Drüsengrund. Sie werden durch Gastrin stimuliert.

Nebenzellen: Diesen Zelltyp findet man im Drüsenhals (s. Abb. 5, S. 7). Er produziert Schleim, der das Epithel vor der Säure der Belegzellen schützt. Bei diesen Zellen handelt es sich wohl um recht unspektakuläre Zellen, da sie sich noch keinen Platz in den Prüfungsfragen ergattern konnten.

Merke!

Für Haupt-, Neben- und Belegzellen:
- Der **Haupt**mann trinkt **Pepsi**, die **Neben**sitzer **schleim**en, daher ist die **Beleg**schaft **sauer** und produziert nur noch **Intrinsic factor**.
- Belegzellen erkennt man an ihren vielen Mitochondrien vom Cristae-Typ. Sie produzieren Salzsäure und Intrinsic factor.
- Die Hauptzellen synthetisieren das Protein Pepsinogen. Man erkennt sie an dem stark ausgeprägten rauen endoplasmatischen Retikulum.

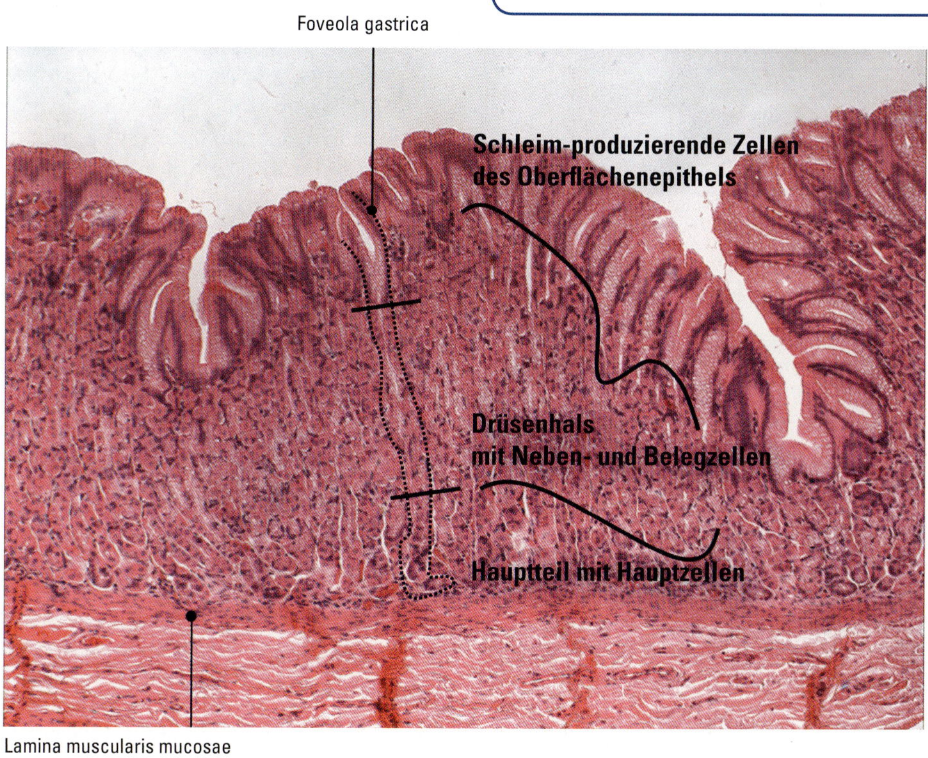

Abb. 5: Magenzellen

medi-learn.de/7-histo3-5

Sehr beliebt sind im Zusammenhang mit dem Magen die guten alten Memory-Spielchen: Was gehört zu wem? Aus diesem Grund solltest du den Inhalt von Tabelle 1 fürs Physikum parat haben.

Epithelzellen
– breiten sich bis in die Foveolae aus – Schleimgranula in der apikalen Zellhälfte – Abgabe der Granula per Exozytose – bicarbonatreich – Stimulation durch Prostaglandine – Klinik: COX-1-Hemmung, NW: Erosionen
Nebenzellen
– vorwiegend im Isthmusbereich der Magendrüsen, eingekeilt zwischen Belegzellen – muköse Sekretion
Hauptzellen
– vor allem im Hauptteil und Drüsengrund – basophil mit rundem Zellkern, viel rER – Sekretion von Pepsinogen auf Acetylcholin- oder Cholezystokinin-„Befehl“
Belegzellen (Parietalzellen)
– vor allem im Hals- und Hauptteil der Hauptdrüsen – eosinophil, da viele Mitochondrien – große Zellen mit „Spiegelei“-artigem Aussehen – intrazelluläre Canaliculi mit H^+/K^+-Pumpe – Produktion von Intrinsic factor – Mitochondrien vom Cristae-Typ – Carboanhydrase – stimulierbar durch Gastrin, Histamin und Acetylcholin
enteroendokrine Zellen
– G-Zellen finden sich im Corpus und Pylorus. Sie sezernieren Gastrin, was die HCl-Sekretion direkt und indirekt fördert. – ECL-Zellen finden sich im Fundus und Corpus. Sie sezernieren Histamin, das parakrin die HCl-Sekretion steigert. – D-Zellen finden sich v. a. im Pylorus. Sie produzieren Somatostatin, das hemmend auf G- und ECL-Zellen wirkt.
Stammzellen
– im Isthmusbereich – können sich zeitlebens zu den oben stehenden Zelltypen differenzieren

Tab. 1: Übersicht über die im Magen vorkommenden Zelltypen und ihre bevorzugte Lokalisation

Merke!

Die Tunica muscularis des Magens enthält als Besonderheit eine weitere Muskelschicht, die Fibrae obliquae.

Übrigens ...
Beliebt sind auch Bilder der Pylorusregion des Magens, auf denen du erkennen sollst, dass es sich um die Pylorusregion handelt.
Diese Diagnose lässt sich am besten indirekt stellen, indem du in der Tela submucosa auf eine bestimmte Drüsenart – die Brunnerdrüsen – achtest, die nur im Duodenum vorkommt. Genau davon handelt der nächste Abschnitt.

1.4.3 Duodenum (Zwölffingerdarm)

Funktionell markiert das Duodenum einen Übergang:
- Ösophagus und Magen sind verantwortlich für Transport und Zersetzung,
- die nachgeschalteten Darmabschnitte Ileum, Jejunum und Colon übernehmen vorwiegend Resorptionsaufgaben.

Zwischen diesen Aufgabenfeldern findet der Zwölffingerdarm seinen Platz. Die Struktur seiner Schleimhaut ist der des Dünndarms schon sehr ähnlich, in seinem Lumen empfängt er jedoch die Sekrete von Galle und Pankreas, die den Nahrungsbrei weiter chemisch zersetzen. Vom Pylorus bis zur Mitte des Ileums finden sich im Darm zirkulär verlaufende Schleimhautfalten, die **Plicae circulares** oder **Kerckring-Querfalten**. Diese stellen die erste Stufe der Oberflächenvergrößerung dar, die durch die Zotten und schließlich die Mikrovilli fortgesetzt wird. Die **Zotten** entstehen durch Falten der einschichtig wachsenden Enterozyten, **Mikrovilli** sind zytoplasmatische Ausstülpungen. Die Lamina muscularis mucosae folgt in toto nur den Kerckring-Falten.

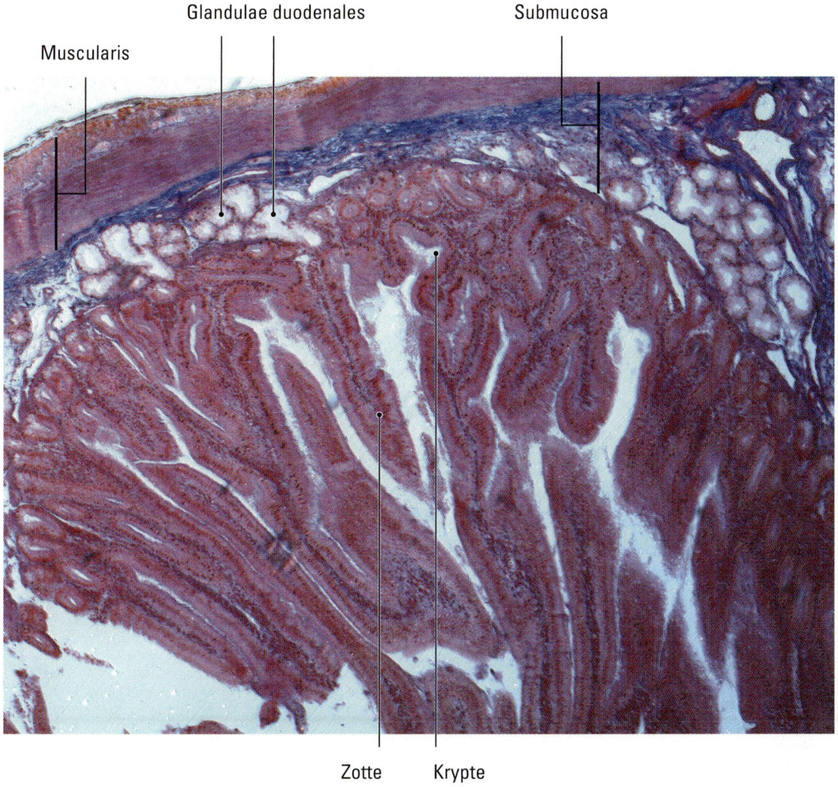

Abb. 6: Duodenum

medi-learn.de/7-histo3-6

Merke!

- Im gesamten Dünndarm beteiligen sich am Aufbau der Falten die Wandschichten bis einschließlich der Tela submucosa. Die Tunica muscularis folgt also NICHT dem Verlauf dieser Falten.
- Die Lamina muscularis mucosae folgt dem Verlauf der Falten und entsendet sogar Ausläufer in die Zotten. Diese können durch Kontraktion Pumpbewegungen der Zotten verursachen und damit die Stoffaufnahme steigern.

Übrigens ...
Zeigt ein Bild schöne, fast kreisrunde Strukturen und handelt es sich dabei um angeschnittene Zotten, so ist auf diesen Bildern IMMER auch Submucosa zu sehen.

Bürstensaum-Epithel

Der ganze resorptive Darmanteil ist von **Enterozyten** ausgekleidet. In ihrer Gesamtheit nennt man sie auch Saumepithel oder **Bürstensaum**, hauptsächlich deshalb, weil durch die oberflächlichen Mikrovilli der Eindruck eines (Bürsten-)Saumes entsteht.

Becherzellen

Der Saum aus Enterozyten ist nur an einigen Stellen unterbrochen. Dort befinden sich die apikalen Öffnungen der **Becherzellen**. Diese Zellen produzieren ein schleimiges Sekret, das sie per **Exozytose** abgeben. Man bezeichnet sie als unizelluläre oder auch intraepitheliale Drüsen, weil sie einzeln in einem Epithelverband liegen.

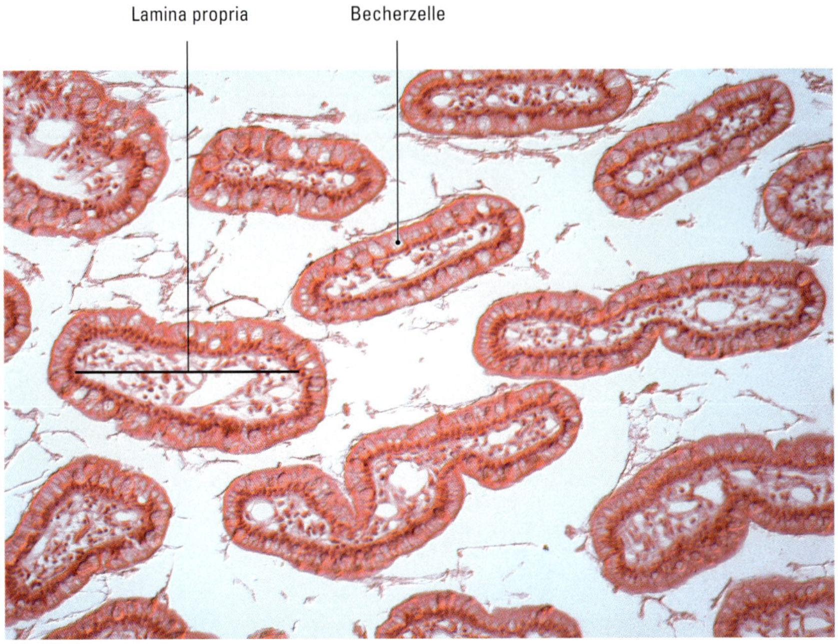

Abb. 7: Duodenalzotten vergrößert *medi-learn.de/7-histo3-7*

Merke!

Becherzellen befinden sich im gesamten Darm, aber NICHT im Ösophagus und nur sehr wenige im Magen.

Übrigens ...
Becherzellen sind leicht zu erkennen und verleiten so oft zu einer übereilten Diagnose. Eine häufige Verwechslung dürfte zwischen Darm und Trachea vorkommen. Daher solltest du für eine sichere Diagnose immer mehrere Kriterien berücksichtigen, wie z. B. Mehrreihigkeit des Epithels und Knorpelgewebe in der Trachea oder die Lamina muscularis mucosae der Darmschleimhaut.

Glandulae intestinales (Lieberkühn-Krypten)

Dort, wo sich die Zotten an ihrer Basis aneinander schmiegen, entsteht ein kleiner, schmaler Gang. Dieser setzt sich noch ein Stück weit in die Tiefe fort und wird dort als Krypte bezeichnet. Durch ihre Entdeckung hat sich ein Herr Lieberkühn verewigt, ihr anderer Name ist Glandulae intestinales.

Paneth-Körnerzellen

Interessant sind diese Lieberkühn-Krypten aus zweierlei Gründen: Erstens wird dadurch die resorptive Oberfläche nochmals vergrößert und zweitens versteckt sich auf ihrem Grund eine besondere Zellart, die Paneth-Körnerzellen (s. IMPP-Bild 4, S. 60 im Anhang). Wie der Name schon sagt, erscheinen sie im Schnittbild körnig. Aufgrund ihres Verhaltens bei Anfärbung heißen sie auch **oxyphile Zellen**, was schon öfter mal eine Examensfrage wert war. Es handelt sich hierbei um exokrine Drüsen, die bakteriolytisches **Lysozym** an das Darmlumen abgeben. Daher kann man sie in die Rubrik unspezifische Abwehr einsortieren.

Brunnerdrüsen

Die Brunnerdrüsen sind die absolute Spezialität des Duodenums. Hierbei handelt es sich um muköse Drüsen, deren zum Teil gewundene Gänge in der Tela submucosa liegen. Sie folgen dem Verlauf der Querfalten (s. Abb. 6, S. 9).

Merke!

- Glandulae intestinales setzen sich in der Tiefe bis zur Lamina muscularis mucosae fort.
- Paneth-Körnerzellen kommen am Boden der Lieberkühn-Krypten, aber auch in den Glandulae jejunales vor.
- Kein Duodenum ohne Brunnerdrüsen. Sie sind hier das wichtigste Kriterium zur Orientierung.

1.4.4 Restlicher Dünndarm

Jetzt kommen wir endlich dorthin, wo all unsere Nährstoffe ins Blut aufgenommen werden: ins Jejunum (s. IMPP-Bild 4 und IMPP-Bild 5, S. 60 im Anhang) und Ileum.
Für die Differenzialdiagnose der Dünndarmabschnitte sind diese Fakten wichtig:

Duodenum
- hohe, dichte Falten mit **Zotten**
- Krypten
- im Bulbus KEINE Ringfalten
- **Brunnerdrüsen** = muköse Drüsen in der Tela submucosa, die bicarbonatreiches Sekret für die Neutralisation des sauren Mageninhalts sezernieren.

Jejunum
- Falten und Zotten nehmen ab
- Kryptentiefe nimmt zu
- KEINE Brunnerdrüsen („Leerdarm")

Ileum
- tiefe **Lieberkühn-Krypten**
- Kryptentiefe nimmt zu
- **Peyer-Plaques** (aggregierte Lymphfollikel und Teil des MALT-Systems (mucosa associated lymphoid tissue) oder spezieller des GALT (gut associated lymphoid tissue), die dem Mesenterialansatz gegenüber liegen). Das Epithel der Peyer-Plaques weist M-Zellen auf. M-Zellen (microfold Zellen) befinden sich im Epithel der Schleimhaut (M-Epithel) über den Lymphfollikeln. Sie sind zur Transzytose befähigt, spielen eine wichtige Rolle bei der Immunabwehr (auch bei oralen Impfstoffen) und gehören zum MALT.

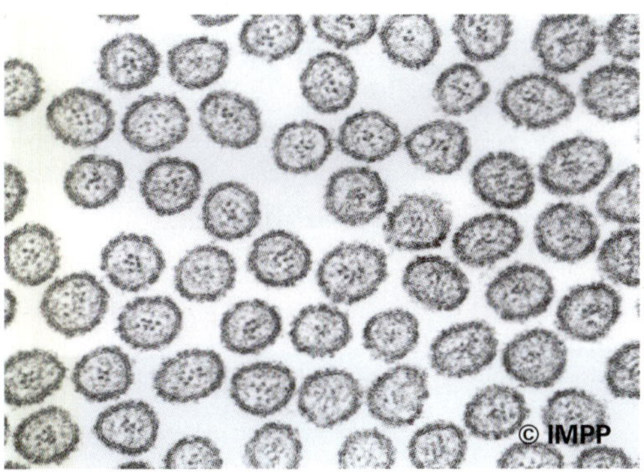

Abb. 8: Elektronenmikroskopische Aufnahme von Darmzotten

medi-learn.de/7-histo3-8

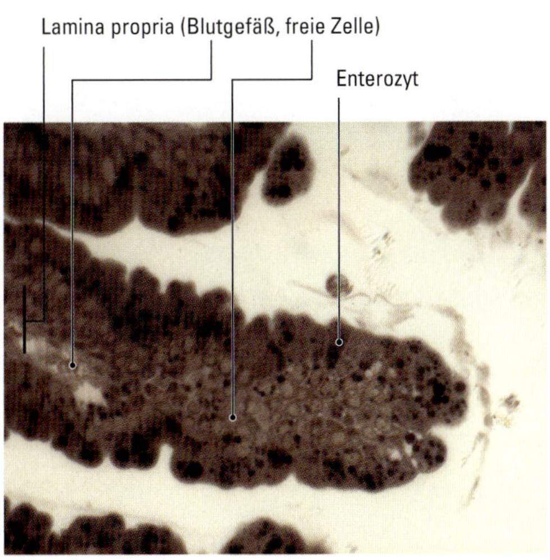

Abb. 9: Längsschnitt Darmzotten

medi-learn.de/7-histo3-9

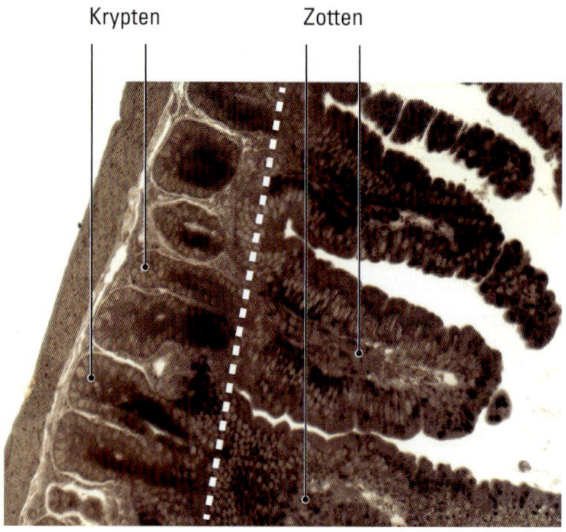

Abb. 10: Längsschnitt Darmkrypte + Zotte

medi-learn.de/7-histo3-10

Merke!

- Zotten und Plicae nehmen analwärts ab / Kryptentiefe zu (im Colon gibt es nur noch Krypten).
- Das „Dünndarmbäumchen" besteht (von groß nach klein) aus: Falte – Zotte – Mikrovilli.
- Die Regeneration erfolgt durch Mitose in den Krypten.

Im Anhang findest du eine Tabelle, die dir hilft, einen Überblick über die Unterschiede im Verdauungstrakt über die jeweils typischen Strukturen zu bekommen.

Enterozyten

Die wichtigsten Zellen und kleinsten funktionellen Einheiten des **Darms** sind die **Enterozyten**. Diese kleinen Zellen haben es wirklich in sich, denn von ihnen hängt immerhin unser Überleben ab. Im Jejunum ist ihre Hauptaufgabe die Resorption von **Kohlenhydraten, Fetten und Aminosäuren**, im Ileum kommt noch die Aufnahme von **Vitamin B_{12}** hinzu und dafür sind sie bestens gerüstet. Im Vordergrund steht die Oberflächenvergrößerung, die durch den Besatz mit Mikrovilli erreicht wird. Mikrovilli sind Ausstülpungen der Zellmembran, die so auf ein Vielfaches ihrer ursprünglichen Grundfläche anwächst.

Die Enterozyten sitzen als **einreihiges Epithel** auf der Basalmembran und sind lediglich von Becherzellen unterbrochen. Da es sich um eine Oberfläche gegenüber der Außenwelt handelt, dürfen die Enterozyten nicht alles hineinlassen. Zu diesem Zweck haben sie ein **Schlussleistennetz**, das alle Enterozyten an ihrem apikalen Rand miteinander verschweißt. Auf einem histologischen Bild kann man dieses Schlussleistennetz an den kleinen schwarzen Punkten erkennen, die direkt unterhalb des Bürstensaums liegen. Die Regeneration erfolgt durch Zellteilung der Enterozyten in den Krypten.

Übrigens ...

- Häufig – weil leicht möglich – ist die Verwechslung von Mikrovilli mit Kinozilien. Da es im Darm jedoch nirgendwo Kinozilien gibt, bewahrt einen auch hier die genaue Diagnose vor Punktverlust. Auch hier heißt also die spannende Frage: Darm oder Trachea. Bedenke die Unterschiede (s. Enterozyten) und lasse dir beim Beantworten der Fragen lieber eine Minute mehr als eine zu wenig Zeit.
- Häufig wurde auch nicht direkt nach Kinozilien gefragt, sondern nach deren intrazellulären Bestandteilen, den Kinetosomen. Da es im Darm aber KEINE Kinozilien gibt, gibt es dort natürlich auch KEINE Kinetosomen.

Da die molekulare Biologie ja schwer auf dem Vormarsch ist, gibt es hierzu auch gerne Fragen. Beim Thema Dünndarm geht es dabei vor allem um die zellulären Transportmechanismen:

An der apikalen (der dem Lumen zugewandten) Seite enthalten die Enterozyten verschiedene Transportproteine. Diese arbeiten als Cotransporter, was bedeutet, dass sie Natrium in die Zelle auf- und gleich noch etwas anderes mitnehmen; entweder eine Glucose oder eine Aminosäure. Für diese Aufnahme bedarf es einer treibenden Kraft, die durch die basal gelegene **Natrium-Kalium-ATPase** bereitgestellt wird. Diese Pumpe senkt den intrazellulären Na^+-Spiegel weit genug ab, um einen Na^+-Gradienten zwischen der Zelle und dem Darmlumen zu schaffen, der das lumenseitige Natrium in die Zelle treibt.

Merke!

- Enterozyten nehmen an ihrer luminalen Membran Glucose und Aminosäuren über Na^+-Cotransport auf.
- Enterozyten verfügen über eine basale Na^+-K^+-ATPase.

Und was ist mit den **Fetten**? Die müssen doch nicht etwa draußen bleiben? Die Fette (Triglyceride) werden von den Lipasen des Pankreas in **freie Fettsäuren** zerlegt, die durch die apikale Zellmembran in die Enterozyten diffundieren (Fett in Fett gelöst). Intrazellulär werden sie im glatten endoplasmatischen Retikulum wieder zu **Triglyceriden** synthetisiert und mit einer speziellen Hülle versehen. Diese Gebilde im Inneren der Enterozyten sehen aus wie Fettaugen (wie das Öl auf dem Nudelwasser) und werden Chylomikronen genannt. Die Chylomikronen verlassen die Enterozyten an der Basis mittels Exozytose und werden über die Lymphe zum linken Venenwinkel befördert.

1

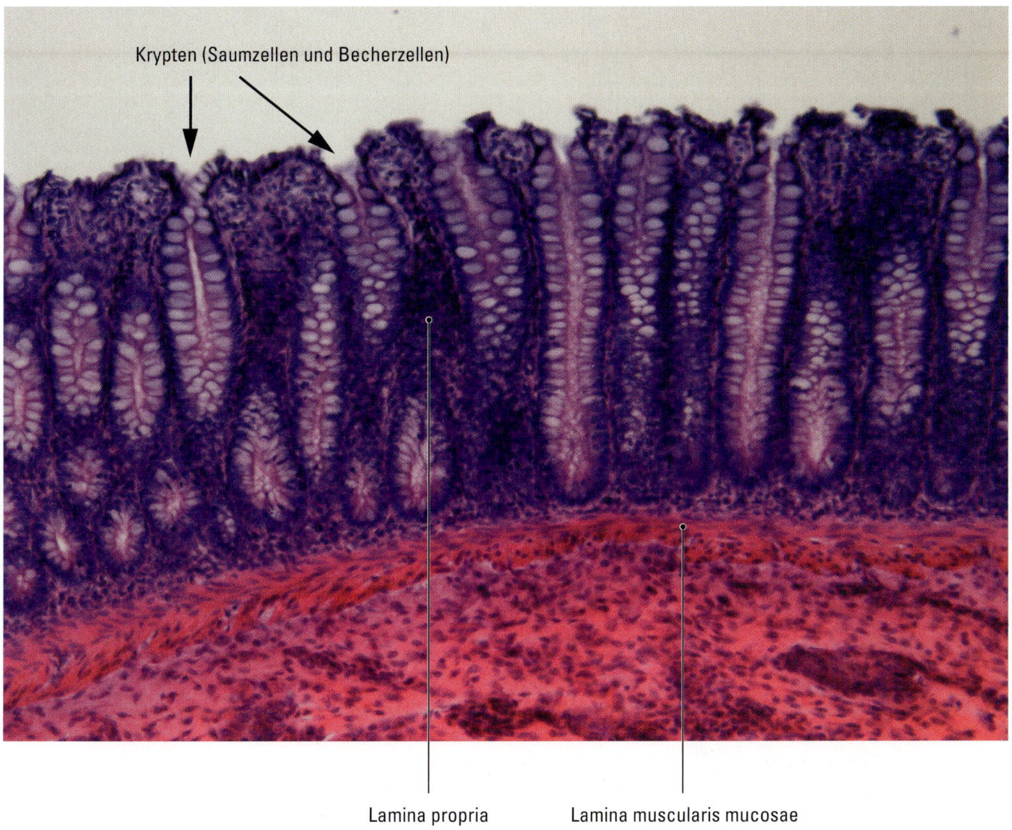

Abb. 11: Längsschnitt Colon *medi-learn.de/7-histo3-11*

Merke!

- Enterozyten nehmen freie Fettsäuren auf und geben selbst hergestellte Triglyceride als Chylomikronen ab.
- Die Chylomikronen haben KEINE eigene Membran; die Fettaugen auf der Suppe ja schließlich auch nicht. Die finden sich einfach sooo gut, dass sie gerne zusammenbleiben ...

Übrigens ...
Wird ein größerer Teil des Dünndarms entfernt, können die fehlende Wasser-, Nährstoff- und Fettresorption zu massiven Beschwerden führen (Kurzdarmsyndrom).

1.4.5 Colon

Mit dem terminalen Ileum und der dortigen Aufnahme von Cobalamin (Vitamin B_{12}) ist die Resorption der Nährstoffe weitestgehend abgeschlossen. Jetzt muss der Stuhl nur noch eingedickt werden. Nachdem im Dünndarm über die zahlreichen Zotten bereits drei Viertel der Flüssigkeitsmenge resorbiert wurden (getrunkene Flüssigkeit und in das Darmlumen abgegebene Verdauungssekrete), werden die letzten 2 l Flüssigkeit erst im Colon resorbiert. Dies ist eine der Hauptaufgaben des Colons. In seinem Lumen befinden sich KEINE Zotten mehr. Stattdessen ist seine Schleimhaut in **tiefe Krypten** eingefaltet und von zahlreichen **Becherzellen** durchsetzt (s. Abb. 13, S. 15 und IMPP-Bild 6, S. 61). Denn je trockener der Darminhalt wird, desto größer wird auch die Reibung, und ge-

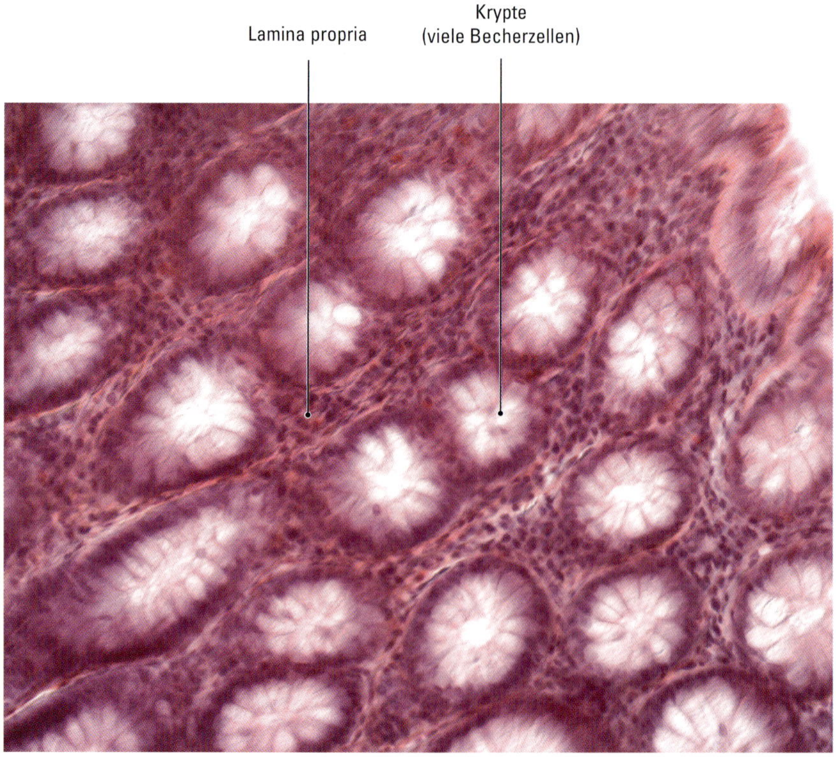

Abb. 12: Kryptenquerschnitt Colon

medi-learn.de/7-histo3-12

nau die wird durch den Schleim dieser Zellen gemindert. Daher nehmen die Becherzellen analwärts zu. Vom Colon aus gelangt der eingedickte Stuhl ins Rektum, in die Ampulle und von dort endlich nach draußen.

Merke!

Kennzeichen des Colons sind tiefe Krypten und eine von vielen Becherzellen durchsetzte Schleimhaut.

Außerdem ist das Colon von **saprophytischen Bakterien** besiedelt. Diese possierlichen Tierchen erfüllen verschiedene Aufgaben für den Menschen: Sie sind für die Reifung des **Immunsystems** von Bedeutung und ermöglichen den enterohepatischen Kreislauf, z. B. durch Freisetzen von Bilirubin aus Bilirubindiglucuronid. Das nun freie Bilirubin wird im Darm zu Urobilinogen und Stercobilinogen umgebaut, zum Teil ins Blut aufgenommen und per Fäzes sowie renal ausgeschieden.

Übrigens ...

Ratten, die unter derart sterilen Bedingungen aufgewachsen sind, dass sie keine Keimbesiedelung des Darms zeigen, konnten auch kein potentes Immunsystem entwickeln und starben bei ihrem ersten Kontakt mit Bakterien.

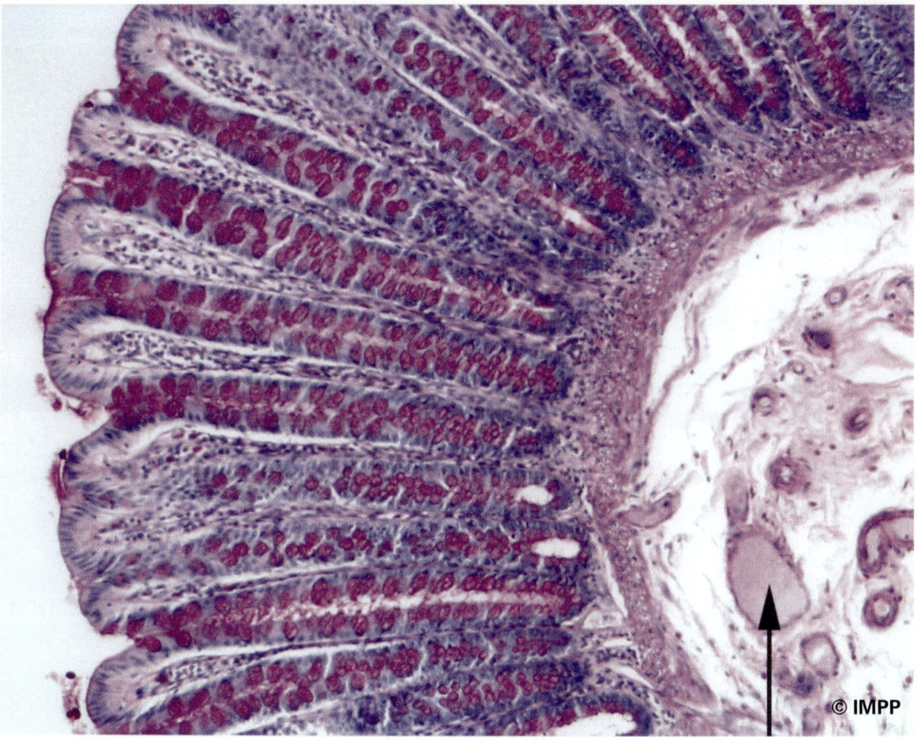

Die Becherzellen sind lila angefärbt, der Pfeil zeigt auf ein Gefäß in der Tela submucosa.

Abb. 13: Kolonkrypten (Längsschnitt)

medi-learn.de/7-histo3-13

DAS BRINGT PUNKTE

Im gesamten **Verdauungstrakt** sind die unterschiedlichsten Zelltypen angesiedelt. Sie unterscheiden sich im Aussehen und in ihrer molekularen Zusammensetzung. Für den schriftlichen Teil ist besonders dieses Wissen um einzelne Zellen und Enzyme wichtig.

Beim Thema **Magen** kommt immer wieder das Memoryspiel (s. Tab. 1, S. 8).
Besonders gut merken sollest du dir, dass

- Belegzellen auch Parietalzellen heißen und in ihrer apikalen Membran eine ATP-betriebene Protonenpumpe haben.
- Belegzellen den Intrinsic factor synthetisieren.
- Hauptzellen ein Protein herstellen (Pepsinogen) und darum viel raues ER haben.

Zum Thema **Darm** solltest du im Examen wissen, dass

- es im Darm KEINE Clara-Zellen und KEINE Kinozilien gibt.
- Paneth-Körnerzellen an der Basis der Krypten liegen und Lysozym sezernieren.
- Enterozyten an ihrer luminalen Membran Glucose und Aminosäuren mittels Na^+-Cotransport aufnehmen.
- Enterozyten über eine basale Na^+-K^+-ATPase verfügen.
- die Lamina muscularis mucosae dem Verlauf der Falten sehr wohl folgt und sogar Ausläufer in die Zotten entsendet.

FÜRS MÜNDLICHE

Das Magenzellenmemory ist auch im Mündlichen ein sehr beliebtes Spiel (s. Tab. 1, S. 8). Daneben wird Folgendes noch gerne gefragt:

1. **Beschreiben Sie bitte den Grundaufbau des Darmrohrs.**
2. **Woran erkennen Sie das Duodenum?**
3. **Woran erkennen Sie den Magen?**
4. **Welche Arten der Oberflächenvergrößerung kennen Sie?**

---

1. Beschreiben Sie bitte den Grundaufbau des Darmrohrs.
Der Darm lässt sich grob in drei Teile gliedern:

- Die Muscularis ist in eine innere Ring- und eine äußere Längsschicht gegliedert; dazwischen liegt der Auerbach-Plexus.
- Die Mucosa verfügt über eine eigene Muskelschicht, die Muscularis mucosae.
- Intraperitoneal gelegene Anteile zeigen als äußerste Schicht die Serosa (s. Abb. 1, S. 1).

2. Woran erkennen Sie das Duodenum?
Die besonderen Kennzeichen des Duodenums sind:

- Zotten,
- Krypten,
- Becherzellen,
- Brunnerdrüsen (die sichern die Diagnose!).

3. Woran erkennen Sie den Magen?
Die besonderen Kennzeichen des Magens sind:
- Foveolae gastricae,
- Glandulae gastricae, die bis an die Muscularis mucosae heranreichen.

4. Welche Arten der Oberflächenvergrößerung kennen Sie?
- Querfalten (Plicae circulares),
- Zotten,
- Krypten,
- Mikrovilli.

Mehr Cartoons unter www.medi-learn.de/cartoons

Pause

Es wird Zeit für ein bisschen Entspannung ...
Mach' doch mal eine etwas längere Pause und dreh die Musik ordentlich auf – vielleicht mit einem Ohrwurm?!

2 Oberbauchdrüsen

Fragen in den letzten 10 Examen: 8

Wie im vorangegangenen Kapitel beschrieben, müssen die aufgenommenen Nährstoffe vor ihrer Aufnahme in den Körper zersetzt und in ihre molekularen Bestandteile zerlegt werden. Einen Teil dieser Aufgabe übernimmt die Schleimhaut selbst. Da wir Menschen im Laufe unserer Entwicklung sehr große Säugetiere geworden sind, haben wir auch einen sehr großen Energiebedarf entwickelt und müssen folglich auch sehr viel essen. Die Schleimhaut allein war daher irgendwann mit der Zerlegung der Nahrung überfordert und hat kurzerhand Teile von sich nach außen verlagert. Daraus haben sich zwei große Drüsen entwickelt, die dem Darm bei der Verdauung helfen: das **Pankreas** und die **Leber**.

Merke!

Die exokrinen Anteile von Pankreas und Leber entstammen entwicklungsgeschichtlich dem Darmrohr.

2.1 Pankreas

Die Bauchspeicheldrüse hat zwei wichtige Aufgaben für den Stoffwechsel:

- Als **exokrines Pankreas** produziert sie sehr potente Enzyme, die im Lumen des Darms Folgendes spalten können:

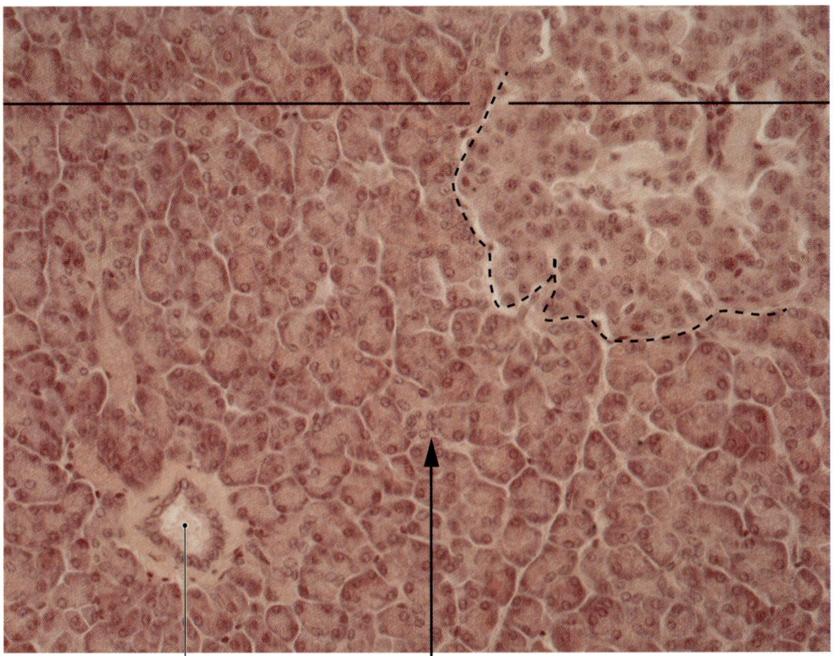

Abb. 14: Pankreas mit Schaltstück + Insula (heller) medi-learn.de/7-histo3-14

- Proteine = **Trypsin**, **Chymotrypsin**,
- Kohlenhydrate = **Amylasen**,
- Fette = **Lipasen**.

- Als **endokrines Pankreas** produziert es hauptsächlich Insulin und Glukagon, zwei antagonistisch wirkende Hormone des Kohlenhydratstoffwechsels:
  - **Insulin = blutzuckersenkend**,
  - **Glukagon = blutzuckersteigernd (glykogenolytisch)**.

Merke!

Das exokrine Pankreas produziert Trypsin, Chymotrypsin, Amylasen und Lipasen. Das endokrine Pankreas stellt Insulin und Glukagon bereit.

Intelligenterweise werden die proteinspaltenden Enzyme des exokrinen Pankreas als inaktive Vorstufen synthetisiert, die erst durch eine limitierte Proteolyse im Bereich des Duodenums aktiviert werden. Damit schützt sich das Pankreas vor Selbstverdauung.

Übrigens ...
Wenn sich die Bauchspeicheldrüse entzündet, kann es vorkommen, dass ihre Enzyme in den Pankreasgängen aktiviert werden und tatsächlich anfangen, es zu verdauen. Daher kommen die schrecklichen Schmerzen bei einer Pankreatitis.

Das Pankreas gehört mit der Glandula parotidea (Ohrspeicheldrüse) und der Tränendrüse (Glandula lacrimalis) zu den rein serösen Drüsen. Seine sekretorischen Enzyme werden in den **Azinuszellen** der **Drüsenendstücke** synthetisiert, in denen sich aus diesem Grund auch **reichlich raues ER befindet** (s. Skript Histologie 1). Da es sinnvoll ist, die Abgabe der Enzyme an die Anforderungen der Verdauung zu koppeln, werden die Azinuszellen hormonell und parasympatisch reguliert. Dementsprechend verfügen sie auch über Rezeptoren für **Acetylcholin** und **Cholezystokinin**. Vom Ort seiner Herstellung gelangt das Sekret dann durch die **Schaltstücke** in den Pankreasgang, der auf der Papilla vateri im Duodenum mündet. Manche Zellen der Schaltstücke ragen in das Zentrum eines solchen Azinus hinein. Dort nennt man sie **zentroazinäre Zellen**. Diese Zellen beteiligen sich an der Sekretproduktion indem sie viel Bicarbonat abgeben. Dafür sind sie mit dem Enzym **Carboanhydrase** ausgestattet.

Merke!

- Azinuszellen verfügen über viel raues ER und über Rezeptoren für Acetylcholin und Cholezystokinin.
- Zentroazinäre Zellen sind reich an Carboanhydrase.
- Sekretin wirkt stimulierend auf die zentroazinären Zellen des Pankreas.

Der endokrine Teil der Bauchspeicheldrüse wird durch die **Langerhans-Inseln** repräsentiert, die als Zellnester verstreut im Pankreas liegen. Da sie sich schlechter anfärben als das umliegende Gewebe, sind sie im Präparat gut zu erkennen (s. Abb. 14, S. 18 und IMPP-Bild 7, S. 61 und IMPP-Bild 8, S. 62 im Anhang). In diesen Inseln befinden sich vier verschiedene Zellarten:

- **B-Zellen**, die **Insulin** produzieren, das im Körper die **Glykogensynthese** induziert und dadurch den Blutglucosespiegel senkt. Sie stellen mit 80 % den größten Anteil am endokrinen Pankreas.
- **A-Zellen**, die **Glukagon** abgeben, das antagonistisch zum Insulin wirkt (glykogenolytisch) und etwa 20 % des endokrinen Pankreas ausmachen.
- **D-Zellen**, die **Somatostatin**, und **PP-Zellen**, die das **pankreatische Polypeptid** abgeben. Diese beiden stellen kleine Subpopulationen dar.

Zellart	Wirkstoff	Wirkung
(β-)B-Zellen	Insulin	– Glykogensynthese – Einbau von Glut-4-Glucosetransportern für erleichterte Diffusion
(α-)A-Zellen	Glukagon	– Glykogenolyse – Gluconeogenese
(δ-)D-Zellen	Somatostatin	– Hemmung der Sekretion von Insulin und Glukagon
PP-Zellen	pankreatisches Polypeptid	– hemmt die exokrine Sekretion – relaxiert die Gallenblase

Tab. 2: Zellen des endokrinen Pankreas

2.2 Leber

Die Leber ist der Biochemiker unter den Organen und jeder Biochemiker hat seine Freude an ihr. Als zentrales Stoffwechselorgan steht sie zwischen dem Darm und dem Rest des Körpers, wacht über das Blut, entgiftet den Körper und – als wäre das noch nicht genug – gibt mit der Galle ein Sekret ab, das die Fettverdauung fördert. Dafür ist die Leber bestens gerüstet, was sich auch an ihrer Histologie zeigt.

2.2.1 Leberläppchen

Die Leber erhält über die Vena portae (Pfortader) und die Arteria hepatica propria ihre Zuflüsse:

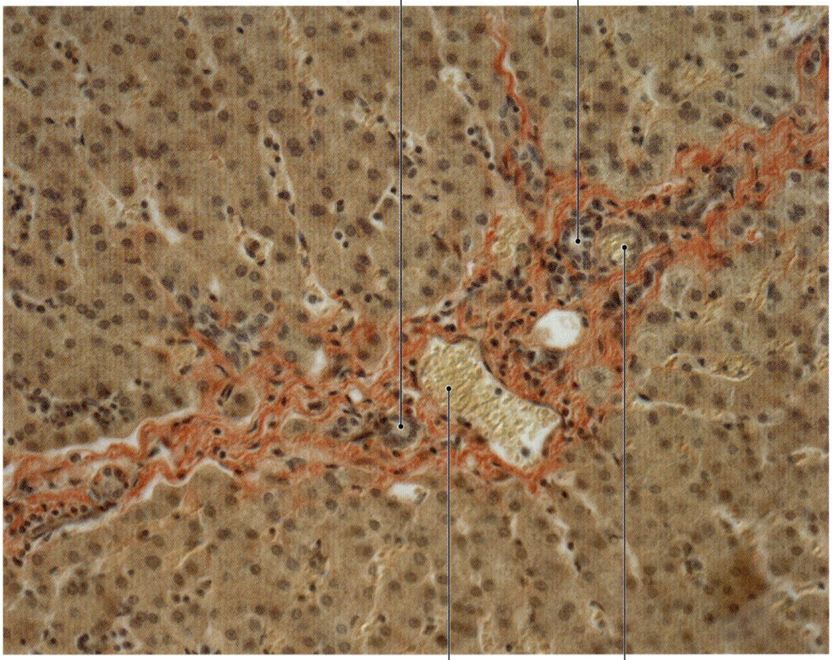

Abb. 15: Trias hepatica = Glisson-Trias

medi-learn.de/7-histo3-15

- Die Pfortader bringt vom Darm kommend viele gelöste Aminosäuren und Kohlenhydrate,
- die Leberarterie bringt Sauerstoff, Fette (aus dem Ductus thoracicus) und Stoffwechselendprodukte.

Makroskopisch verlaufen diese beiden Gefäße im **Ligamentum hepatoduodenale** gemeinsam mit dem Gallengang (Ductus choledochus), der sein Sekret von der Leber weg transportiert.

Diese Trias aus Vene, Arterie und Gallengang verzweigt sich immer weiter, bis man sie schließlich im **Glisson-Dreieck** (periportales Feld oder Trias hepatica) wiederfindet (s. Abb. 15, S. 20 und IMPP-Bild 9, S. 62 im Anhang). Zwischen diesen **Periportalfeldern** liegen die Leberläppchen. Sie haben eine polygonale Form. Von ihren Rändern ziehen die **Lebersinusoide** zur Zentralvene (s. Abb. 17, S. 23). Die radiäre Struktur der Sinusoide wird einerseits durch die Hepatozyten, andererseits durch gefensterte Endothelzellen gebildet.

Aus den Gefäßen ergießt sich das Blut in die Sinusoide, in denen sich daher arteriovenöses Mischblut befindet. Zwischen den gefensterten (auch diskontinuierlichen) Endothelien – die KEINER Basalmembran aufsitzen und in ihren Poren KEIN Diaphragma haben – und den Leberzellen gibt es einen freien Raum, der **Disse-Raum** genannt wird (s. IMPP-Bild 10, S. 63 im Anhang). Hier haben die Hepatozyten direkten Kontakt zum Plasma, aus dem sie die Aminosäuren und die Glucose resorbieren und in das sie die **Plasmaeiweiße** sezernieren. Neben diesen Aktivitäten synthetisiert und speichert die Leber noch viel **Glykogen** aus der Gluco-

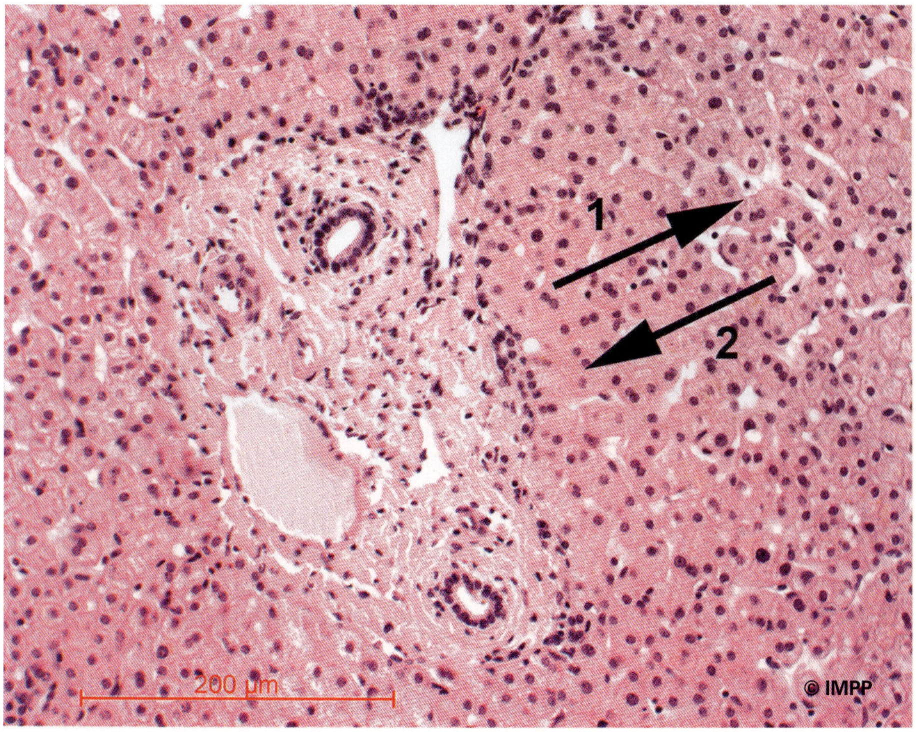

Pfeil 1 zeigt die Flussrichtung des Blutes aus der V. portae hepatis,
Pfeil 2 zeigt die Flussrichtung der Galle in den Canaliculi biliferi.

Abb. 16: Mikroskopisches Bild der Leber

medi-learn.de/7-histo3-16

se des Pfortaderbluts. Schließlich läuft in den Zentralvenen das veränderte Blut zusammen, verlässt über die Venae hepaticae die Leber und mündet in die Vena cava inferior.

Merke!

- Die polygonalen Felder heißen Leberläppchen.
- Der Disse-Raum liegt zwischen den Hepatozyten und den gefensterten Endothelzellen.
- In den Sinusoiden gibt es KEINE Basalmembran.
- Aus den in den Hering-Kanälen (Schaltstücken zwischen Hepatozyten und interlobulären Gallengängen) liegenden Stammzellen kann sich Lebergewebe regenerieren. Diese Stammzellen sind Epithelzellen.

2.2.2 Portales Feld

Stellt man die Produktion und den Abtransport der Galle in den Vordergrund, so kann man die Leber histologisch auch anders unterteilen: Man denkt sich ein Dreieck zwischen drei Zentralvenen und hat dann die Trias hepatica im Zentrum (s. Abb. 15, S. 20).

Die Galle hat verschiedene Aufgaben:

- In ihr werden die Endprodukte der hepatischen Entgiftung, einfach gesagt, der ständig im Körper anfallende Müll) ausgeschleust. Wichtig ist z. B. das glucuronidierte Bilirubin, ein Abbauprodukt des Häm.
- Mit ihr werden die Gallensäuren ausgeschieden. Sie können im Darm größere Fettpartikel emulgieren (in Lösung bringen) und sie so für die Lipasen des Pankreas angreifbar machen.

Die intrahepatischen Gallengänge besitzen KEIN eigenes Epithel. Sie liegen einfach zwischen den Hepatozyten, deren Seitenwände die Gänge bilden. Um ein Auslaufen zu verhindern, sind diese Gänge mit Zonulae occludentes und Desmosomen abgedichtet. Die extrahepatischen Gallenwege dagegen sind mit einem einschichtigen, kubischen Epithel ausgekleidet.

Merke!

Jeweils ein Ast der Pfortader, der Leberarterie und der abführenden Gallenwege bilden zusammen die Trias hepatica, die auch **Glisson-Trias** genannt wird. Das Dreieck mit der zentralen Trias hepatica heißt portales Feld.

Übrigens ...

Bei einer Verletzung der Leberzellen (z. B. durch eine Hepatitis) tritt Galle ins Blut über, was zu einer Gelbfärbung der Skleren und der Haut führt. Das zugehörige Krankheitsbild heißt Ikterus oder Gelbsucht.

2.2.3 Kupffer-Sternzellen

Die Lebersinus könnte man mit den Gängen eines Zollamts vergleichen: Mit dem Pfortaderblut kommen zahlreiche Waren angeschwemmt. Da sich hier auch schon mal der eine oder andere ungebetene Gast einschleicht, gibt es in den Sinusoiden die **Kupffer-Sternzellen** (= Zollbeamten).

Sie gehören zum **monozytären Phagozytosesystem**, sitzen in regelmäßigen Abständen dem Endothel auf und überwachen das vorbeiströmende Blut. Fremdstoffe und fremde Organismen, die sich über den Darm eingeschlichen haben, können so frühzeitig abgefangen werden. **Kupffer-Sternzellen** haben einen hohen **Eisengehalt** und lassen sich mit Tusche, die sie verspeisen, gut anfärben (s. Abb. 17, S. 23).

2.2.4 Ito-Zellen

Inmitten der Hepatozyten liegen verstreut einzelne Zellen, über deren Funktion noch nicht so viel bekannt ist. Man weiß allerdings und fragt es auch im Examen, dass sie mit dem Fettstoffwechsel in Verbindung stehen und dass sich **Vitamin A** stark in ihnen anreichern kann. Der Name dieses noch (fast) weißen Flecks auf unserer Zelllandkarte lautet Ito-Zellen. Sie liegen im Disse-Raum.

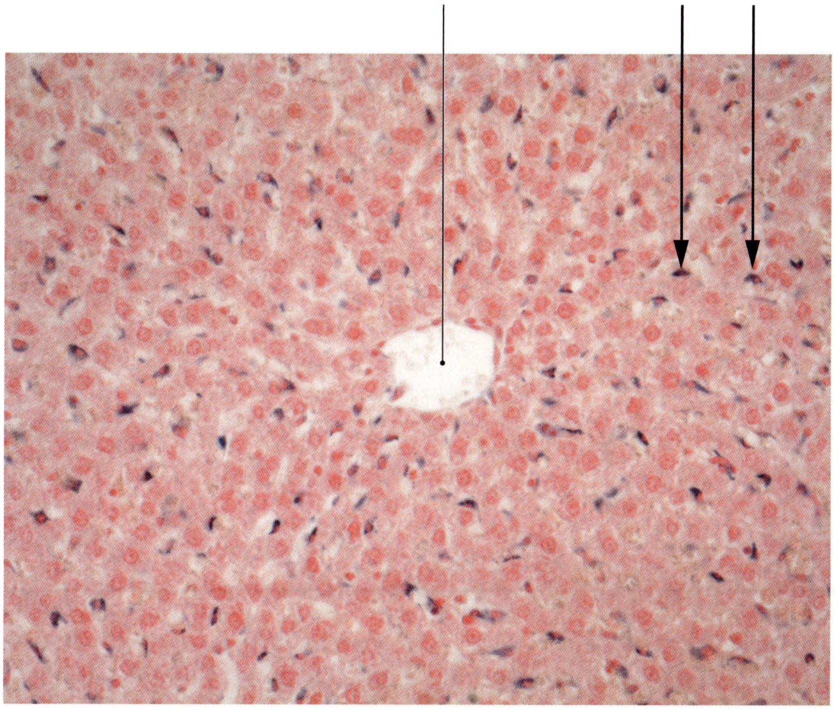

Abb. 17: Lebersinusoide und Kupffer-Sternzellen *medi-learn.de/7-histo3-17*

DAS BRINGT PUNKTE

Die beiden **Oberbauchdrüsen** sind Wunderwerke der Biochemie, besonders die Leber. Die schriftlichen Fragen zur Leber sind daher auch wesentlich häufiger als die zum Pankreas. Das Wichtigste davon nochmal in Kürze:

Pankreas:
- Die Zuordnung von Zellart zu Syntheseprodukt und dessen Wirkung.
- Das exokrine Pankreas produziert Trypsin, Chymotrypsin, Amylasen und Lipasen.
- Die Azinuszellen stehen über Tight Junctions miteinander in Verbindung.

Leber:
- Die Sinusoide haben keine Basalmembran.
- Die Sinusoide öffnen sich über Endothelporen in den Disse-Raum.
- Kupffer-Sternzellen sind zur Phagozytose fähig.
- Den Gallengang der Trias hepatica erkennt man an seinem kubischen Epithel mit den prominenten Zellkernen.

FÜRS MÜNDLICHE

Die Zellen des endokrinen Pankreas und ihre Aufgaben sind auch im Mündlichen sehr beliebte Themen (s. Tab. 2, S. 20). Daneben wird noch gerne gefragt:

1. **Nennen Sie die Aufgaben des Pankreas.**
2. **Wie sichern Sie die Diagnose Pankreas?**
3. **Schildern Sie den Aufbau eines Leberläppchens.**
4. **Nennen Sie die Aufgaben der Leber.**

---

1. Nennen Sie die Aufgaben des Pankreas.
Die Aufgabe des exokrinen Pankreas ist die Verdauung von
- Aminosäuren mit Trypsin und Chymotrypsin,
- Kohlenhydraten mit Amylase und
- Fetten mit der Lipase.

Die Aufgabe des endokrinen Pankreas ist die Sekretion der Hormone Insulin und Glukagon. Diese beiden regulieren als Gegenspieler den Blutzuckerspiegel: Insulin senkt ihn und Glukagon hebt ihn an.

2. Wie sichern Sie die Diagnose Pankreas?
Tipp: Das Pankreas ist ein schweres Präparat, also langsam und mit Bedacht anfangen zu erzählen. Zunächst könntest du sagen, dass das Pankreas eine seröse Drüse ist. Es enthält lange Schaltstücke, die sich als zentroazinäre Zellen in die Drüsenendstücke hinein fortsetzen. Das Pankreas hat nur seröse Endstücke. Seine hellgefärbten Langerhans-Inseln sichern dir die Diagnose (s. Abb. 14, S. 18).

3. Schildern Sie den Aufbau eines Leberläppchens.
Leberläppchen haben eine polygonale Form und sind meistens sechseckig.
Sie enthalten:
- Zenralvene,
- Sinusoide,
- Trias hepatica mit Vene, Arterie und Gallengang.

4. Nennen Sie die Aufgaben der Leber.

Aufbau von
- Albumin,
- Gerinnungsfaktoren,
- Glykogen.

Abbau von
- Giften,
- Stoffwechselendprodukten,
- Produktion und Abgabe der Galle zur Entgiftung und Fettverdauung.

WIE NEUROCHIRURGEN PATIENTEN WAHRNEHMEN

Mehr Cartoons unter www.medi-learn.de/cartoons

Pause

Kein Kommentar – kurze Pause!

3 Urogenitaltrakt

Fragen in den letzten 10 Examen: 18

Zum Urogenitaltrakt gehören im Wesentlichen zwei Teile:
- Die Nieren und die ableitenden Harnwege erfüllen wichtige Aufgaben bei der Entgiftung des Körpers und bei der Aufrechterhaltung der Homöostase.
- Die Keimzellen und die Reproduktionsorgane dienen der Fortpflanzung und damit der Erhaltung unserer Art.

3.1 Nieren und ableitende Harnwege

Die Nieren sind paarig angelegt, liegen in einem retroperitonealen Fettlager und sind von einer bindegewebigen Kapsel umgeben. Schneidet man eine Niere der Länge nach auf, so ist ein verzweigter innerer Hohlraum – das **Nierenkelchsystem** – zu erkennen. Von hier aus geht der Ureter in Richtung Blase ab. In die Nierenkelche hinein ragen die **Nierenpapillen**, an deren Spitzen die Sammelrohre münden und den Urin an das Kelchsystem abgeben.
Das angeschnittene Parenchym lässt sich schon makroskopisch in zwei Teile gliedern:
- die **Medulla renalis** (innere Markzone),
- den **Cortex renalis** (äußere Rindenzone).

Betrachtet man einen Nierenausschnitt histologisch, so lässt sich diese Aufteilung in Rinde und Mark aufrechterhalten. Für diese Trennung sind die speziellen Gefäße des Nierenparenchyms verantwortlich. Die vom Nierenpol kommenden Gefäße ziehen bis an die Mark-Rinden-Grenze und machen dann einen scharfen Bogen. Deshalb heißen sie hier auch **Arteriae arcuatae**. Aufgrund ihres hier horizontalen Verlaufs entsteht die sichtbare Grenze.
Von ihnen gehen die **Arteriae interlobulares** in Richtung Kapsel ab, zweigen sich kurz auf, um die glomeruläre Kapillarschlinge zu bilden und verlaufen dann als **Arteriae rectae** in Richtung Papille.
Der venöse Abfluss erfolgt über die Venae rectae in die Venae arcuatae zum Nierenhilus in die Vena renalis.
In der **Rinde** befinden sich – neben Gefäßen und gewundenen Gängen – hauptsächlich Glomeruli, die wie viele kleine Nester in den Ästen der **Tubuli contorti** sitzen.
Bei der Betrachtung des **Marks** fallen streifige Strukturen auf, die alle in Richtung Papille ziehen: die **Markstrahlen**.

Merke!

- Die Arteriae arcuatae verlaufen an der Mark-Rinden-Grenze.
- Die Durchblutung des Marks durch die Arteriae rectae ist postglomerulär.

Funktionell läßt sich die Aufgabe der Nieren in drei Teilbereiche untergliedern:
- Die Produktion von Primärharn durch Ultrafiltration,
- die Konzentration des Harns in den **Tubuli** und den **Sammelrohren** und
- die Sekretion (von z. B. Renin und Erythropoetin).

3.1.1 Ultrafiltration

Die Ultrafiltration erfolgt in der Rindenzone der Niere. Die entsprechende funktionelle Einheit ist das Glomerulum, von dem es etwa 1,2 Millionen Stück pro Niere gibt (s. Abb. 18, S. 28).
Histologisch unterscheidet man die **Kapillarschlingen** mit einem zuführenden Vas afferens und einem ableitenden **Vas efferens** von der **Bowman-Kapsel** mit einem viszeralen und einem parietalen Blatt.

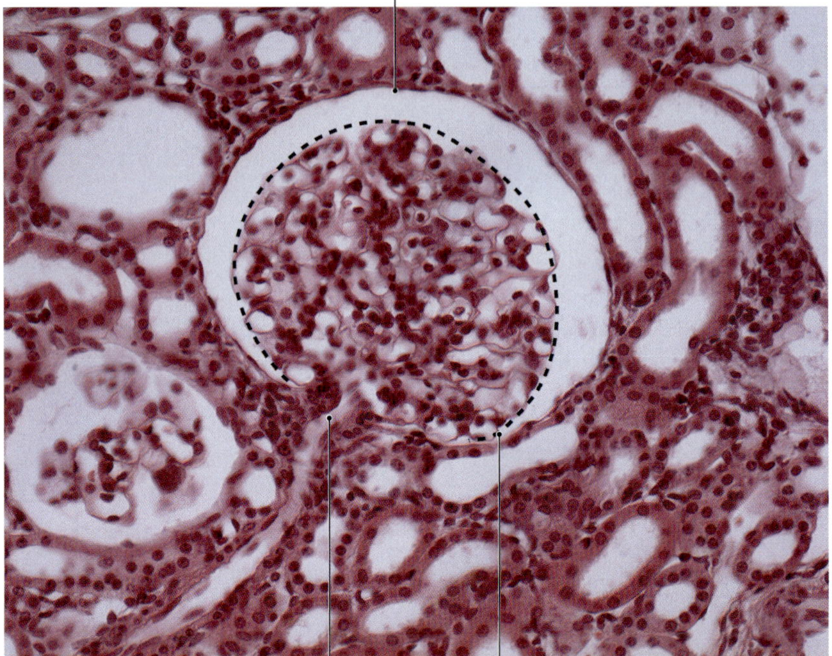

Abb. 18: Glomerulum

medi-learn.de/7-histo3-18

Sowohl die Kapillaren als auch die Zellen der Bowman-Kapsel weisen prüfungsrelevante Besonderheiten auf:

- Das Endothel der Kapillaren ist **gefenstert** und sitzt einer Basalmembran auf. Am Gefäßpol des Glomerulums liegen die Kapillaren direkt neben spezialisierten Zellen der distalen Tubuli, der **Macula densa**.

- Unterhalb des Endothels liegt die glomeruläre Basalmembran. Sie entsteht aus den verschmolzenen **Basalmembranen** der Kapillaren und Podozyten und filtriert bis zu einer Größe von 70.000 Dalton vor allem negativ geladene Moleküle heraus.
- Die dickeren Zellen, die der Basalmembran auf der anderen Seite aufsitzen, sind **Podozyten**. Sie bilden Fortsätze, die als verzahnte Füßchen die Kapillarschlingen umfassen (interdigitierende Fußfortsätze, s. Abb. 19 a, S. 29 und Abb. 19 b, S. 29). Du kannst dir die Podozyten so ähnlich wie Tintenfische vorstellen, die mit ihren Tentakeln die Gefäße umschlingen. Zwischen den Podozytenfüßchen bildet sich die **Schlitzmembran**. Zwischen diesen Fortsätzen wird das Ultrafiltrat als Primärharn vom Kapillarbett in die **Bowman-Kapsel** gepresst.
- Zwischen den Kapillarschlingen finden sich stabilisierende **Mesangiumzellen**, die sich übrigens kontrahieren können und nebenbei auch noch phagozytieren.

Merke!

- Die Macula densa zählt sowohl zum extraglomerulären Mesangium (neben den Kapillaren liegend) als auch zum juxtaglomerulären Apparat (neben dem Glomerulum gelegen).
- Die Kapillaren sind von fenestriertem Endothel ausgekleidet, was die Filtration ermöglicht.

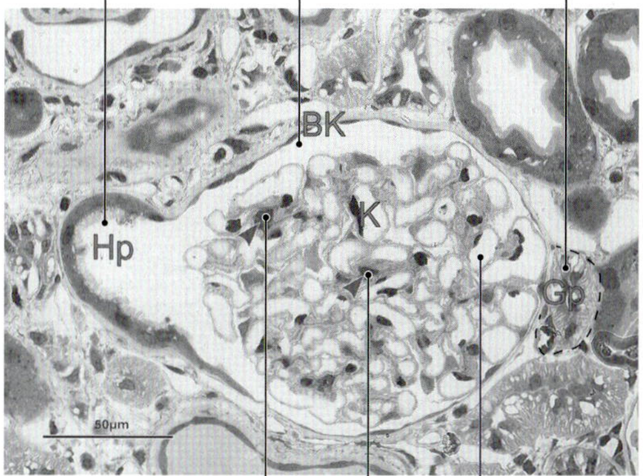

(Mit freundlicher Genehmigung von Johannes Kacza, Lehrstuhl für Histologie und Embryologie des Veterinär-Anatomischen Instituts der Universität Leipzig.)

Abb. 19 a: Glomerulum in Toluidinblaufärbung

medi-learn.de/7-histo3-19a

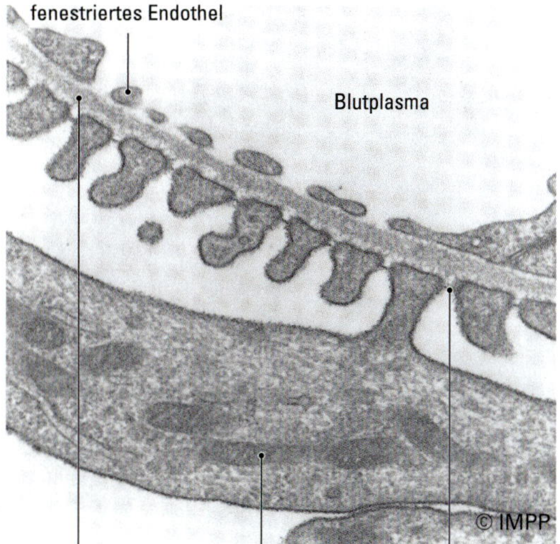

Abb. 19 b: EM-Aufnahme, Ausschnitt aus Glomerulum

medi-learn.de/7-histo3-19b

3.1.2 Das Nephron

An die Kapsel des Herrn Bowman schließt sich das Tubulussystem an. Grob unterscheidet man hier einen **proximalen** von einem **distalen Tubulus**. Außerdem finden sich pro Tubulus noch jeweils eine gewundene **Pars convoluta** (Tubulus contortus) und eine gerade Pars recta. Die gewundenen Anteile liegen vorwiegend im Bereich der Rinde, wodurch das Bild eines Labyrinths entsteht, was zur Bezeichnung **Nierenlabyrinth** geführt hat. Die geraden Anteile bilden zusammen mit den Sammelrohren die Markstrahlen.

Merke!

Die radiäre Streifung des Marks wird von proximalen und distalen Tubuli, den Vasa recta sowie den Sammelrohren erzeugt.

Proximaler Tubulus

Histologisch kann man den proximalen Tubulus an einem schmalen **Bürstensaum** erkennen, der durch kleine **Mikrovilli** zustande kommt, die die Resorptionsoberfläche vergrößern. Wer viel resorbiert, muss aber auch viel abgeben, weshalb die basale Seite dieser Tubuluszellen ebenfalls eine Fältelung – die **Zellinterdigitationen** – aufweist.
Die einzelnen Zellen sind über **Tight Junctions** miteinander verbunden und grenzen das Lumen daher sehr gut gegen das Interstitium des Marks ab. Dies ist eine essenzielle Voraussetzung für die Aufrechterhaltung eines **Konzentrationsgradienten**.

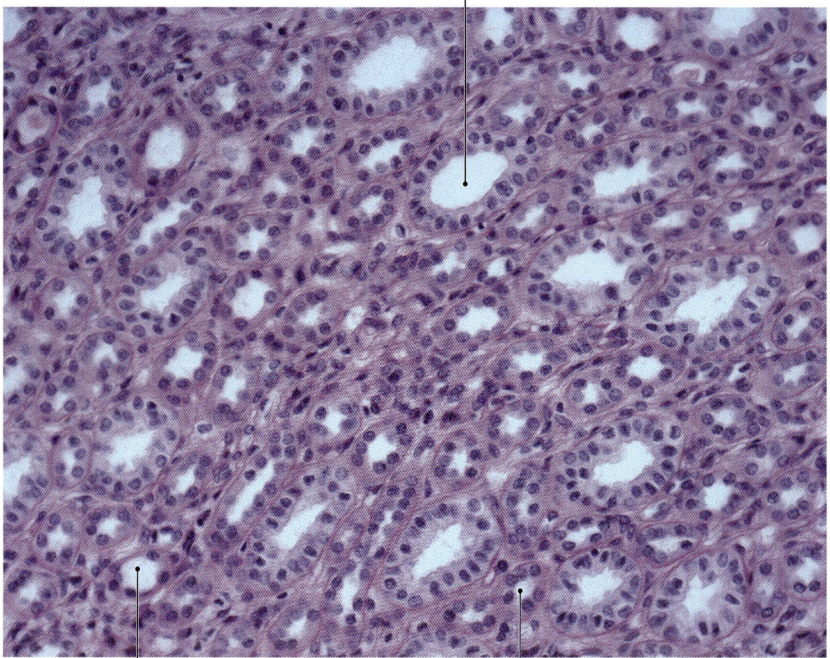

Abb. 20: Querschnitt Nierenmarktubuli

medi-learn.de/7-histo3-20

Merke!

- Als Zeichen der Aufnahme von Peptiden findet man Vakuolen im apikalen Zytoplasma der Tubuluszellen. Außerdem können sie aktiv **Xenobiotika** aufnehmen.
- Die Zellen des proximalen Tubulus erkennt man an ihrem feinen Bürstensaum.

Distaler Tubulus

Im Gegensatz zum proximalen haben die Zellen des distalen Tubulus ein eher flaches Epithel mit **linsenförmigen** Kernen und einem kaum ausgeprägten Bürstensaum.
Die Pars recta des distalen Tubulus bildet den aufsteigenden Teil der **Henle-Schleife.** Ihre Zellen besitzen an ihrer apikalen Membran einen **Na^+-K^+-$2Cl^-$-Cotransporter**, der durch das Diuretikum Furosemid gehemmt werden kann. Das lohnt sich zu merken, denn dieses Wissen sichert dir nicht nur einen Punkt im Physikum, sondern auch in späteren Prüfungen.

Am Übergang der Pars recta zur Pars convoluta befindet sich die Macula densa. Hier werden nochmals Ionenkonzentrationen gemessen, was eine Rückwirkung auf die glomeruläre Filtration hat. Die distale Pars convoluta mündet schließlich in ein Sammelrohr ein.

Die Gesamtheit aus Glomerulum, proximalem und distalem Tubulus bezeichnet man als ein **Nephron**.

Merke!

Die Zellen des distalen Tubulus tragen einen furosemidsensitiven Na^+-K^+-$2Cl^-$-Cotransporter an ihrer apikalen Oberfläche und bilden die Macula densa.

Sammelrohr

Die Sammelrohre erstrecken sich vom Bereich der Rinde bis zur Papille, wobei ihr Durchmesser stetig zunimmt. Ihr Epithel wird von zweierlei Zellen gebildet, den **Schaltzellen** und den wesentlich zahlreicheren **Hauptzellen**.
Die Schaltzellen sind zum aktiven Protonentransport fähig und können so nachträglich den pH-Wert des Harns beeinflussen.
Die Hauptzellen sind ADH-sensitiv und bauen unter seiner Wirkung Aquaporine in ihre apikale Zellwand ein, wodurch die Wasserresorption gesteigert werden kann.

3.1.3 Ableitende Harnwege

Die Sammelrohre münden an den Papillenspitzen in das Kelchsystem der Niere. Das Epithel aus Haupt- und Schaltzellen geht hier in das **Übergangsepithel (Urothel)** über, das die gesamten ableitenden Harnwege auskleidet (s. Skript Histologie 1).

Harnleiter

Der Harnleiter weist – neben dem Übergangsepithel (s. IMPP-Bild 11, S. 63 im Anhang) – eine **zweischichtige** Tunica muscularis auf, die den Harn in peristaltischen Wellen zur Blase transportiert.

Harnblase

Neben dem Übergangsepithel findet sich in der Blase eine **dreischichtige** Tunica muscularis: der Musculus detrusor vesicae.

Merke!

Kennzeichen der ableitenden Harnwege ist das Übergangsepi- oder Urothel.

DAS BRINGT PUNKTE

Für die schriftliche Prüfung ist hinsichtlich der **Niere** wieder mal nur das Detailwissen interessant. Bilder werden seltener vorgelegt. Hier daher nochmal eine kurze Aufzählung der wirklich, wirklich, wirklich wichtigen Dinge:

Für die **Gefäße des Glomerulums** gilt, dass

- es gefensterte Kapillaren sind und
- ihr abführendes Gefäß (Vas efferens) in die Markarterien übergeht.

Zu den **proximalen Tubuluszellen** solltest du wissen, dass sie

- einen Bürstensaum haben,
- über basale Zellinterdigitationen verfügen,
- zum aktiven Transport von Xenobiotika fähig sind und
- über Tight Junctions miteinander verbunden sind.

Im Gegensatz dazu gilt für die **distalen Tubuluszellen**, dass sie

- keinen Bürstensaum haben,
- über einen Na^+-K^+-$2Cl^-$-Cotransporter verfügen und
- die Macula densa bilden.

Die **Sammelrohrzellen** solltest du unterscheiden in

- ADH-sensitive Hauptzellen und
- Schaltzellen, die aktiv H^+-Ionen transportieren können.

FÜRS MÜNDLICHE

Hier überzeugst du wieder durch strukturiertes Vorgehen vom Großen ins Kleine und vom Wichtigen zum Unwichtigen. Hier kommen die Fragen aus unserer Prüfungsprotokolldatenbank.

1. **Nennen Sie mir bitte die Funktionen der Niere.**
2. **Beschreiben Sie mir bitte den Aufbau der Niere.**
3. **Was ist ein Glomerulum und erläutern Sie, wie es aufgebaut ist.**
4. **Sagen Sie, was ist ein Nephron?**
5. **Welches Epithel finden Sie in den Kelchen?**

---

1. Nennen Sie mir bitte die Funktionen der Niere.

- Filtration des Blutes zu Primärharn,
- Sicherung der Homöostase,
- Entgiftung,
- Blutdruckregulation (mehr dazu s. Skript Physiologie 1).

2. Beschreiben Sie mir bitte den Aufbau der Niere.

- Innen befindet sich das Kelchsystem, in das die Papillen hineinragen.
- Im Parenchym kann man das Mark von der Rinde abgrenzen.
- In der Rinde finden wir Vasa arcuata und die Glomerula, in denen der Primärharn produziert wird.

– Die Längsstrahlen des Marks werden von Vasa recta, den geraden Tubulusabschnitten und den Sammelrohren gebildet.

3. Was ist ein Glomerulum und erläutern Sie, wie es aufgebaut ist.
Das Glomerulum ist der eigentliche Filter der Niere. Es besteht aus einem Vas afferens, das sich in etwa 5–7 Kapillarschlingen aufspaltet und dann in das Vas efferens übergeht. Diese Schlingen werden von spezialisierten Zellen – den Podozyten – gegen den Hohlraum der Bowman-Kapsel abgegrenzt. In diesen Hohlraum hinein wird Flüssigkeit aus dem Gefäßsystem abgepresst.

Die Podozyten stellen den viszeralen Anteil der Bowman-Kapsel, während die parietalen Zellen dieser Kapsel flach sind und schließlich in den proximalen Tubulus übergehen.

4. Sagen Sie, was ist ein Nephron?
Die Gesamtheit aus
- Glomerulum,
- proximalem und
- distalem Tubulus

und damit die kleinste funktionelle Einheit der Niere.

5. Welches Epithel finden Sie in den Kelchen?
Urothel, auch Übergangsepithel genannt.

Mehr Cartoons unter www.medi-learn.de/cartoons

Pause

Soviel zum Thema Genitalien ...
kurze Pause.

3.2 Keimdrüsen

In den Keimdrüsen **Hoden** und **Ovar** reifen die Zellen heran, die die Voraussetzung für unsere geschlechtliche Vermehrung sind. Eine wichtige Grundlage dieser Fortpflanzungsform ist die Reduktion auf einen **haploiden Chromosomensatz**. Da haploide Zellen sich nicht komplett selbstständig versorgen können, brauchen sie Hilfe bei ihrer Reifung und während ihrer Wartezeit auf den großen Moment. Diese Hilfe wird ihnen von spezialisierten Zellen (Sertoli- oder Stützzellen, s. S. 35) gewährt, die auch in den Keimdrüsen zu finden sind.

Übrigens ...
Viele Keimzelltumore gehen von dieser zweiten helfenden Zellpopulation aus, die auch gerne mal im Physikum auftaucht.

Bei der Keimzellreifung handelt es sich um ein gut erforschtes Gebiet mit ausreichender Tragweite, weshalb es dir sowohl in der schriftlichen als auch in der mündlichen Prüfung begegnen kann. Untrennbar damit verbunden sind die Geschlechtsorgane, die die Voraussetzung zur Kopulation und damit zur Befruchtung sind.

Exkurs: Die Embryologie ist eine Lehre von Wanderschaften:
- Die Keimdrüsen entstehen aus den **Urkeimzellen**, die aus dem **Dottersackgewebe** amöboid in die Nähe der Nierenanlage gewandert sind. Von hier aus wandert die Gonadenanlage, die sich je nach Geschlecht des Embryos weiter differenziert zu Ovar oder Hoden, zum oder durch das kleine Becken.
- Die männlichen Geschlechtsorgane sind aus den embryonalen Grundlagen der ableitenden Harnwege hervorgegangen und haben diese enge räumliche Beziehung behalten.

3.2.1 Männliche Geschlechtsorgane

Anatomisch lassen sich **Hoden** und **Nebenhoden** unterscheiden, von denen der Ductus deferens die Spermien – an der Samenblase und Prostata vorbei – bis zum **Colliculus seminalis** in der Harnröhre transportiert. Das hier ausgestoßene Ejakulat setzt sich aus den Spermien (aus dem Nebenhoden) und der Ejakulatflüssigkeit (aus der Vesicula seminalis und der Prostata) zusammen.

Hoden

Die **Spermien** entstehen im Hoden und erhalten dort ihre endgültige Form. Die Binnenstruktur des Hodens besteht aus einzelnen Kanälchen, den **Ductuli seminiferi**, die auf einen gemeinsamen Ausgang zulaufen, von wo es in den Nebenhoden weitergeht. Zusammen bilden die Kanälchen ein Netz, das **Rete testis**.

Diese Organisation in viele kleine Gänge ermöglicht zum einen eine Entwicklung in mehreren Schritten entlang des Ganges (ähnlich eines Fließbands). Zum anderen ist so die parallele Reifung vieler Spermien gewährleistet, was dem Bedarf an einer großen Zahl gerecht wird. Ganz nach dem Motto: viel hilft viel.
An einem gut geführten – oder glücklich getroffenen – Querschnitt durch den Ductus seminiferus lassen sich alle Phasen der Spermatogenese erkennen und (hoffentlich auch) benennen (s. IMPP-Bild 12, S. 64 im Anhang).

Spermatogenese Phase I: Im Hodenkanälchen ganz außen liegen die **Spermatogonien** einer Basalmembran an, die von myoepithelialen Zellen umgeben ist. Diese Zellen sind der Pool, aus dem alle Spermien kommen. Dabei handelt es sich um eine differenzierte Zellteilung, wobei eine Tochterzelle (A-Spermatogonie) an Ort und Stelle bleibt, während die an-

dere (B-Spermatogonie) abwandert und sich weiterentwickeln darf.
Die verbleibende Spermatogonie liegt eingebettet zwischen großen, pyramidenförmigen Zellen, den **Sertolizellen** oder **Stützzellen**.

Merke!

In einem Hodenkanälchen finden sich Sertolizellen und alle Stadien der Spermatogenese.

Sertolizellen: Die Sertolizellen sitzen der Basalmembran auf. Durch eine Schicht enger Zellkontakte grenzen diese Zellen ein **basales** gegen ein apikales Kompartiment der Hodenkanälchen ab. Diese Grenze ist impermeabel für gelöste Substanzen und heißt deshalb Blut-Hoden-Schranke (s. Abb. 21, S. 35 und Abb. 23, S. 37). Der auf Phase I folgende Reifungsprozess spielt sich innerhalb dieser Schranke ab. Um reifen zu können, sind die angehenden Spermien auf die Hilfe der Stützzellen angewiesen. Diese wiederum benötigen für ihre Arbeit große Mengen an **Androgenen**, weshalb sie ein **ABP (Androgen-bindendes Protein)** entwickelt haben, um diese Stoffe in ihrem Zytoplasma anzureichern. Des Weiteren besitzen sie Rezeptoren für **FSH (Follikel stimulierendes Hormon**), produzieren Inhibin und das Anti-Müller-Hormon. **Inhibin** sorgt für eine Hemmung der adenohypophysären Stimulation (s. Abb. 22, S. 36). Das Anti-Müller-Hormon führt zur Rückbildung der Müller-Gänge während der Embryonalentwicklung.

3

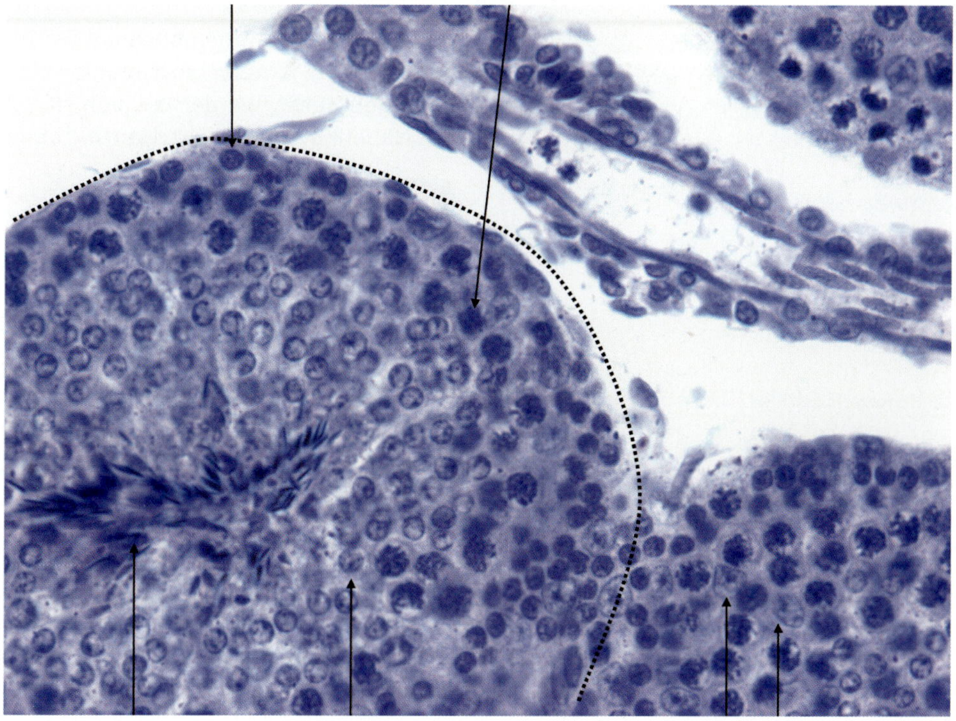

Abb. 21: Hodenkanälchen

medi-learn.de/7-histo3-21

3

Merke!

- Im basalen Teil liegen die Spermatogonien außerhalb der Blut-Hoden-Schranke.
- Sertolizellen produzieren androgenbindendes Protein, FSH-Rezeptoren, das Anti-Müller-Hormon und Inhibin.

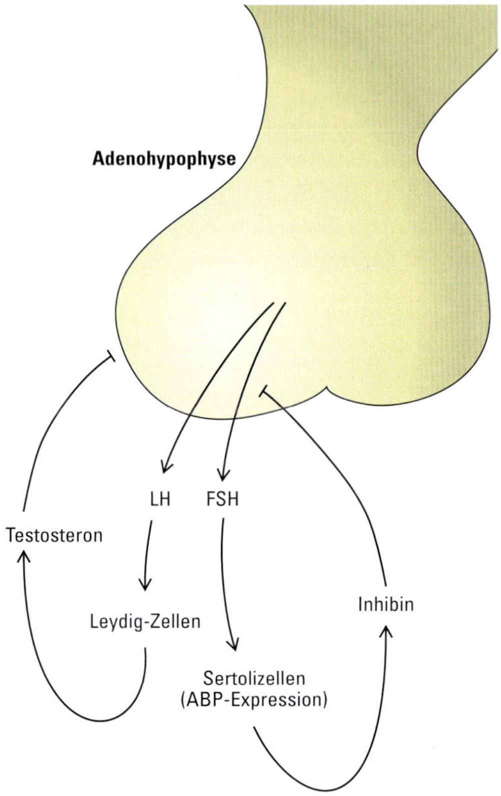

Abb. 22: Regelkreis LH/FSH *medi-learn.de/7-histo3-22*

Spermatogenese Phase II: Die aus den Spermatogonien hervorgegangenen Zellen vermehren sich zuerst per **Mitose**, um die nötige Anzahl zu erreichen, und werden dann zu Spermien. Als Vorbereitung auf die erste Reifeteilung verdoppeln die B-Spermatogonien ihre DNA und werden anschließend durch die Blut-Hoden-Schranke geschleust. Im apikalen Kompartiment angekommen, heißen sie **Spermatozyten I** (Spermatozyten erster Ordnung) und durchlaufen die erste Reifeteilung – die **1. Meiose, eine Reduktionsteilung**. Diese Zellen sind in histologischen Schnitten gut und häufig zu finden (s. Abb. 21, S. 35).

Nach dieser 1. Meiose heißen sie **Spermatozyten II** (Spermatozyten zweiter Ordnung) und haben einen **haploiden** Chromosomensatz. Spermatozyten zweiter Ordnung sind fast nie auf Schnitten (leider auch nicht auf unseren Abbildungen) zu sehen, da sie sich per **2. Meiose – einer Äquationsteilung** – schnell weiter zu **Spermatiden** teilen. Zur Umwandlung in die endgültige Spermienform (Spermatozoon) geben die Spermatiden überschüssiges Zytoplasma ab, das von den Sertolizellen phagozytiert wird (s. Skript Anatomie 1).

Im Laufe dieser Reifung erreichen die Spermatozyten das Lumen des Hodenkanälchens. Dabei halten sie jedoch den Kontakt zu den Sertolizellen aufrecht, da sie ohne diese nicht lange überleben könnten. Von hier aus gelangen sie schließlich in den Nebenhoden.

Der Reifungsprozess im Hoden dauert etwa 80 Tage. Hinzu kommen nochmal 5–7 Tage im Nebenhoden. Wurden die Spermien bis dahin nicht gebraucht, werden sie von den Zellen des Nebenhodens phagozytiert und abgebaut.

Merke!

- vor 1. Meiose: Spermatozyten I (diploid), häufig zu sehen,
- nach 1. Meiose: Spermatozyten II (haploid), selten zu sehen,
- nach 2. Meiose: Spermatiden.
- Sertolizellen sind zur Phagozytose fähig.

Leydig-Zellen: Eine weitere wichtige Zellart des Hodens sind die Leydig-Zellen. Sie liegen im Bindegewebe zwischen den Hodenkanälchen. Ihre Hauptaufgabe besteht in der Produktion von **Testosteron**, worauf auch ihre zelluläre Ausstattung abgestimmt ist:

Leydig-Zellen verfügen über glattes endoplasmatisches Retikulum, Mitochondrien vom Tubulus-Typ und Rezeptoren für LH (luteinisierendes Hormon).

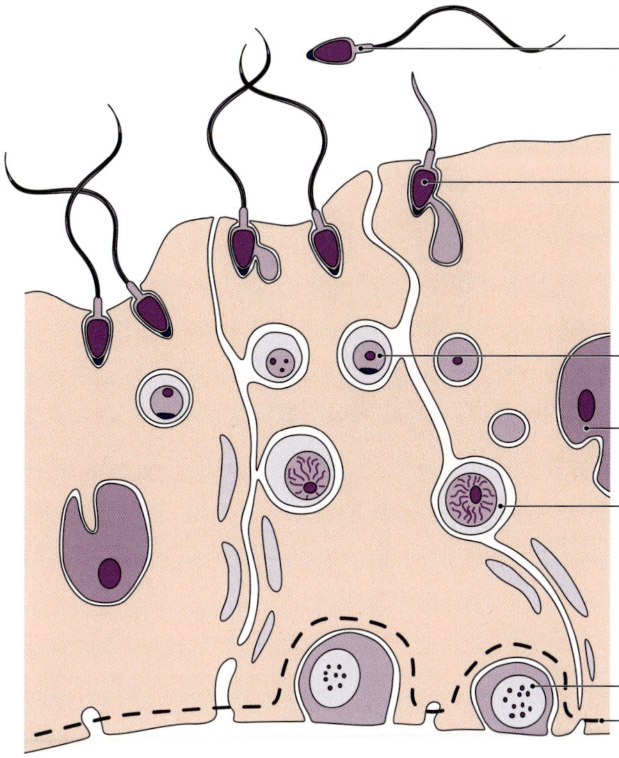

Abb. 23: Spermatogenese

medi-learn.de/7-histo3-23

Merke!

- Steroide produzierende Zellen verfügen stets über Mitochondrien vom tubulären Typ und über glattes ER.
- Die Produktion von Testosteron und die Reifung der Spermien unterliegen der hormonellen Kontrolle durch die Adenohypophyse.
- Über die Ductuli efferentes gelangen die Spermien mittels Kinozilien vom Hoden in den Nebenhoden (Ductus epididymidis).
- Spermatozoen werden erst durch Beimischung der Sekrete der akzessorischen Geschlechtsdrüsen aktiviert.

Der typische Aufbau eines reifen Spermiums (Spermatozoon) wird gerne gefragt (s. Abb. 24, S. 38).

Nebenhoden

Der Nebenhoden schließt sich unmittelbar dem Hoden an, dem er von hinten oben aufliegt.
Die aus dem **Rete testis** kommenden Gänge münden alle seitlich in einen langen Gang, der mehrfach aufgewunden ist und als **Ductus epididymidis** bezeichnet wird. Auf histologischen Abbildungen des Nebenhodengangs erscheinen daher immer viele angeschnittene Gänge (s. Abb. 25, S. 39). Diese sind von einem **hochprismatischen** Epithel ausgekleidet, das Stereozilien trägt. In den Lumina befinden sich Samenzellen. Die Spermien lagern sich den **Stereozilien** an wie Boote an einen Bootssteg und werden in einer Art **Säurestarre** gehalten. Sie durchwandern in ca. 14 Tagen den Nebenhoden, der sie auf dieser Wanderung durch Muskelzellen in seiner Wand unterstützt (die Gesamtlänge der Gänge beträgt immerhin 6 m).

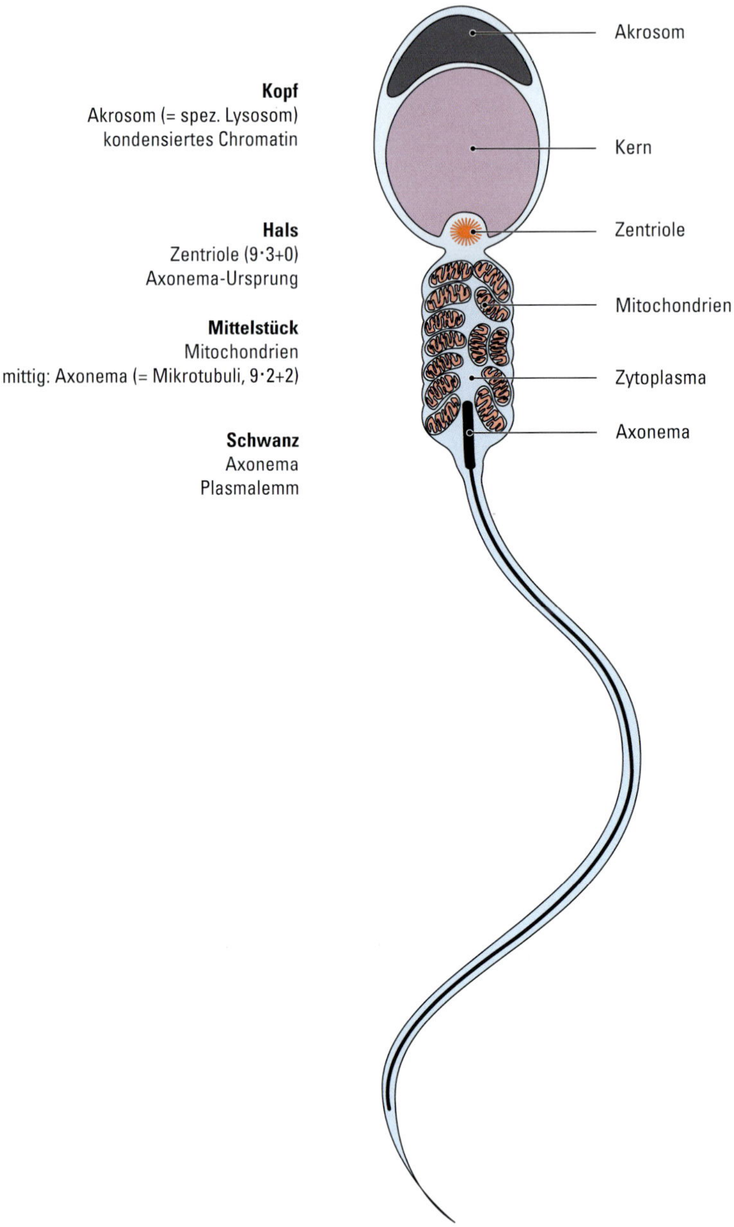

Abb. 24: Typischer Aufbau eines reifen Spermiums (Spermatozoon) *medi-learn.de/7-histo3-24*

Ihre **Motilität** erhalten die Spermien u. a. erst durch die Aufnahme von Glykoproteinen, die vom Nebenhodenepithel sezerniert werden. Die ausgereiften Spermien verbleiben nur wenige Tage am Ende des Nebenhodens: Gelangen sie nicht rechtzeitig in den **Ductus deferens**, werden sie von Gewebsmakrophagen an Ort und Stelle abgebaut.
Der Ductus epididymidis geht in den Ductus deferens und schließlich in die Ampulla ductus deferentis über.

Merke!

Die Zellen des Nebenhodengangs tragen Stereozilien. Stereozilien kommen ausschließlich im Ductus epididymidis, Ductus deferens und im Innenohr vor.

Samenleiter (Ductus deferens)

Der Ductus deferens verläuft mit den zu- und abführenden Gefäßen des Hodens im **Samenstrang** durch den Leistenkanal nach innen. Seine Aufgabe ist es, die Spermien möglichst schnell auszustoßen. Dafür braucht er eine dicke Muskelschicht (Tunica muscularis), an der man den Ductus deferens im Schnittbild auch erkennen kann. Die Tunica muscularis ist **dreischichtig**, wobei die innere und die äußere Schicht längs verlaufen, die mittlere zirkulär. Das Lumen des Samenleiters ist von einer **zweireihigen, stereozilientragenden** Schleimhaut ausgekleidet. Er unterscheidet sich daher deutlich vom Ureter, der (abgesehen von der Pars pelvina) nur eine zweischichtige Muscularis hat.

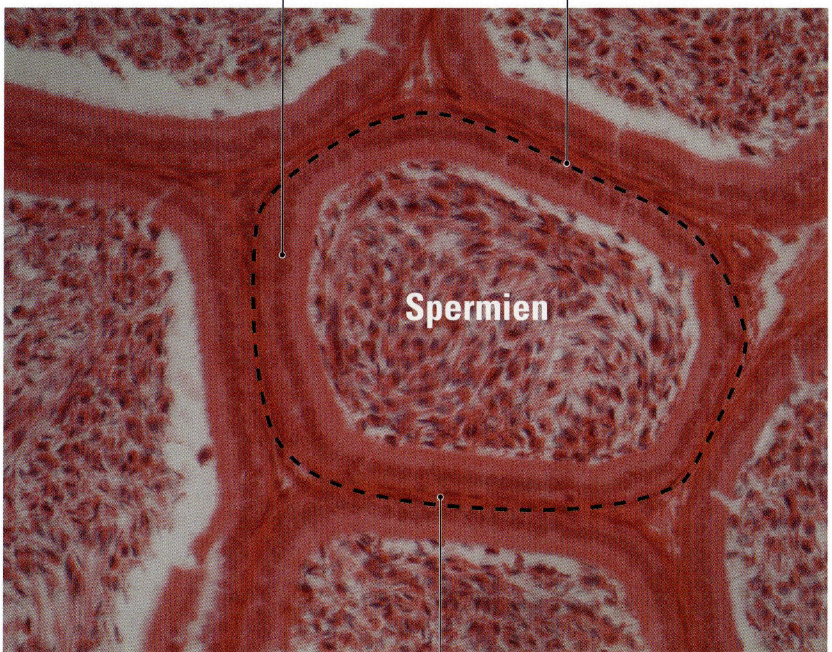

Abb. 25: Nebenhoden

medi-learn.de/7-histo3-25

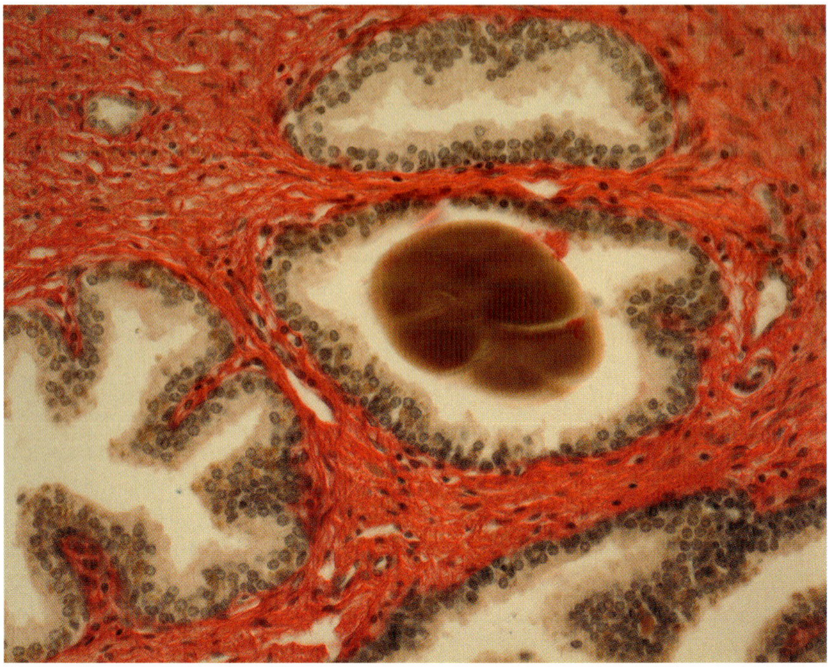

Abb. 26: Prostata mit typischem Stein medi-learn.de/7-histo3-26

Bei einer dreischichtigen Muskelschicht kommt die Verlaufsrichtung, die der Transportrichtung entspricht, zwei Mal vor. Da sowohl im Ductus deferens als auch z. B. im Verdauungstrakt der jeweilige Inhalt nach draußen transportiert werden soll, verlaufen hier die Muskelschichten in **Längs**-Ring-**Längs**-Richtung.

Übrigens ...
Der Ductus deferens hat eine Länge von 30–40 cm und beim Lebenden die Konsistenz von al dente gekochten Spaghetti (intraoperativer Tastbefund).

Bläschendrüse (Vesicula seminalis)

Diese Drüse liefert einen Teil der Spermaflüssigkeit. Sie liegt der Harnblase von hinten unten an und ist von einer derben Kapsel umhüllt. Das Bindegewebe der Kapsel ist auf Bildern meist angeschnitten und gut zu erkennen. Zum Lumen hin sieht man ein sehr eindeutiges Relief aus feinen Falten, die von einem einschichtigen Epithel überzogen sind.

Die hier produzierte Fructose kann als Funktions- und Fertilitätsparameter herangezogen werden. Das Sekret der Bläschendrüse ist alkalisch, was die Motilität der Spermien erhöht, und macht mengenmäßig mehr als die Hälfte des Ejakulats aus.

Übrigens ...
Ein saures Milieu, wie es physiologisch im Ductus epididymidis und in der Vagina vorliegt, hält die Spermien in einer Säurestarre.

Prostata

Die letzte große Drüse der Samenwege ist die Prostata. Sie liegt unterhalb der Harnblase, hat in etwa die Größe einer Kastanie und lässt sich in drei Lappen unterteilen. Einer davon liegt hinten, die beiden anderen schräg vorne. Histologisch findet man ein mäßig gefaltetes Inneres der Drüse (s. Abb. 26, S. 40). Diese einzelnen Läppchen sind mit **isoprismatischem einschichtigem** Epithel überzogen. Das

Drüsengewebe der Prostata ist reichlich von glatter Muskulatur umgeben. Das Sekret der Prostata ist mit seinem pH-Wert von 6,4 leicht sauer. Es enthält **Spermin**, ein biogenes Amin zur Zellproliferation, das motilitätsfördernd auf die Spermien wirkt. Des Weiteren sezernieren die Epithelzellen der Prostata das prostataspezifische Antigen **PSA**. Dabei handelt es sich um eine Serinprotease, die das Ejakulat durch Spaltung bestimmter Eiweiße dünnflüssiger macht. PSA ist ein wichtiger laborchemischer Marker für Erkrankungen der Prostata, insbesondere des Prostatakarzinoms.
Das Prostatasekret macht maximal ein Drittel des Ejakulats aus.

Übrigens ...
Manchmal bekommt man in der Prüfung einen Schnitt der Prostata mit einem kleinen, scharf begrenzten Gegenstand in der Mitte vorgelegt. Dabei handelt es sich um ein Prostatasteinchen, das im Alter durch Verkalkung aus Prostatasekret entstehen kann.

3.2.2 Weibliche Geschlechtsorgane

Zu den weiblichen Geschlechtsorganen gehören
- die Vulva,
- die Vagina,
- der Uterus,
- die beiden Tuben und
- die beiden Ovarien.

Ihre Aufgabe besteht darin, den Samen aufzunehmen und einen Lebensraum zur Verfügung zu stellen, in dem eine Zygote zu einem lebensfähigen Wesen heranreifen kann. Im Gegensatz zum Mann – der ja allzeit bereit sein muss – verändern sich die weiblichen Organe in Zyklen von etwa 28 Tagen Dauer. Dieser Rhythmus wird von Hormonen aus der Hypophyse reguliert und durch lokale Faktoren aufrechterhalten.

Merke!

Im Examen solltest du bei den weiblichen Geschlechtsorganen unbedingt das histologische Bild dem jeweiligen Funktionszustand und Zyklusabschnitt zuordnen können.

Nehmen wir also die einzelnen Organe unter das Mikroskop ...

Ovar

In den beiden Ovarien befinden sich die Keimzellen der Frau. Als **Primordialfollikel** sitzen sie in der Nähe der Kapsel in kleinen Nestern. Ein solcher Follikel besteht aus einer Eizelle und einer dünnen Hülle von **Follikelepithelzellen**.

Übrigens ...
Während der Embryonalperiode wanderten diese Zellen als Urkeimzellen aus dem Dottersackgewebe ein und begannen dann, sich zu vermehren. Zum Zeitpunkt der Geburt ist dieser Vermehrungsprozess abgeschlossen, weshalb die Anzahl an Eizellen im Laufe des Lebens einer Frau immer weiter abnimmt. Die meisten von ihnen gehen einfach so zugrunde. Durch die Ovulation (Eisprung) verliert das Ovar im Lauf des Lebens nur etwa 450–500 Eizellen.

Da auch bei den weiblichen Keimzellen eine Reduktion der Chromosomen und damit ein Verlust an Syntheseleistung stattfindet, brauchen auch sie unterstützende Zellen. Diese Aufgabe wird von den **Follikelepithelzellen** wahrgenommen, die die Eizelle ernähren und ihre Stoffwechselprodukte abtransportieren. Die Zellnester mit den Primordialfollikeln liegen dabei eingebettet in **spinozelluläres Bindegewebe** vor.
Irgendwann beginnen die **Primordialfollikel** zu wachsen und zu Primärfollikeln heranzureifen. Die Eizelle selbst wird dabei größer und die sie

umgebenden Zellen bilden ein kubisches Epithel (s. Abb. 27, S. 42).
Man hat bisher noch nicht herausgefunden, durch welchen Stimulus sich die Primordialfollikel dazu entschließen, sich zu Primärfollikeln zu entwickeln. Dieser Vorgang läuft unabhängig vom Zyklus der Frau ab. Ob es vielleicht was mit den Männern zu tun hat, die diese Frau kennenlernt?

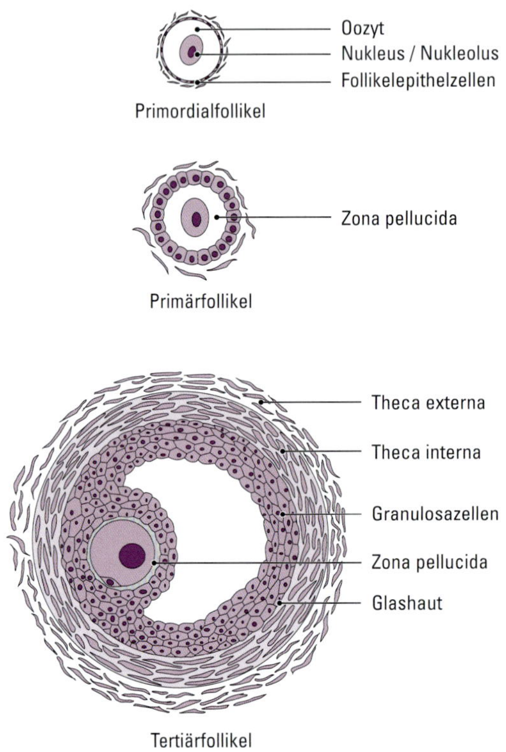

Abb. 27: Eizellreifung *medi-learn.de/7-histo3-27*

Im Primärfollikel beginnt dann die Reifung der Eizelle: Sie wächst, fährt aber mit der ersten Reifeteilung (Meiose I) erst kurz vor der Ovulation fort. In dieser **Meiose I – einer Reduktionsteilung** – hat die Eizelle seit der 8. Entwicklungswoche des weiblichen Embryos verharrt. Eine Abbildung dazu findet ihr im Skript Anatomie 1. Ebenfalls kurz vor der Ovulation beginnt sie mit der zweiten Reifeteilung, der **Meiose II, einer Äquationsteilung**.
Da die Synthesefähigkeit der Eizelle zu diesem Zeitpunkt nahezu bei null liegt, kann sie diesen Schritt nicht beenden. Es bedarf dazu eines vollständigen Chromosomensatzes. Die zweite Reifeteilung vollendet sich daher erst mit dem Eindringen des Spermiums bei der **Imprägnation** (Befruchtung).

Merke!

- Die erste Reifeteilung wird kurz vor der Ovulation vollendet.
- Die zweite Reifeteilung vollendet sich erst bei der Imprägnation.

Übrigens …
Manche Primärfollikel verharren – zum Teil über Jahrzehnte hinweg – mitten in der Meiose I. Da die Chromosomen in diesem Stadium einander anliegen, kann es beim Fortführen der Zellteilung zu einer ungleichen Aufteilung kommen. Man vermutet darin den Grund dafür, dass mit fortgeschrittenem Lebensalter der Mutter die Anzahl an chromosomalen Anomalien (z. B. Trisomie 21) zunehmen.

Mit zunehmendem Wachstum der Eizelle werden auch ihre Ansprüche größer, weshalb die Follikelepithelzellen sich vermehren müssen und eine **mehrschichtige Hülle** bilden. Damit spricht man dann von einem **Sekundärfollikel**. Zwischen diesen mehrschichtigen Zellen entstehen jetzt flüssigkeitsgefüllte Hohlräume, die konfluieren und schließlich eine Höhle bilden. In diese Höhle ragt ein Hügel – der **Cumulus oophorus** – hinein, in dem eingebettet die Eizelle liegt. Die Zellen, die jetzt noch die Eizelle umgeben, heißen **Corona radiata** und werden nicht von ihrer Seite weichen bis zu ihrer Imprägnation oder ihrem Absterben (s. Abb. 27, S. 42). Diese ganze Konstruktion heißt **Tertiärfollikel**. Kurz vor der Ovulation heißt der Tertiärfollikel auch Graaf-Follikel, und Eizelle sowie Zona pellucida sind gut nebeneinander zu erkennen.

Innerhalb des Tertiärfollikels haben sich die Follikelepithelzellen stark vermehrt und sitzen nun einer eigenen **Basalmembran** auf. Sie bilden jetzt das **Granulosaepithel**, das unter dem Einfluss von **FSH** (follikelstimulierendem Hormon) Östrogene und auch Androgene produziert.
Außerhalb dieser Basalmembran haben sich die **Stromazellen** des Ovars neu differenziert: Aus ihnen sind die **Thekazellen** hervorgegangen. Diese bilden eine innere und eine äußere Schicht: die Theca interna und externa.

Merke!

FSH regt die Granulosazellen zur Östrogenbildung an.

Corpus luteum

Nach dem Eisprung bilden diese beiden Zellpopulationen zunächst für 1–2 Tage das **Corpus rubrum** (haemorrhagicum wegen gesteigerter (Durch-)Blutung), das dann in das **Corpus luteum** (Gelbkörper) übergeht. Unter dem Einfluss von **LH** (luteinisierendem Hormon) produzieren jetzt die Granulosazellen **Progesteron** und die Thekazellen Östrogene. Man unterscheidet das **Corpus luteum** menstruationis (den Normalfall) vom **Corpus luteum graviditatis** (bei einer Schwangerschaft, also dem anderen Normalfall).

Merke!

- Die Aktivität des Corpus luteum **menstruationis** wird durch das Hormon **LH** aufrechterhalten.
- Die Aktivität des Corpus luteum **graviditatis** wird durch das Hormon **HCG (humanes Choriongonadotropin)** aufrechterhalten, das vom Synzytiotrophoblasten der Plazenta kommt.
- Ein NICHT gesprungener Follikel verkümmert, wenn der Zyklus weiter fortschreitet, und ist als **atretischer Rest** im histologischen Schnitt nachweisbar (s. IMPP-Bild 13, S. 64 im Anhang).
- Den atretischen Rest bezeichnet man auch als **Corpus albicans**.

Östrogen und Progesteron sind Hormone mit einem Steroidgerüst, das aus Cholesterin gebildet wird. Dieses Cholesterin stammt ursprünglich aus der Leber. Für die Herstellung der Steroide brauchen die Zellen IMMER **glattes ER und Mitochondrien vom Tubulus-Typ**. Daher ist es sinnvoll, Hormone beim Lernen nach **Steroiden** und **Peptiden** zu sortieren. Du kannst dir so besser merken, wie die herstellenden Zellen ausgestattet sind.

Tuba ovarii

Der Tertiärfollikel springt etwa am 14. Zyklustag auf (s. Abb. 29, S. 45) und gibt die Eizelle mitsamt der Corona radiata frei. Damit fiele sie eigentlich in die Peritonealhöhle. Doch bevor das passiert, wird sie von der Tuba ovarii wie von einem Trichter aufgenommen und sicher zum Uterus geleitet.

Übrigens ...
Geht dieses Auffangmanöver schief, landet die Eizelle tatsächlich im kleinen Becken. Findet dann auch noch ein dreistes Spermium seinen Weg dorthin und befruchtet die Eizelle, kommt es zu einer Bauchhöhlenschwangerschaft. Das ist ein sehr gefürchtetes Ereignis, da die Plazenta nicht zwischen der Uterusschleimhaut und der Vena iliaca unterscheidet, sondern einfach alles auflöst! Das Ergebnis können massive lebensgefährliche Blutungen sein.

Die Eileiter tragen an ihrem offenen Ende den Fimbrientrichter. Hier – wie auch in der ganzen Tube – finden sich in der Schleimhaut Zellen mit **Kinozilienbesatz**.

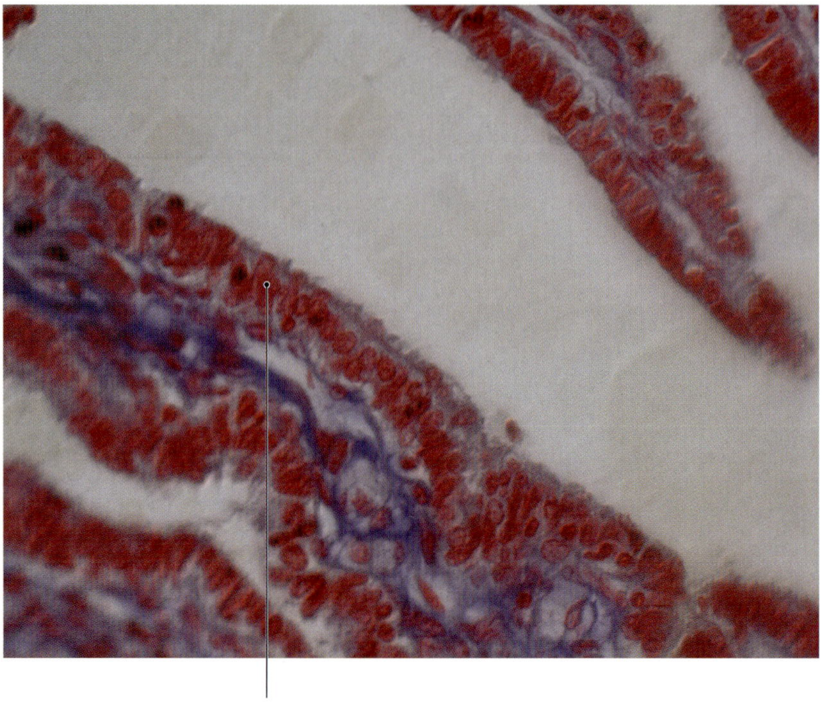

Abb. 28: Tuba ovarii

medi-learn.de/7-histo3-28

Die Zilien schlagen in Richtung des Uterus, sodass ein Flüssigkeitsstrom die gesprungene Eizelle dorthin transportieren kann.
Das Lumen der Tube ist von einer stark gefalteten Tunica mucosa ausgekleidet.

Merke!

Es gibt in der Tube Zellen mit Kinozilienbesatz und andere, die auf Sekretion spezialisiert sind.
Das klassische Prüfungsbild zur Tube kannst du leicht mit dem klassischen Darmbild verwechseln. Dagegen hilft nur genaues Hinschauen, denn der Darm hat einen Bürstensaum, die Tube Kinozilien.

Uterus

Die Aufgabe der Gebärmutter besteht darin, den Nährboden und die Heimstatt für den Embryo und später den Fötus zu sein. Außerdem muss sie die nötige Muskulatur besitzen, um die Kinder eines Tages an die frische Luft zu befördern.
Histologisch lässt sich der Uterus in drei Schichten gliedern:
- **Endometrium,**
- **Myometrium,**
- **Parametrium/Serosa**.

Der Nährboden wird durch eine spezialisierte Schleimhaut (Endometrium) gebildet, die sich abhängig von der hormonellen Gesamtsituation stark verändern kann. Man unterscheidet an ihr ein Stratum basale (Basalis) von einem Stratum functionale (Funktionalis). Das Schleimhautepithel besteht aus isoprismatischen Zellen, die entweder mit Kinozilien besetzt sind oder der Sekretion dienen (s. Abb. 30, S. 46 sowie Abb. 31, S. 47 und Abb. 32, S. 47).

Merke!

Das Stratum basale geht direkt in die Tunica muscularis über, OHNE dass es eine Tela submucosa gibt.

In der Basalis befinden sich Basalarterien und die **Glandulae uterinae** (gegabelte Endstücke der uterinen Drüsen). Die Drüsen des Uterus sind einfach Einstülpungen des Epithels, die bis fast an die Tunica muscularis heranreichen. Von dieser Schicht der Schleimhaut wird die **Funktionalis** immer wieder aufgebaut, indem die Zellen des uterinen Bindegewebes proliferieren. Die Funktionalis ist derjenige Teil, der die meisten Veränderungen durchmacht, durch die Menstruationsblutung regelmäßig abgestoßen und dann erneuert wird. Die Basalarterien setzen sich in der Funktionalis als Spiralarterien fort. Die Glandulae uterinae haben hier erst Korkenzieher-, später dann Sägeblattform; je nachdem, in welchem der folgenden Zyklusabschnitte die Schleimhaut sich befindet.

- Desquamationsphase (Tag 1 & 2): Mit dem ersten Tag der Menstruation beginnt die Zählung der Zyklustage. Durch einen starken Abfall des hypophysären LH am Ende der Sekretionsphase – und damit des Progesterons – kommt es zur Kontraktion des uterinen **Bindegewebes** und so zu einer Verschlechterung der Blutversorgung (Ischämie). Die aus zerfallenden Zellen frei werdenden Stoffe führen zu einer Kontraktion der Spiralarterien, wodurch die Ischämie verstärkt wird. Letztlich setzen in der Desquamationsphase einwandernde Leukozyten Enzyme frei, die einerseits das Gewebesterben verstärken und andererseits die Spiralarterien wieder entspannen. Dadurch kann die zerstörte Funktionalis abge-

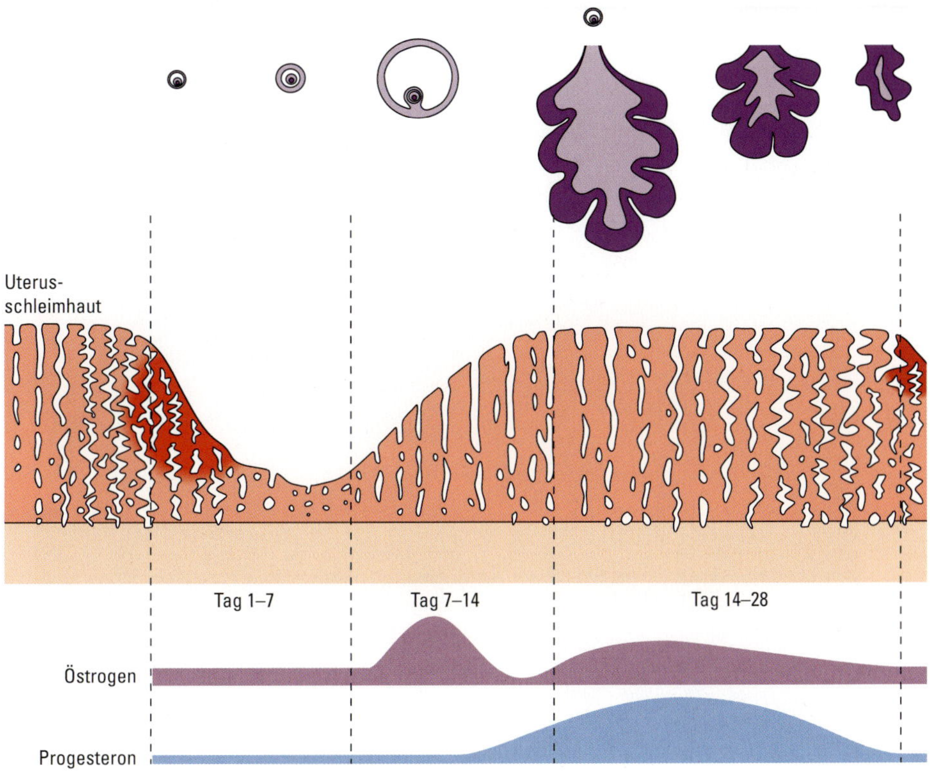

Abb. 29: Zyklus

medi-learn.de/7-histo3-29

stoßen werden. Die leukozytären Enzyme verhindern auch ein Gerinnen des Menstruationsbluts.

- Regenerationsphase (Tag 3 & 4): Von der Basalis aus wird der große Defekt an der uterinen Schleimhaut wieder repariert. Sie bildet ein neues Epithel.
- Proliferationsphase (Tage 5–15): Während dieser Zeit wächst das Stratum functionale unter dem Einfluss von FSH und dem ansteigenden Östrogenspiegel (aus dem Granulosaepithel) bis zu einer Dicke von 6–8 mm heran. Die Glandulae uterinae haben hier im Schnittbild die Form von Korkenziehern.
- Sekretionsphase (Tag 16–28): Unter der Wirkung von hypophysärem LH entwickelt sich der Gelbkörper, der Progesteron bildet. Dieses Hormon führt dazu, dass sich das Uterusepithel weiter differenziert und die Zahl an sekretorischen Zellen steigt. Die Gänge der Uterusdrüsen werden länger, weshalb sie sich in der Funktionalis stärker aufwinden. Dadurch entsteht das Bild eines Sägeblatts.

Nach dieser Zeit fällt der LH-Spiegel, sodass der Gelbkörper degeneriert und das Progesteron abnimmt. Womit wir wieder am Anfang wären.
Erfolgt jedoch eine Imprägnation, so entwickelt sich bald der Synzytiotrophoblast, dessen HCG dann – trotz hypophysärem LH-Abfall – das Corpus luteum am Leben erhält.

Merke!

In der späten Sekretionsphase kommen Deciduazellen in leicht abgewandelter Form auch im Endometrium des nichtschwangeren Uterus vor.

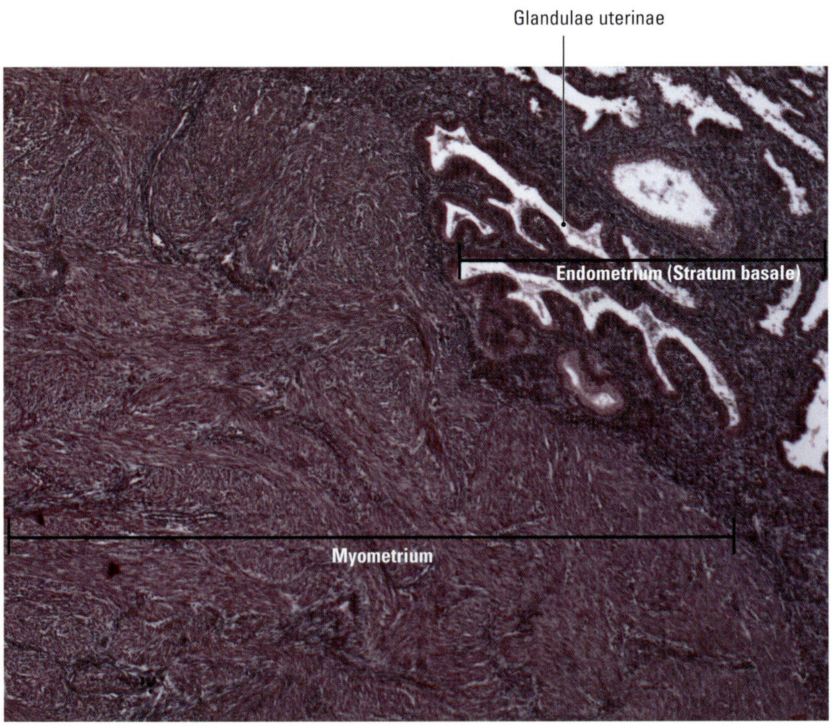

Abb. 30: Proliferationsphase I *medi-learn.de/7-histo3-30*

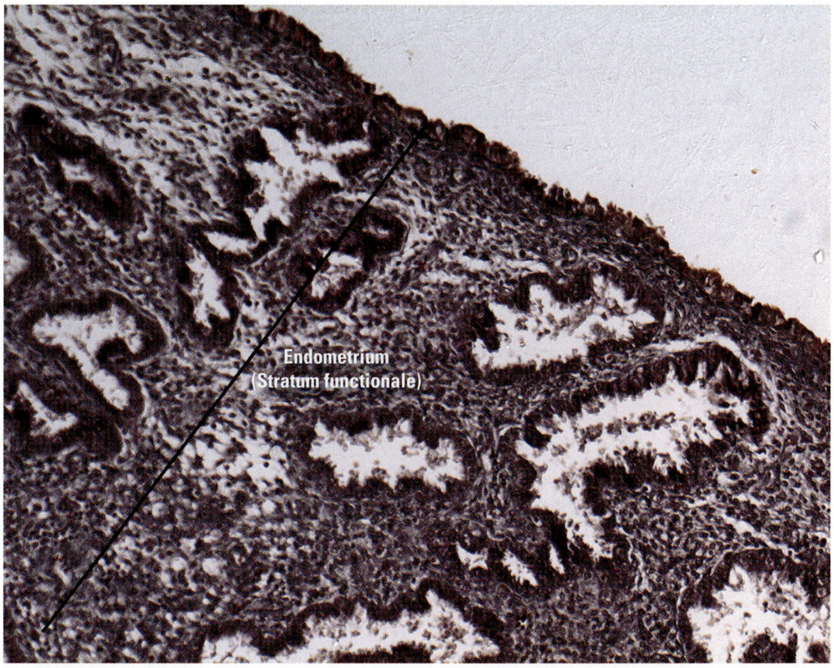

Abb. 31: Proliferationsphase II medi-learn.de/7-histo3-31

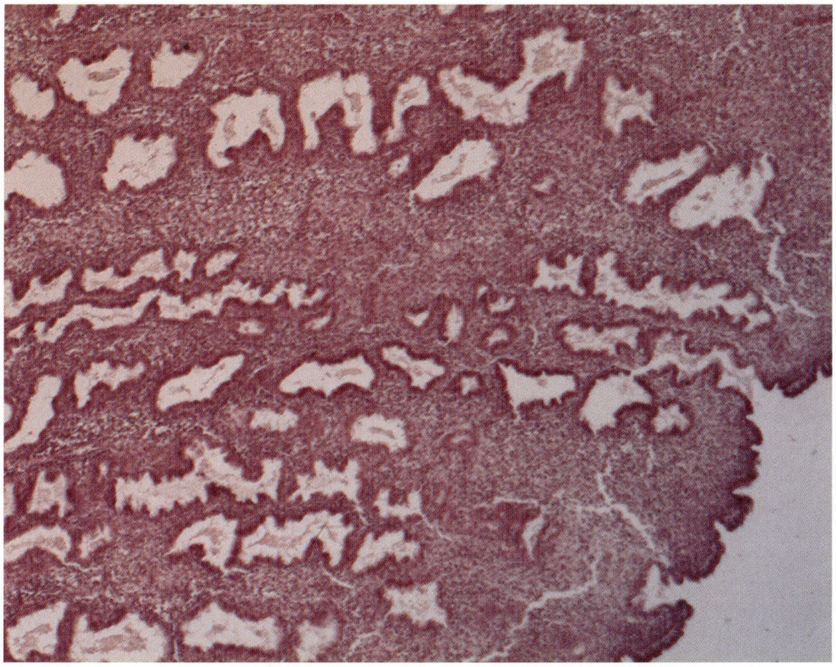

Abb. 32: Sekretionsphase medi-learn.de/7-histo3-32

Es gibt zwei Einteilungen für das Stratum functionale:

- Morphologische Einteilung (nur während der Sekretionsphase)
  - **Stratum compactum**: enge Drüsenlumina
  - **Stratum spongiosum**: weite Drüsenlumina
- Chronologische Einteilung
  - **Desquamationsphase** (Abstoßung der Funktionalis)
  - **Proliferationsphase** (bis zur Ovulation)
  - **Sekretionsphase**

Vagina

Zur Vagina werden immer wieder dieselben Fragen gestellt. Die am häufigsten gefragten Fakten findest du unter „Merke“. Hier noch mal eine kurze Zusammenfassung der histologischen Merkmale der drei Schichten der Vagina:

Tunica mucosa

- Epithel
  - mehrschichtig **unverhorntes** Plattenepithel
  - setzt sich auf die Portio vaginalis fort
  - Synthese und Speicherung von **Glykogen** (physiologische Nahrung für die Döderleinbakterien)
  - Feuchthaltung durch Uterussekret und Transsudation, denn **Drüsen fehlen**
  - Langerhans-Zellen
- Lamina propria mucosae
  - mit dem Epithel durch Papillen verzapft
  - lockeres Bindegewebe, reich an elastischen Fasern und Gefäßen

Tunica muscularis

- glatte Muskulatur, schwach entwickelt

Tunica adventitia

- Bindegewebe

Merke!

- Im Epithel der Vagina wird Glykogen gespeichert.
- In der Vagina befindet sich eine drüsenfreie Schleimhaut.

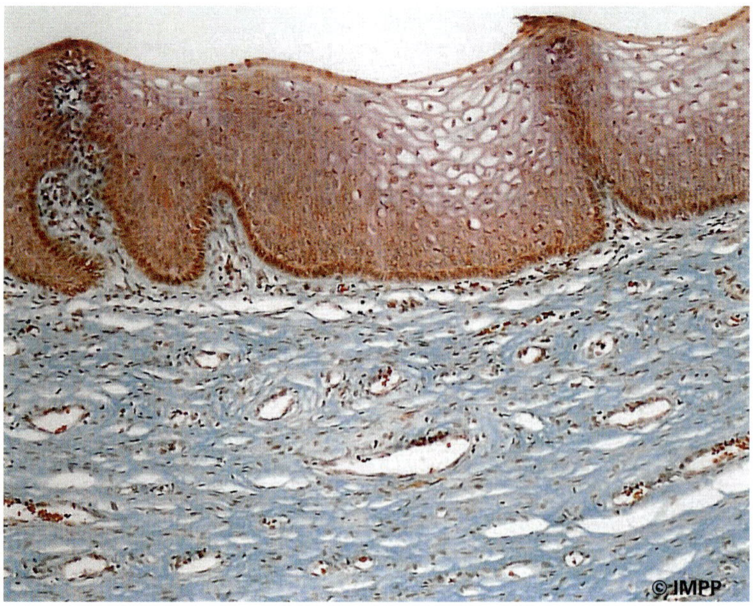

Abb. 33: Vagina medi-learn.de/7-histo3-33

3.2.3 Plazenta

Der Mutterkuchen (Plazenta) ist die Schnittstelle zwischen Mutter und Kind. Hier findet ein reger Stoffaustausch statt. Nährstoffe, Sauerstoff und Immunglobuline wandern aus dem mütterlichen in das fetale Blut. Stoffwechselendprodukte und Kohlendioxid wechseln vom Kind zur Mutter. Grundlegende Voraussetzung hierfür ist eine möglichst große Austauschfläche, an der mütterliches und kindliches Blut eng zusammenkommen, ohne dass es dabei zu einer Bluttransfusion kommt. Diese Aufgabe wird von den Zotten der Plazenta übernommen.
Da regelmäßig Fragen zur Plazenta, den Zotten und speziell zum Aufbau der Zotten gestellt werden, kommt hier ein kurzer Überblick über die Entstehung der Zotten.

Zotten

Der sich einnistende Keim differenziert schnell in unterschiedliche Gewebe. Die äußerste Schicht Zellen verliert ihre Zellgrenzen und bildet ein großes Synzytium, d. h. einen Verband aus verschmolzenen Zellen, in dessen Zytoplasma zahlreiche Kerne zu finden sind. Da dieses Synzytium für die Ernährung des Keims zuständig ist, heißt es **Synzytiotrophoblast** (vgl. Trophologie = Ernährungslehre). Mit proteolytischen Enzymen daut der Synzytiotrophoblast die Arterien der Uterusschleimhaut an, sodass der Keim von mütterlichem Blut umflossen wird.
Die Zellen der nach innen folgenden Schicht – dem **Trophoblasten** – wachsen sehr stark, wobei sie sich verzweigen. Diese kleinen Äste schieben sich nun durch den Synzytiotrophoblasten hindurch in den See aus Blut, wobei das Synzytium als äußerste Schicht außen aufgelagert bleibt. So entstehen die Primärzotten. In diese Primärzotten wächst nun embryonales Mesenchym ein. Das Resultat heißt **Sekundärzotte**.

Wenn von der embryonalen Seite schließlich noch Blutgefäße in dieses Mesenchym eingewachsen sind, dann haben wir die **Tertiärzotten** (s. IMPP-Bild 14 und IMPP-Bild 15, S. 65 im Anhang).

Merke!

- **Primärzotten** bestehen aus Trophoblast und Synzytiotrophoblast, umgeben von mütterlichem Blut.
- **Tertiärzotten** enthalten kindliche Blutgefäße, kindliches Bindegewebe und Zellen von Trophoblast und Synzytiotrophoblast (s. IMPP-Bild 15, S. 65 im Anhang).
- In der reifen Plazenta finden sich hauptsächlich Tertiärzotten, die durch Bindegewebssepten in 15–20 Felder (Kotyledonen) unterteilt sind.
- **Kotyledonen** sind das Kennzeichen der reifen Plazenta. Nach der Geburt wird die Plazenta auf Vollständigkeit (vollständige Kotyledonen) überprüft.
- Im schriftlichen Physikum werden die Tertiärzotten auch Endzotten oder Zotten am Ende der Schwangerschaft genannt.
- Der Synzytiotrophoblast weist am Ende der Schwangerschaft Mikrovilli auf, eine Tatsache, die immer wieder gerne gefragt wird.

Den Raum zwischen den Zotten nennt man **intervillösen** Raum. Er ist mit dem Blut – auf histologischen Abbildungen mit den Erythrozyten – der Mutter gefüllt. Die direkte Grenze zwischen dem kindlichen und dem mütterlichen Blut wird vom Synzytiotrophoblasten gebildet. Dieser Zellhaufen kann aber noch viel mehr: Er ist in den ersten Wochen das zentrale Stoffwechselorgan des Embryos, bis dieser die Funktionen selbst übernehmen kann. Außerdem produziert er HCG, das den Gelbkörper aufrecht erhält (s. Corpus luteum graviditatis, S. 43).

Übrigens ...
Dieses HCG wird ausschließlich vom Synzytiotrophoblasten einer befruchteten Eizelle gebildet. Es wird mit dem Urin ausgeschieden und lässt sich dort schon in kleinsten Mengen nachweisen, woraus clevere Leute einen Schwangerschaftstest entwickelt haben. Die HCG-Produktion erreicht ihren Höhepunkt um die 8. Woche und nimmt anschließend wieder ab.
- Ab Mitte der Schwangerschaft bildet der Synzytiotrophoblast auch Progesteron, am Ende sogar alleine.
- Der Synzytiotrophoblast ist für IgG permeabel, NICHT aber für IgM-Antikörper.

Schichten der Plazenta

Was auch gern gefragt wird, ist der Schichtenbau des Mutterkuchens, gekoppelt mit der Frage danach, was sich auf fetaler und was sich auf mütterlicher Seite befindet.
Das Endometrium kann als äußerste Schicht der Eihäute bezeichnet werden und heißt als solche Decidua. Direkt unter der Plazenta heißt sie Decidua basalis. Daran schließt sich der intervillöse Raum an, der von Zottenbäumen erfüllt ist. Die Zottenbäume wachsen aus der Chorionplatte heraus, der dann nur noch das Amnionepithel aufliegt.

Merke!
- Die mütterliche Seite der Plazenta wird Decidua basalis genannt.
- Die fetale Seite der Plazenta wird von Amnionepithel gebildet.

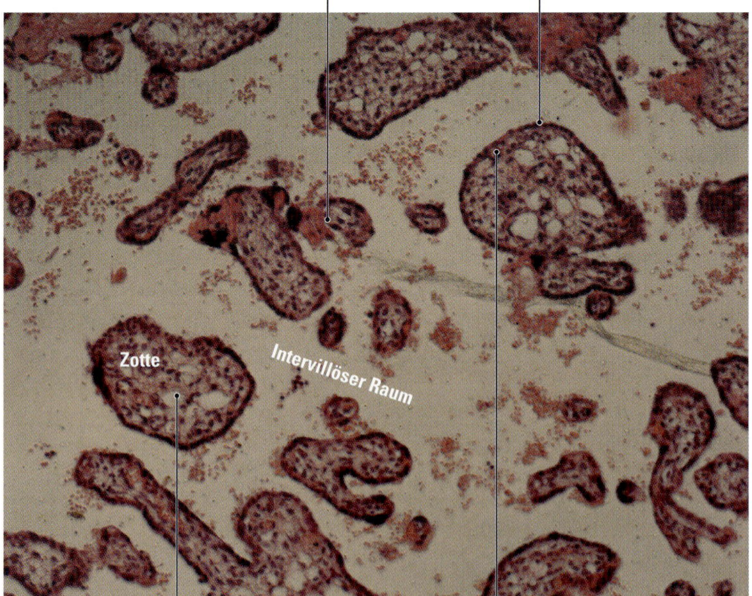

Abb. 34: Querschnitt Plazenta Tertiärzotten

medi-learn.de/7-histo3-34

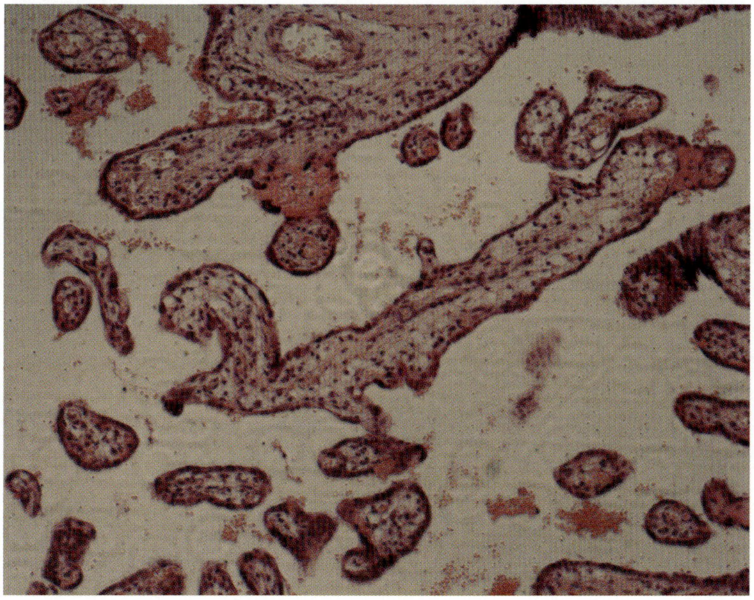

Abb. 35: Längsschnitt Plazenta Tertiärzotten medi-learn.de/7-histo3-35

DAS BRINGT PUNKTE

Bislang wurde Folgendes jedes Jahr gefragt: die **Sertolizellen** sowie die **Leydig-Zellen**, inkl. Hormonproduktion, Hormonrezeptoren, Syntheseprodukten sowie Aufgaben und Lage innerhalb des Hodens. Im Einzelnen solltest du wissen, dass

- Leydig-Zellen über glattes endoplasmatisches Retikulum, Mitochondrien vom tubulären Typ und Rezeptoren für LH (luteinisierendes Hormon) verfügen.
- die 1. Meiose zu Spermatozyten II. Ordnung (haploid, selten zu sehen) führt.
- die 2. Meiose zu Spermatiden führt.
- Sertolizellen zur Phagozytose fähig sind.
- im basalen Teil die Spermatogonien außerhalb der Blut-Hoden-Schranke liegen.
- Sertolizellen androgenbindendes Protein, FSH-Rezeptoren und Inhibin produzieren.

Bei Bildern vom **Hoden** geht es übrigens meist um die Benennung der einzelnen Stufen der Keimzellreifung (s. Abb. 21, S. 35 und Abb. 23, S. 37).

Der **weibliche Zyklus** wurde schon oft gefragt, meist im Zusammenhang mit einer Abbildung des Uterus. Wie in den Abb. 29–Abb. 32 (S. 45 ff.) gezeigt, sollst du dann sagen, in welcher Zyklusphase dieses Foto gemacht wurde. Dafür sieh dir am besten nochmal das besagte Schema an. Zum **Uterus** ist außerdem noch wichtig, dass

- das Stratum basale direkt in die Tunica muscularis übergeht, OHNE dass es eine Tela subserosa gibt.
- in der Desquamationsphase die Funktionalis abgestoßen und die Basalis behalten wird.
- dieser Desquamation ein Progesteronabfall vorangeht.
- in dieser Phase die Spiralarterien nicht ständig kontrahiert sind.

Die **Gelbkörperregulation** durch LH/HCG ist auch ein beliebtes Thema. Hier stehen die Unterschiede in der Regulation bei normaler Menstruation im Gegensatz zur Gravidität im Vordergrund.

- Die Aktivität des Corpus luteum menstruationis wird durch das Hormon LH aufrechterhalten.
- Die Aktivität des Corpus luteum graviditatis wird durch das Hormon HCG (humanes Choriongonadotropin) aufrechterhalten, das vom Synzytiotrophoblasten der Plazenta kommt.

Es wurde auch die **Eizellreifung** häufig gefragt. Dafür ist besonders wichtig, dass

- die erste Reifeteilung erst kurz vor der Ovulation endet.
- die zweite Reifeteilung sich erst nach der Imprägnation vollendet.
- sich im Ovar spinozelluläres Bindegewebe findet.

Es finden sich immer mal Fragen zum **Mutterkuchen**, die besonders gerne gehäuft auftauchen. Das bedeutet, eine Frage zu diesem Thema kommt selten allein. Die Hierarchisierung deines Wissens über die Plazenta sieht für das Schriftliche wie folgt aus: Am liebsten wird der Aufbau der Plazenta und die daran beteiligten Schichten gefragt.
Dazu solltest du wissen, dass

- die äußerste Schicht die Funktionalis des Uterus ist. Sie heißt auch Decidua basalis.
- dann der Synzytiotrophoblast kommt, dann der Trophoblast und schließlich embryonales Bindegewebe mit den Gefäßen des Kindes.
- die Plazenta nach innen vom Amnionepithel abgeschlossen wird.

Bildfragen kommen fast ausschließlich zum Aufbau der Zotten dran, die den gleichen Grundaufbau (Schichtenbau) haben wie die Plazenta:

DAS BRINGT PUNKTE

- Bei den Bildern handelte es sich immer um Tertiärzotten.
- Tertiärzotten sind immer von mütterlichem (maternalem) Blut umspült.
- In ihrem Inneren führen die Tertiärzotten fetale Gefäße. Folglich findet sich dort auch fetales Blut.

Zum Schluss noch die **Specials**:

- Der Synzytiotrophoblast hat gegen Ende der Schwangerschaft einen Besatz mit Mikrovilli.
- Der Synzytiotrophoblast bildet das Hormon HCG, das die Progesteronbildung des Corpus luteum graviditatis aufrechterhält.
- Der Synzytiotrophoblast ist durchlässig für IgG, nicht aber für IgM.
- Der Synzytiotrophoblast selbst produziert auch Progesteron.

FÜRS MÜNDLICHE

Wenn du im Mündlichen ein Präparat vom Hoden bekommst, dann kommt ziemlich wahrscheinlich die Spermatogenese zur Sprache. Dabei ist es wichtig, deren Ablauf schildern zu können. Am besten du schreibst oder zeichnest dir die einzelnen Abschnitte in chronologischer Reihenfolge nochmal auf.

1. **Sagen Sie, was unterscheidet Keimzellen von anderen Körperzellen?**
2. **Nennen Sie die Hormone, die die Spermatogenese regulieren.**
3. **Wie unterscheiden Sie den Ductus deferens vom Ureter?**
4. **Zählen Sie die Gefäße auf, mit denen der Ductus deferens im Samenstrang verläuft.**
5. **Nennen Sie das Hormon, das den Gelbkörper unterhält.**
6. **Zählen Sie die Schichten des Uterus auf.**
7. **Nennen Sie die Aufgabe der Tuba uterina.**
8. **Welche Zellen können Sie an einem Tertiärfollikel unterscheiden?**
9. **Erläutern Sie die Aufgabe der Plazenta.**
10. **Sagen Sie, wie löst die Plazenta diese Aufgaben?**

---

1. Sagen Sie, was unterscheidet Keimzellen von anderen Körperzellen?
Keimzellen haben nur einen haploiden Chromosomensatz.

2. Nennen Sie die Hormone, die die Spermatogenese regulieren.
Von der Hypophyse ausgehend FSH und LH, von den Leydig-Zellen ausgehend Testosteron.

3. Wie unterscheiden Sie den Ductus deferens vom Ureter?
Anhand des unterschiedlichen Epithels und ggf. durch die unterschiedlich stark ausgeprägte Tunica muscularis (Ductus deferens drei dicke Schichten, Ureter in weiten Teilen nur zwei).

4. Zählen Sie die Gefäße auf, mit denen der Ductus deferens im Samenstrang verläuft.
Der Ductus deferens verläuft im Samenstrang zusammen mit der Arteria und der Vena testicularis.

Der Zyklusverlauf bei der Frau ist ein beliebtes Thema im Mündlichen. Auch hier gilt es wieder, einen klar formulierten Ablauf vor Augen zu haben und vor allem wiedergeben zu können. Eine kleine Skizze (die du dir beim Lernen aufzeichnest) kann dir dabei helfen (ähnlich der Abb. 29, S. 45).

5. Nennen Sie das Hormon, das den Gelbkörper unterhält.
- 15.–28. Zyklustag das LH,
- im Fall einer Schwangerschaft HCG, wobei gegen Ende der Schwangerschaft das meiste Progesteron von der Plazenta selbst gebildet wird.

6. Zählen Sie die Schichten des Uterus auf.
Endometrium, Myometrium, Parametrium.

7. Nennen Sie die Aufgabe der Tuba uterina.
Sie muss die gesprungene Eizelle aufnehmen und zum Uterus leiten. Die Befruchtung findet meistens hier statt.

8. Welche Zellen können Sie an einem Tertiärfollikel unterscheiden?
Von innen nach außen sind das:
- Eizelle auf/in dem Cumulus oophorus,
- Granulosaepithelzellen, die die Follikelhöhle auskleiden,
- Basalmembran,
- Theca interna-Zellen,
- Theca externa-Zellen.

9. Erläutern Sie die Aufgabe der Plazenta.
- Versorgung des Kindes mit Sauerstoff und Nährstoffen,
- Entsorgung seiner Stoffwechselprodukte,
- Produktion von HCG und Progesteron.

10. Sagen Sie, wie löst die Plazenta diese Aufgaben?
Durch ein Andauen der mütterlichen Gefäße entsteht ein Blutsee, in den die Plazenta dann in Form von Zotten einsprosst. Durch die Zotten steht eine große Fläche für den Stoffaustausch zur Verfügung.
In den Zotten verlaufen die kindlichen Blutgefäße, sodass nur eine dünne Schicht von Zellen das fetale vom maternalen Blut abgrenzt.
Die exakte Grenzschicht wird vom Synzytiotrophoblasten gebildet, der auch eine Wächterfunktion einnimmt.

Mehr Cartoons unter www.medi-learn.de/cartoons

Pause

Super – drei Viertel des Skripts liegen hinter dir. Jetzt hast du dir ein etwas längeres Päuschen verdient.

4 Endokrine Drüsen & Nebennieren

Fragen in den letzten 10 Examen: 2

4.1 Endokrine Drüsen

Die endokrinen Drüsen sind die globalen Kommunikationsmittel unseres Körpers: Sie selbst haben einen festen Platz, doch die von ihnen abgegebenen Hormone wirken überall, wo es Rezeptoren für sie gibt. Da die Inseln des Pankreas und die Keimdrüsen schon besprochen wurden, sind hier nur noch die Hypophyse, die Schilddrüse mit den Nebenschilddrüsen und die Nebennieren aufgeführt. Histologisch wird nur auf die Nebennieren eingegangen, da zu den anderen endokrinen Drüsen bisher kaum Fragen gestellt wurden, und die Schilddrüse in den Skripten Physiologie 2 und Anatomie 4 noch ausführlicher besprochen wird.

4.1.1 Nebennieren

Die Nebenniere oder auch Glandula suprarenalis, die in einer dünnen Kapsel oberhalb der Niere liegt, lässt sich ebenfalls (wie Niere, Milz und Lymphknoten) in Mark und Rinde gliedern.

4.1.2 Nebennierenmark

Das Mark der Nebennieren kann man als ein vergrößertes und im Ort abweichendes Grenzstrangganglion ansehen. Die Grenzstrangganglien gehören zum sympathischen Nervensystem und sind Umschaltstationen vom ersten auf das zweite Neuron – also von prä- auf postganglionär. Entwicklungsgeschichtlich stammt das Nebennierenmark nämlich von Sympathikoblasten ab, die aus der Neuralleiste ausge-

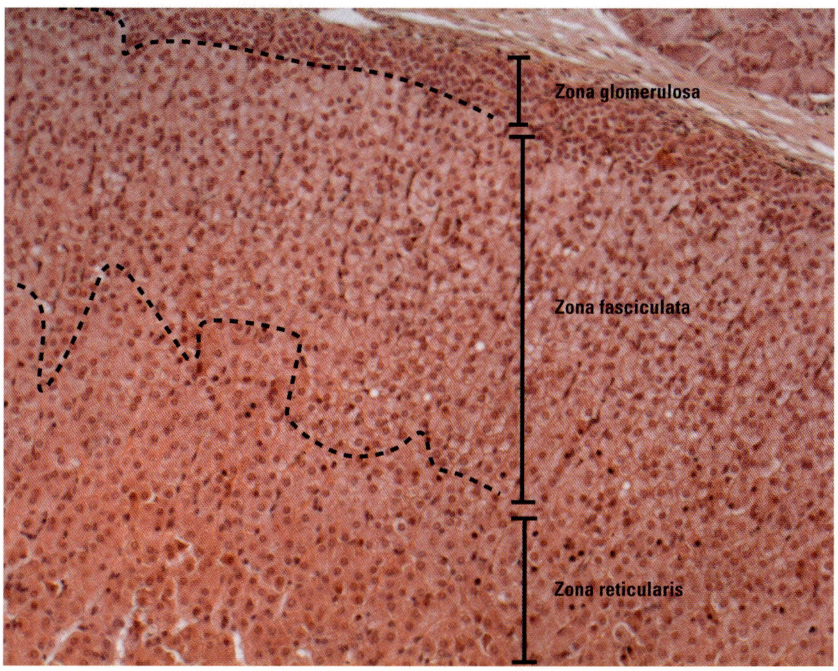

Abb. 36: Nebennierenrinde, Zonengliederung *medi-learn.de/7-histo3-36*

4

Zone	Aufbau	Hormon	Merke:
Zona glomerulosa	Knäuel aus azidophilen Zellen	Mineralocorticoide: – **Aldosteron** – Corticosteron	„Mineral- wasser
Zona fasciculata	Säulen von Zellen mit basophilem Zytoplasma und Fettvakuolen	Glucocorticoide: – **Cortison** – Hydrocortison Geschlechtshormone: – Östrogene – Androgene = **Dehydroepiandrosteron**	mit Zucker
Zona reticularis	Netzwerk aus azidophilen Zellen	• Glucocorticoide • Androgene	macht sexy."
Mark	vielgestaltige, epitheloide Zellen ektodermaler Herkunft	• Adrenalin • Noradrenalin	

Tab. 3: Funktionelle Gliederung der Nebenniere

wandert sind und auch zum APUD-System (s. APUD-Zellen, Skript Histologie 2) gehören. Was das Nebennierenmark jedoch von einem Grenzstrangganglion unterscheidet, ist, dass seine Zellen nicht als Nerven weiterlaufen, sondern ihre Transmitter Adrenalin und Noradrenalin an das Blut abgeben.
Die präganglionäre Innervation ist jedoch identisch zum sympathischen Nervensystem. Im Schnittbild zeigt das Nebennierenmark ein wabiges Aussehen.

Merke!

Das Mark der Nebenniere sezerniert Adrenalin und Noradrenalin, wozu es durch Acetylcholin (aus dem ersten Neuron) stimuliert wird.

4.1.3 Nebennierenrinde

Die Rinde der Nebenniere wird in drei Schichten unterteilt. Von außen nach innen sind dies:
- Zona glomerulosa,
- Zona fasciculata,
- Zona reticularis,

wobei die mittlere Zone (Zona fasciculata) die breiteste ist.

DAS BRINGT PUNKTE

Bei den Fragen zu endokrinen Drüsen spielen die zur **Nebenniere** die Hauptrolle. Hierbei wird mit Vorliebe wieder Memory gespielt. Also merk dir die Zuordnung von Zone und Hormonen, dann kannst du den Großteil der Fragen schon erfolgreich bestreiten:

- Zona glomerulosa = Mineralocorticoide
- Zona fasciculata = Glucocorticoide und Geschlechtshormone
- Zona reticularis = Glucocorticoide und Geschlechtshormone
- Mark = Adrenalin und Noradrenalin
- für die Schichten von außen nach innen: GFR
- für die Hormone von außen nach innen: Mineralwasser mit Zucker macht sexy.

FÜRS MÜNDLICHE

Bei den Präparaten zum Thema endokrine Drüsen solltest du mit der Benennung der sichtbaren Strukturen beginnen und zunächst einfache anatomische Zusammenhänge aufzeigen. Erst danach solltest du die funktionelle Seite der Drüsen beleuchten. Bei diesen Präparaten rutscht man nämlich ganz schnell in die Thematik der Biochemie ...

1. **Erläutern Sie die Aufgaben der Nebenniere.**
2. **Nennen Sie die Hormone, die in der Nebenniere produziert werden.**
3. **Beschreiben Sie bitte den grundlegenden Aufbau der Nebennieren.**
4. **Nennen Sie die Regelkreise, die in die Nebennieren integriert sind.**

1. Erläutern Sie die Aufgaben der Nebenniere.
Die Nebenniere ist eine hormonell aktive Drüse, die paarig angelegt und oberhalb der Nieren zu finden ist. Ihre Hormone greifen sowohl in den Zucker- und Mineralhaushalt als auch in die Entwicklung geschlechtsspezifischer Merkmale ein.

2. Nennen Sie die Hormone, die in der Nebenniere produziert werden.

- Mineralocorticoide wie Aldosteron,
- Glucocorticoide wie Cortisol,
- Geschlechtshormone wie Testosteron und Östrogen.

Diese Hormone werden in der Rinde synthetisiert. Die Zellen des Nebennierenmarks stellen Adrenalin und Noradrenalin her.

3. Beschreiben Sie bitte den grundlegenden Aufbau der Nebennieren.
Bei den Nebennieren kann man eine Rinden- von einer Markzone unterscheiden. Die Rinde kann weiter in drei Schichten gegliedert werden:

- Zona glomerulosa,
- Zona fasciculata,
- Zona reticularis.

4. Nennen Sie die Regelkreise, die in die Nebennieren integriert sind.
Die Rindenregionen unterliegen der Steuerung durch die Hypophyse, z. B. durch ACTH – das adrenocorticotrope Hormon.
Das Mark ist in die nerval gesteuerten Grenzstrangganglien des Sympathikus integriert und entspricht in seiner Hormonsynthese dem postganglionären sympathischen Schenkel.

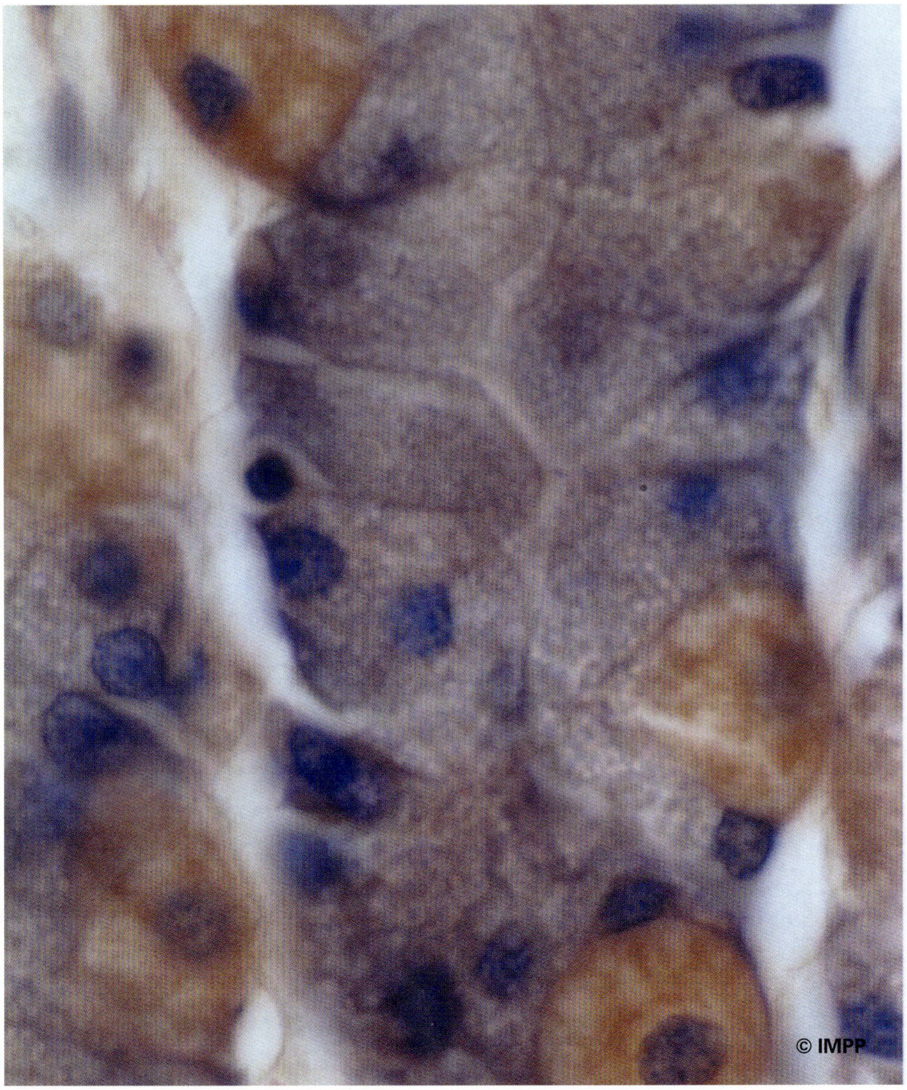

IMPP-Bild 1: Belegzellen des Magens

medi-learn.de/7-histo3-impp1

Deutlich sichtbar sind die Belegzellen (= Parietalzellen) des Magens. Sie sind eosinophil, weil sie viele Mitochondrien enthalten. Sie imponieren typischer Weise als große Zellen mit „Spiegelei"-artigem Aussehen.

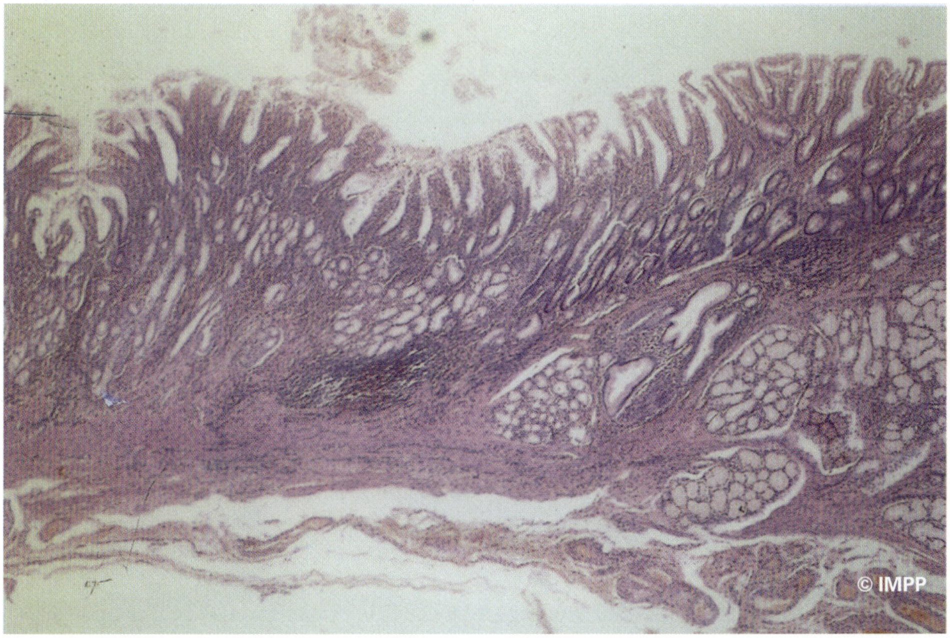

IMPP-Bild 2: Pylorusregion
medi-learn.de/7-histo3-impp2

Zu sehen ist der Übergang zwischen Magen und Duodenum, der an den angeschnittenen Brunnerdrüsen zu erkennen ist.

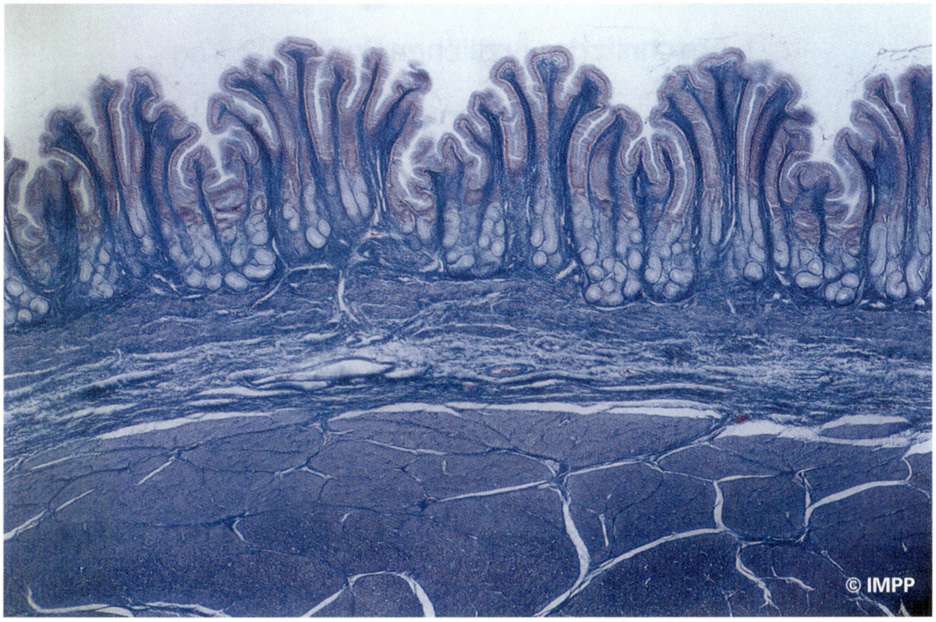

IMPP-Bild 3: Pylorusregion
medi-learn.de/7-histo3-impp3

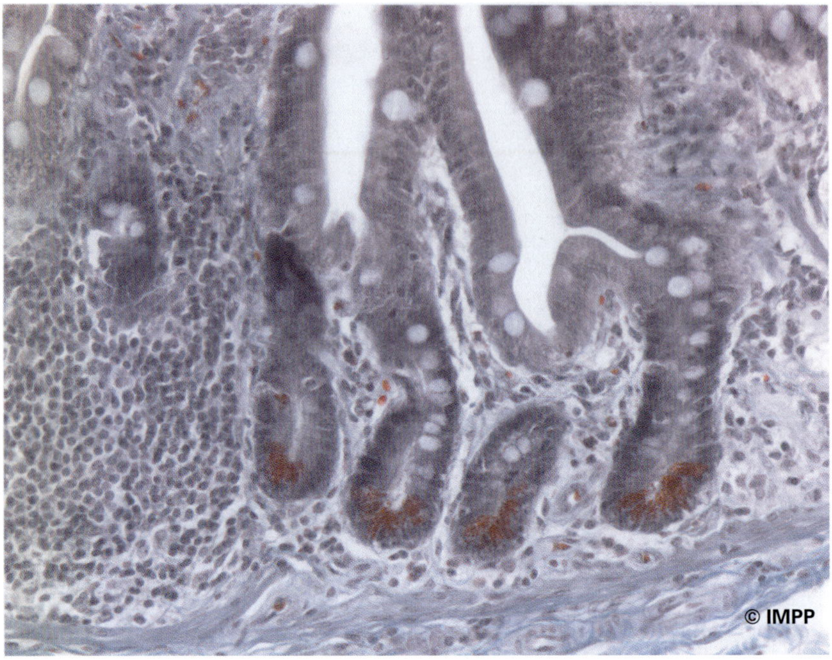

IMPP-Bild 4: Darmkrypten
medi-learn.de/7-histo3-impp4

Eingestreut finden sich helle Becherzellen und am Grund gefärbte Paneth-Körnerzellen, die auch oxyphile Körnchenzellen genannt werden.

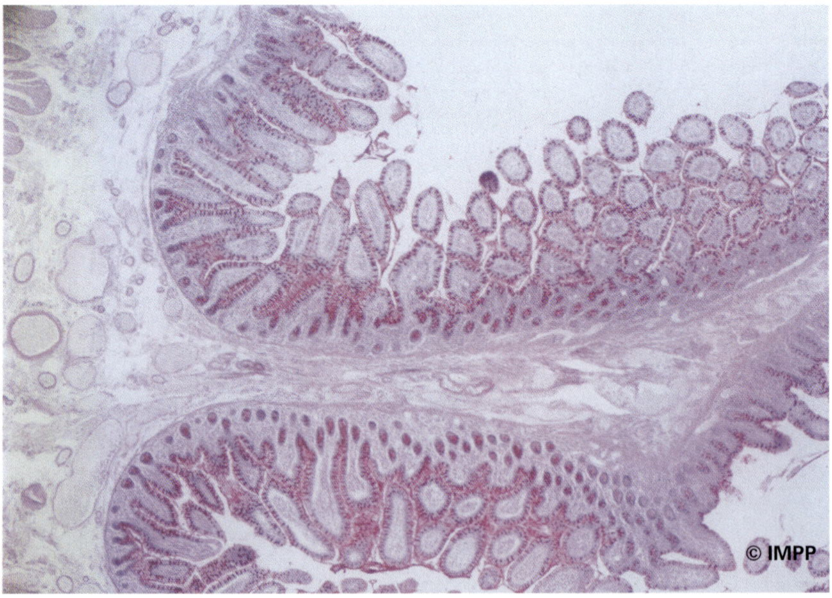

IMPP-Bild 5: Jejunum
medi-learn.de/7-histo3-impp5

Quer angeschnittene Zotte, Becherzellen sind dunkel gefärbt.

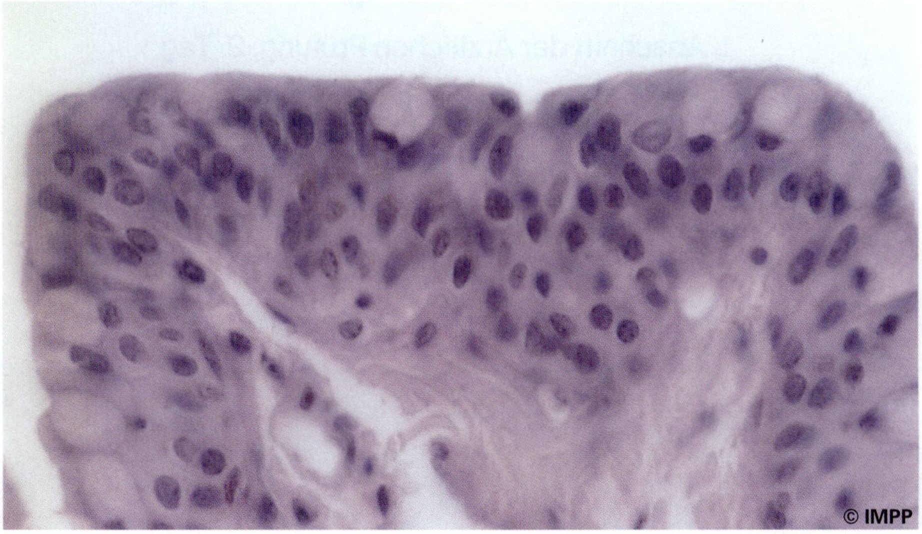

IMPP-Bild 6: Dickdarmzotte
medi-learn.de/7-histo3-impp6

Dickdarmzotte mit Lumen einer Krypte (links). Beachte die vielen Becherzellen.

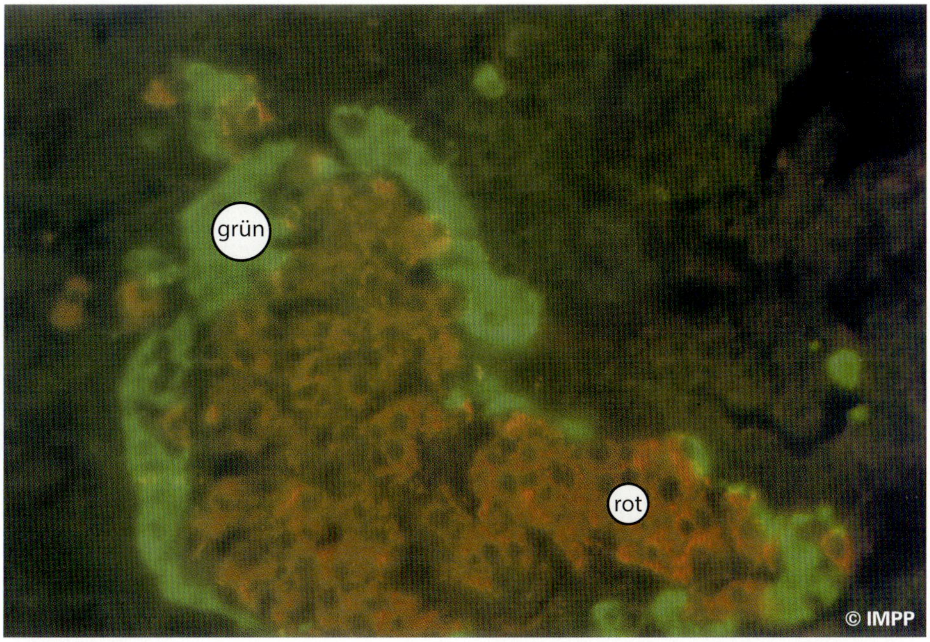

IMPP-Bild 7: Pankreas
medi-learn.de/7-histo3-impp7

Immunhistochemische Darstellung insulinproduzierender B-Zellen (rot) und glukagonproduzierender A-Zellen (grün).

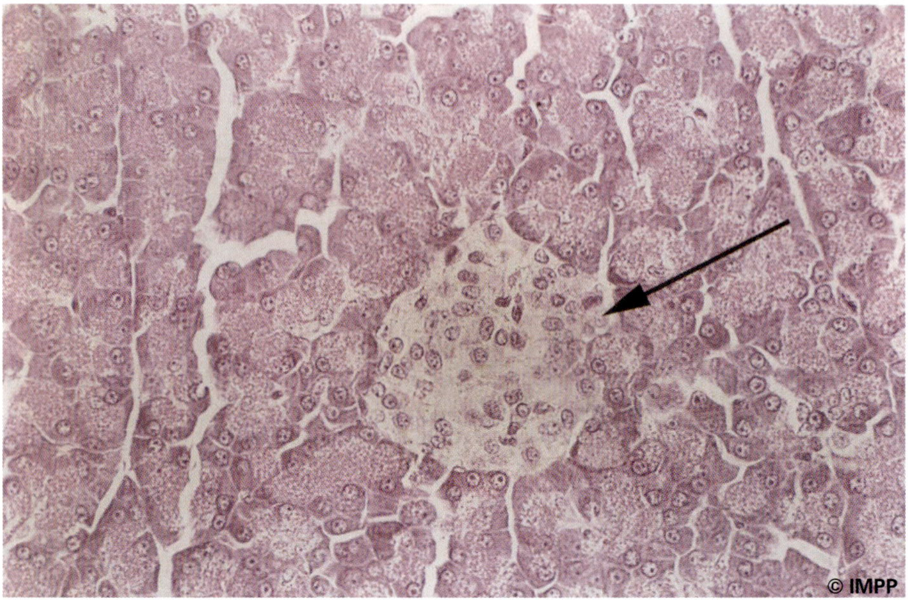

IMPP-Bild 8: Langerhans-Insel
medi-learn.de/7-histo3-impp8

Diese Abbildung zeigt Pankreasgewebe mit einer Langerhans-Insel (Pfeil).

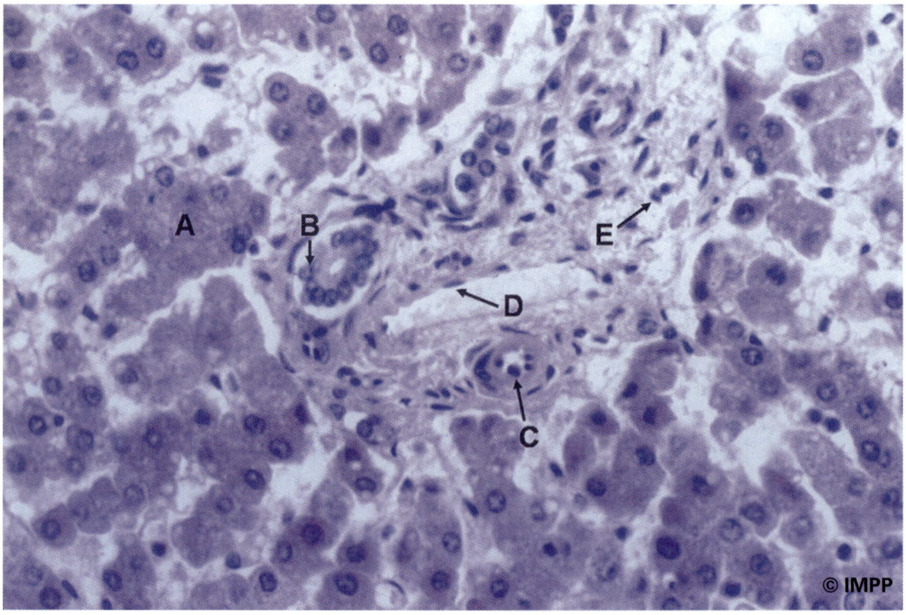

IMPP-Bild 9: Trias hepatica
medi-learn.de/7-histo3-impp9

Zu sehen sind die Pfortadervene (D), ein Gallengang (B) und die Arteria hepatica (C). (A) kennzeichnet eine Leberzelle, (E) einen ansässigen Lymphozyten.

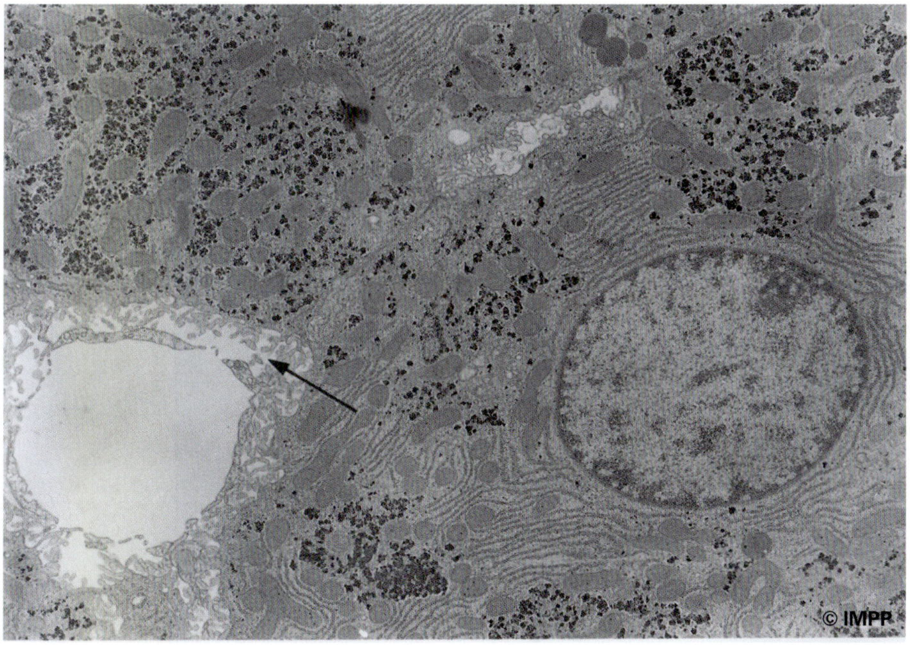

IMPP-Bild 10: Elektronenmikroskopische Aufnahme einer Leberzelle

medi-learn.de/7-histo3-impp10

Markiert ist der Disse-Raum = die Innenseite des gefensterten Endothels.

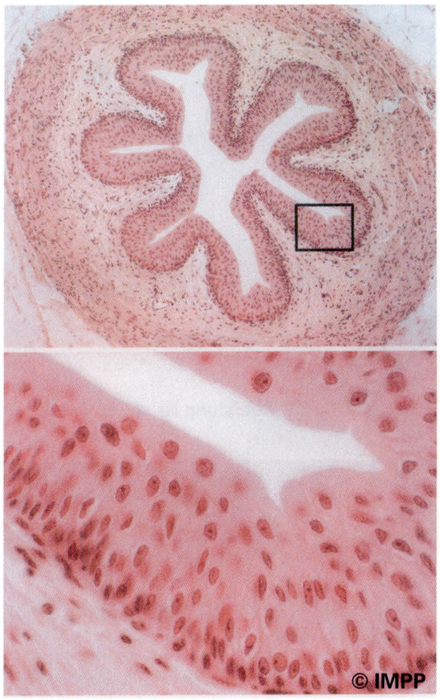

Querschnitt durch den Ureter

Urothel mit deutlich zu sehender Deckzellschicht („Umbrella-cells") und Crusta

IMPP-Bild 11: Ureter

medi-learn.de/7-histo3-impp11

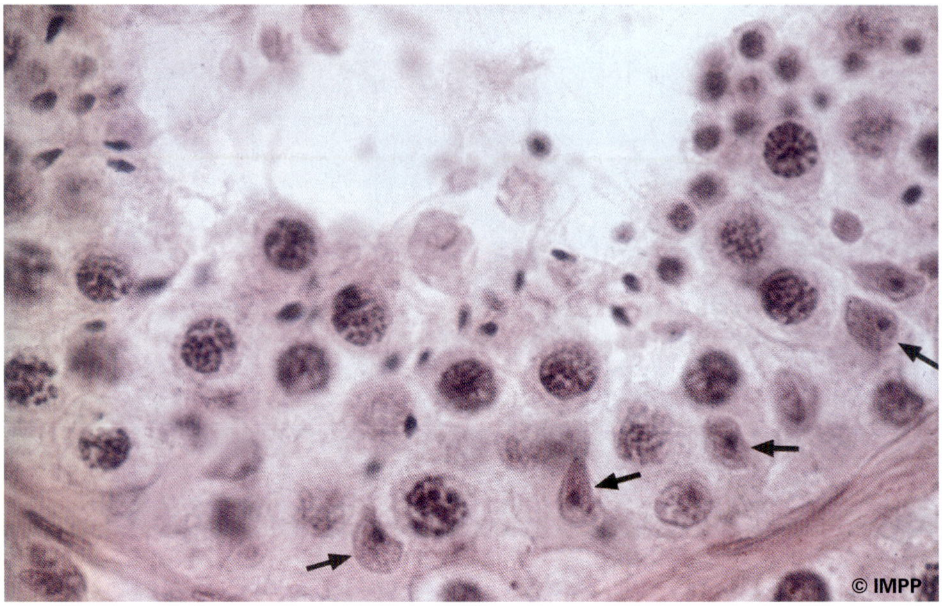

Anhang

IMPP-Bild 12: Hodenkanälchen

medi-learn.de/7-histo3-impp12

Querschnitt eines Hodenkanälchens, von der Basalmembran bis zum Lumen. Die Markierungen zeigen auf Zellkerne von Sertoli-Stützzellen.

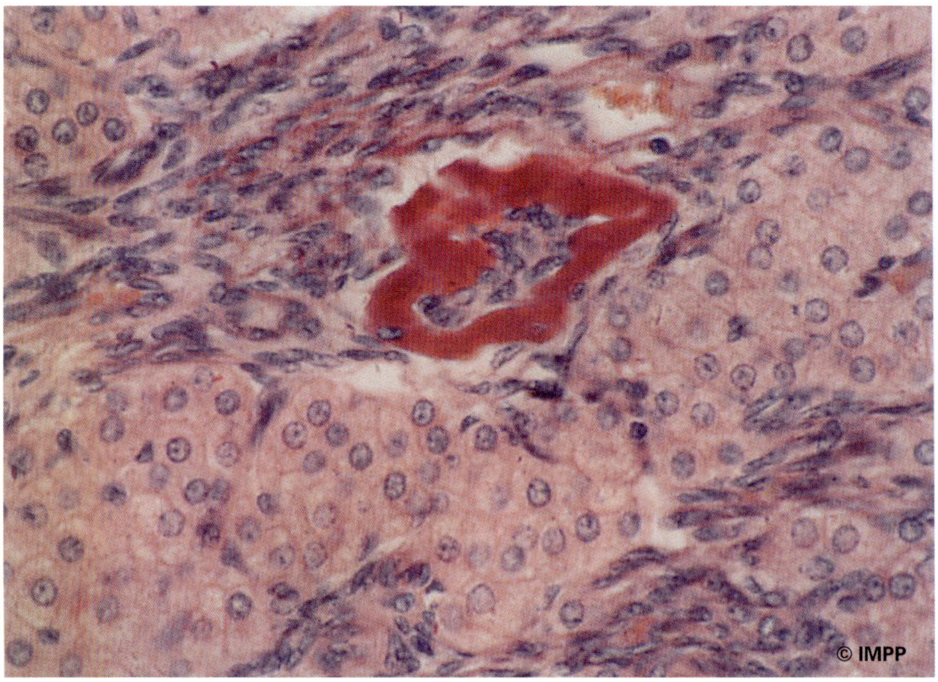

IMPP-Bild 13: Atretischer Rest

medi-learn.de/7-histo3-impp13

Die rote Struktur ist der bindegewebige Rest eines Sekundär- oder Tertiärfollikels, eingelagert in ovarielles Gewebe.

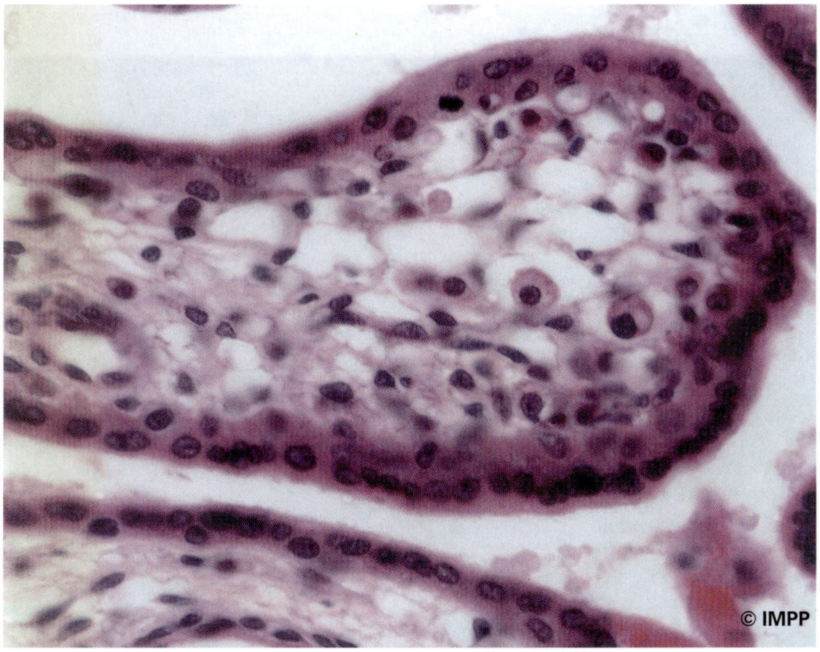

IMPP-Bild 14: Tertiärzotte einer Plazenta
medi-learn.de/7-histo3-impp14

Angeschnittene Tertiärzotte der Plazenta mit der dichten Zellreihe des Synzytiotrophoblasten.

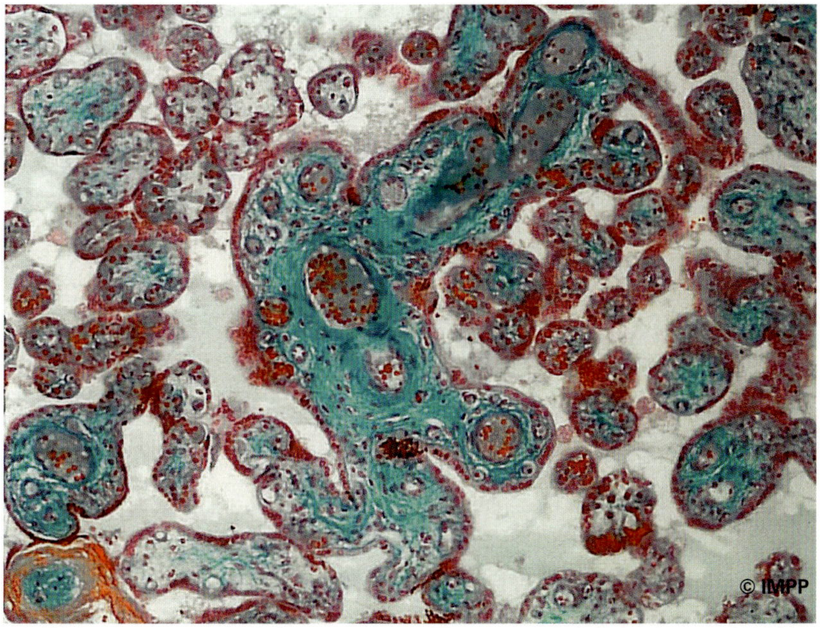

IMPP-Bild 15: Schnitt durch Tertiärzotten (Endzotten)
medi-learn.de/7-histo3-impp15

Das hellblau angefärbte Bindegewebe enthält embryonale Gefäße. Es ist von Zytotrophoblasten umgeben, ganz außen liegen die Synzytiotrophoblasten (mit Mikrovilli).

Hitliste der Histologie

Verdauungstrakt

Magen-bereich	Drüsen	Drüsenform	Drüsenzelle	Produkt
Pars cardiaca	Gll. cardiacae	weitlumig, stark verzweigt	muköse Drüsen	Schleim, Lysozym
Corpus & Fundus	Gll. gastricae propriae	lang, gestreckt, tubulös	enthält immer: Nebenzellen Hauptzellen Belegzellen (Parietalzellen) ECL-Zellen	 Schleim Pepsinogen Produktion von H^+ und Intrinsic-Faktor Histamin
Pars pylorica	Gll. pyloricae	kurze, gewundene, weite Drüsenschläuche	G-Zellen muköse Drüsen D-Zellen	Gastrin Schleim Somatostatin

	Ösophagus	Magen	Duodenum
Epithel	mehrschichtig unverhorntes Plattenepithel	einschichtig hochprismatisches Epithel	einschichtig hochprismatisches Epithel
Becherzellen (exokrin)	-	-	+
Falten	Längsfalten	-	++ Plicae circulares = Kerckring-Falten
Zotten	-	-	++ Villi intestinales
Krypten	-	-	+ Gll. intestinales = Lieber-kühn-Krypten
Drüsen in der Mucosa	-	Gll. gastricae propriae, Gll. cardiacae, Gll. pyloricae	-
Drüsen in der Submucosa	Gll. oesophageales	-	muköse Gll. duodenales = Brunner-Drüsen, charakteristisch!
Muskularis	oberes Drittel quergestreift, mittleres Übergang, unteres Drittel glatt, außen Stratum longitudinale, innen Stratum circulare	drei Schichten: außen Stratum longitudinale, Mitte Stratum circulare, innen zusätzlich eingelagerte Fibrae obliquae, charakteristisch!	zwei Schichten: außen Stratum longitudinale, innen Stratum circulare
Adventitia	+ Pars cervicalis & thoracica	-	-
Serosa	+ Pars abdominalis	+	+

	Jejunum	Ileum	Appendix vermiformis	Colon
Epithel	einschichtig hochprismatisches Epithel	einschichtig hochprismatisches Epithel	einschichtig hochprismatisches Epithel	einschichtig hochprismatisches Epithel mit vielen Becherzellen (exokrin), charakteristisch!
Becherzellen (exokrin)	+	++	++	+++
Falten	+ schlanke Falten	+	-	-
Zotten	lang, fingerförmig	kürzer	-	-
Krypten	+	++	+	+++ besonders tief
Drüsen in der Mucosa	-	-	-	-
submuköse Drüsen	-	-	-	-
Muskularis	zwei Schichten: außen Stratum longitudinale, innen Stratum circulare	zwei Schichten: außen Stratum longitudinale, innen Stratum circulare	zwei Schichten: außen Stratum longitudinale, innen Stratum circulare	zwei Schichten: außen Stratum longitudinale, innen Stratum circulare
Folliculi lymphatici	+	++ Peyer-Plaques	++++	+++ Solitärfollikel
Serosa	+	+	+	(+)
Adventitia	-	-	-	-

Das „Who is who“ der Histologie

Adamantoblasten	bilden Zahnschmelz
Auerbach-Plexus	Plexus myentericus, Nervenplexus im Verdauungstrakt, für Muskularis
Belegzellen	Magen, HCl-Produktion, Intrinsic-factor
Bowman-Kapsel	Niere
Brunnerdrüsen	Dünndarm, muköse Drüsen in der Tela submucosa (bicarbonatreiches Sekret für die Neutralisation des sauren Mageninhalts)
Cajal-Zellen	Vermittlungsfunktion zwischen autonomen Nerven und glatten Muskelzellen des GI-Trakts, im Auerbach-Plexus des Dickdarms und in der glatten Muskulatur der Darmwand
Clara-Zellen	Respirationstrakt, lysosomale Enzyme, Surfactant-Proteine SP-A und SP-D
C-Zellen	Schilddrüse, Calcitonin
Disse-Raum	Leber
D-Zellen	Magen, Somatostatin
ECL-Zellen	Magen, Histamin
extraglomeruläre Mesangiumzellen	Niere, unter der Macula densa, modifizierte glatte Muskelzellen, Bedeutung unklar

Glisson-Trias	Leber (Gallengang, Vene, Arterie)
G-Zellen	Magen, Gastrin
Hassall-Körperchen	Thymus, zwiebelschalenartig, degenerierte Retikulumzellen
Hauptzellen	Magen, Pepsinogen
Herzfehlerzellen	Alveolarmakrophagen, die Erythrozyten phagozytiert haben
hochendotheliale Venolen	postkapilläre Venolen im Lymphknoten
Hofbauerzellen	Makrophagen der Plazenta
Hülsenkapillaren	Milz
Ito-Zellen	Leber, speichern Fett und Vit. A
I-Zellen	Duodenum, Cholezystokinin
Kupffer-Sternzellen	Makrophagen der Leber
Langerhans-Zellen	Haut, Ag-präsentierende Zellen, besonders zahlreich in Narbengewebe & im Bereich des Ohres
Langerhans-Inseln	Pankreas
Leydig-Zellen	Hoden, Testosteronproduktion
Lieberkühn-Krypten	v. a. im Ileum: Einsenkungen der Lamina epithelialis in die Lamina propria
Macula densa	Niere, Pars recta des distalen Tubulus, am Gefäßpol, Sensor für NaCl-Konzentration im Tubuluslumen
Malpighi-Körperchen	Milzknötchen, weiße Pulpa
Meissner-Plexus	Plexus submucosus, Nervenplexus im Verdauungstrakt, für die Schleimhaut
Meissner-Tastkörperchen	Haut, Stratum papillare, Berührung
Merkel-Zellen	Haut, Stratum basale, Druck
Nebenzellen	Magen, Schleimproduktion
Odontoblasten	bilden Dentin
Paneth-Körnerzellen	Jejunum, Ileum: apikal gekörnte Zellen (Exozytose); Lysozym, Defensine
Papillae filiformes	Zunge, Mechanorezeption
Papillae foliatae	Zunge, Geschmack
Papillae fungiformes	Zunge, Geschmack, Thermorezeption
Papillae vallatae	Zunge, Geschmack
Peyer-Plaques	Ileum, aggregierte Lymphfollikel, M-Epithel (s. Peyer-Plaques, 1.4.4, S. 11), Lage: gegenüber Mesenterialansatz
Pinselarteriolen	Milz
Podozyt	Niere
Schlitzmembran	Niere
Sertoli-Zellen	Hoden, Spermatogenese, Androgen-bindendes Protein (ABP) & Anti-Müller-Hormon-Produktion
Sharpey-Fasern	Halteapparat Zähne
S-Zellen	Duodenum, Jejunum, Sekretin
Uferzellen	Endothelzellen im Milzsinus
Vater-Pacini-Lamellenkörperchen	Subcutis, Vibration
von-Ebner-Spüldrüsen	Papillae vallatae (Zunge)
Waldeyer-Rachenring	diffus im Pharynx und Larynx liegende lymphatische Ansammlungen/Tonsillen
Zentralvene	Leber

Index

Index

Ulrike Bommas-Ebert

Histologie Band 2

MEDI-LEARN Skriptenreihe

7., komplett überarbeitete Auflage

MEDI-LEARN Verlag GbR

Autoren: Ulrike Bommas-Ebert, Maximilian Drewes (1.–3. Auflage)
Fachlicher Beirat: PD Dr. Rainer Viktor Haberberger

Teil 2 des Histologiepaketes, nur im Paket erhältlich
ISBN-13: 978-3-95658-014-7

Herausgeber:
MEDI-LEARN Verlag GbR
Dorfstraße 57, 24107 Ottendorf
Tel. 0431 78025-0, Fax 0431 78025-262
E-Mail redaktion@medi-learn.de
www.medi-learn.de

Verlagsredaktion:
Dr. Marlies Weier, Dipl.-Oek./Medizin (FH) Désirée Weber, Denise Drdacky, Jens Plasger, Sabine Behnsch, Philipp Dahm, Christine Marx, Florian Pyschny, Christian Weier

Layout und Satz:
Fritz Ramcke, Kristina Junghans,
Christian Gottschalk

Grafiken:
Dr. Günter Körtner, Irina Kart, Alexander Dospil,
Christine Marx

Illustration:
Daniel Lüdeling

Druck:
Löhnert Druck

7. Auflage 2015

Wichtiger Hinweis für alle Leser
Die Medizin ist als Naturwissenschaft ständigen Veränderungen und Neuerungen unterworfen. Sowohl die Forschung als auch klinische Erfahrungen führen dazu, dass der Wissensstand ständig erweitert wird. Dies gilt insbesondere für medikamentöse Therapie und andere Behandlungen. Alle Dosierungen oder Applikationen in diesem Buch unterliegen diesen Veränderungen.
Obwohl das MEDI-LEARN Team größte Sorgfalt in Bezug auf die Angabe von Dosierungen oder Applikationen hat walten lassen, kann es hierfür keine Gewähr übernehmen. Jeder Leser ist angehalten, durch genaue Lektüre der Beipackzettel oder Rücksprache mit einem Spezialisten zu überprüfen, ob die Dosierung oder die Applikationsdauer oder -menge zutrifft. Jede Dosierung oder Applikation erfolgt auf eigene Gefahr des Benutzers. Sollten Fehler auffallen, bitten wir dringend darum, uns darüber in Kenntnis zu setzen.

Inhalt

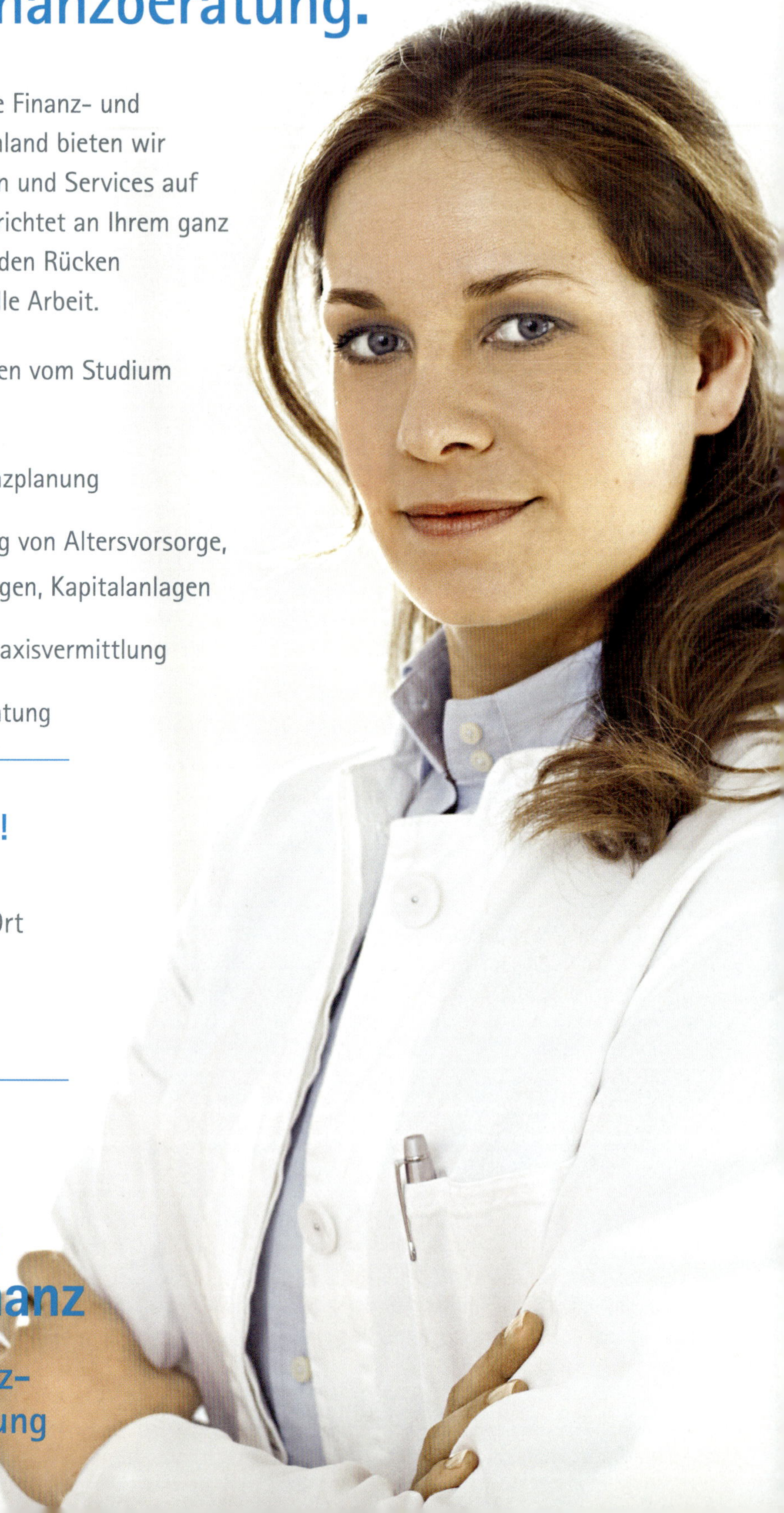

1 Haut

Fragen in den letzten 10 Examen: 7

Die kleinste funktionelle Einheit unseres Körpers ist die Zelle, deren unterschiedliche Aufgaben du in der allgemeinen Histologie schon kennengelernt hast. Die nächsthöhere Organisationseinheit und das Thema dieses Skripts ist der Zellverbund/das Gewebe. Mit den Geweben, ihrem Aufbau und ihrer Funktion beschäftigt sich die spezielle Histologie.

In der Natur geht es zu wie in der Wirtschaft: Alles schreit nach Effizienz! Unser Körper bildet da keine Ausnahme. Da er das Ergebnis einer langen Entwicklung ist, können wir – im Gegensatz zur Wirtschaft – jedoch davon ausgehen, dass es sich bei den darin ablaufenden Prozessen um sehr effektive und hochfunktionelle Abläufe handelt.

Lernen sollte ebenfalls ein effektiver Vorgang sein, denn dann bleibt mehr Zeit für andere Dinge. Deshalb kommt es nicht nur darauf an, sich detailliertes Wissen irgendwie „einzupauken“, sondern auch darauf, es sinnvoll und rasch abrufbar zu speichern.

Daher haben wir die einzelnen Gewebe unter dem Aspekt ihrer jeweiligen Funktionen dargestellt. Ausgehend von den Funktionen kann man den Einzelteilen dann ihren Platz im Körper zuordnen. An diesem Platz hat jede Zelle bestimmte Bedürfnisse oder Anforderungen, die ihre molekularbiologische Ausstattung erklären (meistens zumindest).

So erhält dein Wissen eine hierarchische Gliederung:

- allgemeine Anforderungen (Funktion)
- Organ/Organaufbau (spezielle Gewebelehre)
- benötigte Zellpopulationen/Zellen mit bestimmter Ausstattung.

In der schriftlichen Prüfung bewegt man sich zwar fast nur auf den untersten Ebenen, aber wenn du in der mündlichen Prüfung Stellung beziehen musst, ist es am besten, nach dem oben genannten Prinzip (vom Großen ins Kleine) vorzugehen. Das zeigt dem Prüfer, dass du strukturiert denken und arbeiten kannst. Außerdem reitet kaum ein Prüfer auf Details rum, wenn die Basics souverän vorgetragen werden.

So, aber jetzt genug der allgemeinen Tipps. Steigen wir ein ins Reich der kleinen Dinge und schauen uns den Menschen durchs Mikroskop an.

Die Haut ist unser größtes Organ. Als Barriere gegenüber der Außenwelt hat sie schützende Aufgaben zu erfüllen. Andererseits stellt sie aber auch eine enorm große Kontaktfläche zur Umwelt dar, über die wir viele Informationen aufnehmen. Damit ist das Aufgabenfeld unserer Haut auch schon abgesteckt. Nun stellt sich noch die Frage, wie sie all diese Aufgaben bewältigen kann.

Was du wissen solltest, ist, dass man die Haut histologisch in verschiedene Schichten unterteilt und jede dieser Schichten einen mehr oder weniger klangvollen Namen hat (s. Abb. 1 a, S. 2 und Abb. 1 b, S. 3).

Merke!

Die Zellen, die unsere Haut bilden, heißen Keratinozyten.

1.1 Zwei Häute

Wie die Überschrift schon vermuten lässt, haben wir nicht nur eine, sondern zwei Hautarten:

- Leistenhaut,
- Felderhaut.

Die **Leistenhaut** (s. IMPP-Bild 1, S. 47 im Anhang) kommt nur an der Innenseite unserer Hände und Füße vor. Wenn du dir deine Hände einmal anschaust, verstehst du sicherlich auch, warum sie Leistenhaut heißt. Das kommt daher, weil sie in Linien (Leisten) verläuft. Außerdem ist sie durch Haarlosigkeit und eine hohe Dichte an Schweißdrüsen charakterisiert, was du immer dann feststellen kannst, wenn du aufgeregt bist. Im Unterschied zur Felderhaut besitzt sie ein ausgeprägtes Stratum lucidum in der Epidermis. Die **Felderhaut** findet sich z. B. auf dem Handrücken. Wenn du deine Hände umdrehst und ganz genau betrachtest, so kannst du dort lauter kleine rautenförmige Felder erkennen. Wo sich die begrenzenden Furchen treffen oder kreuzen, sprießen unsere Körperhaare hervor. Die Schweißdrüsen befinden sich genau in der Mitte dieser Felder.

Merke!

- Die Felderhaut ist charakterisiert durch Behaarung und Talgdrüsen. Schweißdrüsen sind ebenfalls vorhanden.
- Die Leistenhaut hat – verglichen mit der Felderhaut – eine höhere Dichte an Schweißdrüsen.

Übrigens ...

- Haare kommen stets gemeinsam mit Talgdrüsen vor, was sich z. B. nach einem fiesen Lernmarathon unschwer an der fettigen Kopfbehaarung erkennen lässt.
- Bei Kältereiz kommt es unter anderem zu einem Aufrichten der Haare auf dem Unterarm („Gänsehaut") durch den M. arrector pili. Dieser wird am ehesten durch noradrenerge sympathische Nervenfasern zur Kontraktion angeregt.

1.2 Die Haut als Barriere

Oder: Wie schützt uns unsere Haut vor der Außenwelt, und was bedroht uns eigentlich? Sieht man von unserer eigenen Dummheit und wilden Tieren einmal ab, dann bleiben fast nur noch physikalisch-chemische Bedrohungen und kleinste Tierchen (Bakterien und Viren) übrig.

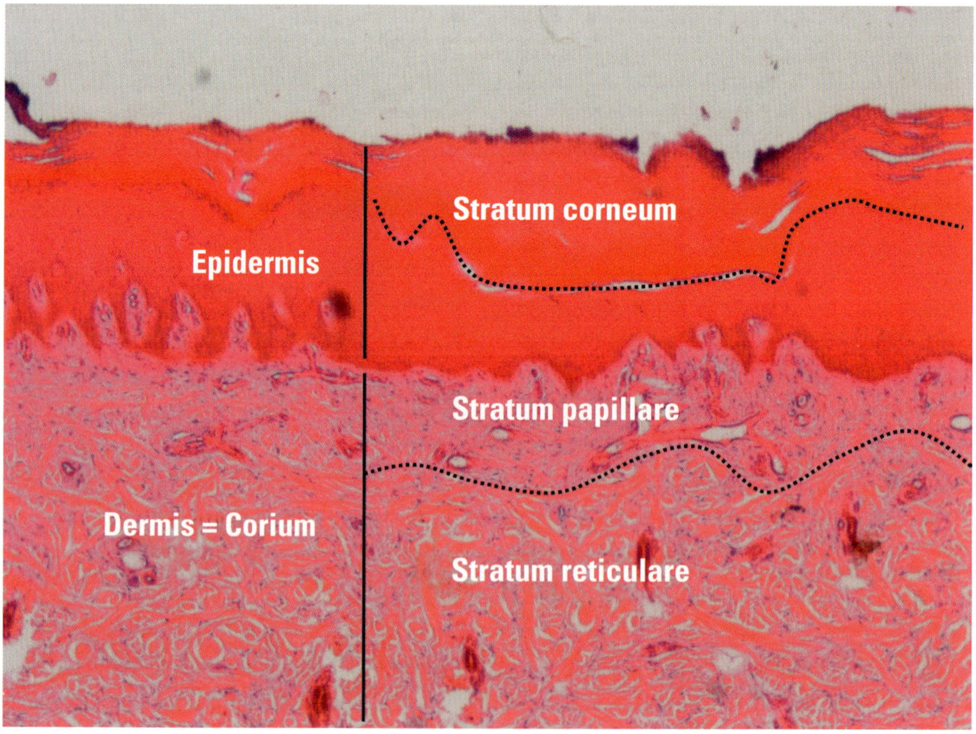

Abb. 1 a: Hautschichten

medi-learn.de/7-histo2-1a

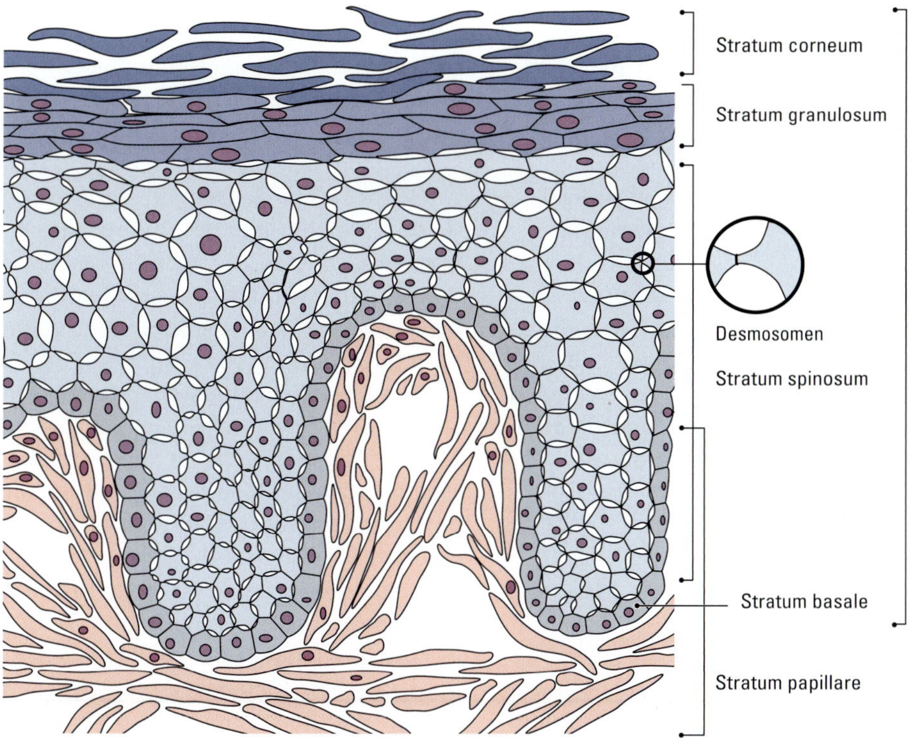

Abb. 1 b: Hautschichten

medi-learn.de/7-histo2-1b

1.2.1 Dermis (Corium) und Epidermis

Die erste Voraussetzung für die Erfüllung ihrer Schutzaufgabe ist, dass unsere Haut dort bleibt, wo sie ist. Dafür braucht sie eine gute Verankerung. Sieht man sich die Histologie der Haut an, so erkennt man einen großen Wellenkamm. Auf seiner Höhe greifen die **Dermis** und die **Epidermis** ineinander (s. Abb. 1 a, S. 2 und Abb. 1 b, S. 3). Zapfen von Bindegewebe schieben sich von unten zwischen die dunkler gefärbten Reteleisten der Epidermis. Diese Zone heißt **Stratum papillare** und trennt die **Epidermis** von der **Dermis**.

Merke!

Am Übergang der Epidermis zum Corium/Dermis finden sich in den Spitzen der Papillen viele Mastzellen.

Dermis und **Cutis** setzen sich nach unten als **Stratum reticulare** fort, dessen Bindegewebe sich immer weiter verläuft, bis es schließlich nur noch als bindegewebige Septen durch das Unterhautfettgewebe zieht. Das gehört dann schon zur Subcutis. Zwischen dem aufgelockerten Bindegewebe sind Schweiß- und Talgdrüsen sowie die Haarzwiebeln (Bulbus) eingelagert.

1.2.2 Stratum basale

Eine nicht unwesentliche Bedrohung, der die Haut entgegenwirken muss, ist der Verschleiß. Durch mechanische Belastung findet nämlich ein ständiger Abrieb an der Oberfläche statt, der aus der Tiefe ersetzt werden muss. Dies gewährleistet unsere Haut, indem sie einfach ständig neue Haut produziert.

Übrigens ...
- Der tägliche Verlust an Hornschicht beträgt zwischen sechs und 14 Gramm.
- Die Erneuerung der Haut dauert etwa 30Tage und kann bei verschiedenen Krankheiten bis zu fünfmal so schnell stattfinden; Beispiel: Schuppenflechte.

Die Hautproduktion findet in einer spezialisierten Schicht der Epidermis – dem **Stratum basale** – statt. Hier teilen sich also eifrig die Keratinozyten. Für die Prüfung ist es wichtig zu wissen, dass es sich dabei um eine **differenzielle Zellteilung** handelt, was bedeutet, dass eine der Tochterzellen an Ort und Stelle verbleibt und den Kontakt mit der **Basalmembran** behält, während die andere Richtung Sonne abwandert.

Ebenfalls hervorzuheben ist die hohe Mitoserate des Stratum basale. Da sich hier ständig Zellen teilen, finden sich eben auch viele Mitosen. Histologisch lassen sich intrazellulär Chromosomen erkennen.

Merke!

- Stratum basale bezeichnet z. B. bei der Haut und beim Uterus die Schicht des Gewebes, aus der die Regeneration dieses Gewebes erfolgt.
- Zwischen Basalzellschicht und Lamina densa der Basalmembran sorgt Laminin-5 dafür, dass der Kontakt fest und sicher ist. Besteht ein genetischer Defekt dieses Proteins, so können durch leichten Druck Hautblasen entstehen. Da mit den Basalzellen die regenerative Schicht verloren geht, verheilen diese Blasen unter Narbenbildung.

1.2.3 Melanozyten

Apropos Sonne: Sie ist eine weitere Bedrohung für die Haut. Da die Haut der UV-Strahlung ausgesetzt ist, musste sie eine Abschirmung entwickeln, um die in Mitose befindlichen Zellen zu schützen. Denn gerade in dieser Phase ist unser Erbgut gegenüber der schädigenden (mutativen) UV-Strahlung sehr empfindlich.
Das Ergebnis dieser Entwicklung sind die Melanozyten. Diese Zellen sind auf die Produktion von **Melanin aus der Aminosäure Tyrosin** spezialisiert. Dabei handelt es sich um einen dunkelbraunen bis schwarzen Farbstoff, den die Melanozyten an die über ihnen liegenden **Keratinozyten** abgeben können. So stellen sie den Keratinozyten einen inneren Sonnenschutz zur Verfügung.
Entwicklungsgeschichtlich entstammen die Melanozyten der Neuralleiste. Ihren Platz haben sie im **Stratum basale**, von wo aus sie ihre Fortsätze zwischen den Keratinozyten hindurch in Richtung Oberfläche strecken. In Abhängigkeit von der Sonneneinstrahlung werden diese Fortsätze länger oder kürzer.
Die Länge der Melanozytenfortsätze und die Menge der Melaninproduktion entscheiden darüber, ob wir Bleichgesichter sind oder nicht. Die Anzahl der Melanozyten ist bei allen Menschen ungefähr gleich.

Merke!

Melanozyten entstammen der Neuralleiste. Sie produzieren Melanin und Phäomelanin und strecken ihre Fortsätze zwischen die Hautzellen.

1.2.4 Stratum spinosum

An das Stratum basale schließt sich das **Stratum spinosum** an. Es hat seinen Namen von den Zellkontakten, über die die histologisch fixierten Zellen miteinander verbunden bleiben. Durch das Trocknen schrumpfen sie und werden zu kleinen, stacheligen Bällen. In dieser Schicht befinden sich nun endlich die Zellen, die helfen, uns vor Bakterien und Viren zu schützen. Sie heißen **Langerhans-Zellen** und gehö-

2 Lunge, Herz, Gefäße und Blut

Fragen in den letzten 10 Examen: 14

Neben der Haut und dem Darm ist die Lunge ein weiteres Organ, das eine große, direkte Kontaktfläche zur Außenwelt hat. Ihr Sinn und Zweck ist der Gasaustausch. Dafür benötigt sie dreierlei:

- Als erstes einen Transportdienst für Frischluft und Abgase in Gasform,
- dann einen Raum, in dem die Wände dünn genug für die Gasdiffusion sind und
- letztlich den Transportdienst für die Gase in chemisch gebundener Form.

Die zuerst genannte Aufgabe wird von den luftleitenden Wegen – Trachea, Bronchien, Bronchioli terminales und den luftleitenden Abschnitten der Bronchioli respiratorii – übernommen. Sie sind die anatomische Entsprechung des Totraumvolumens (mehr dazu s. Skript Physiologie 4). In ihnen erfolgt also KEIN Gasaustausch.

Der Raum, in dem der Gasaustausch stattfindet, besteht aus den alveolären Abschnitten der Bronchioli respiratorii, den Ductus alveolares und den eigentlichen Alveolen. Die hier anzutreffenden Gasgemische hängen von der Atemtiefe und der Atemfrequenz sowie von den Blutgaskonzentrationen ab. Am Aufbau der Diffusionsbarriere sind Alveolarzellen und Endothelzellen beteiligt. Die wichtigste Barri-

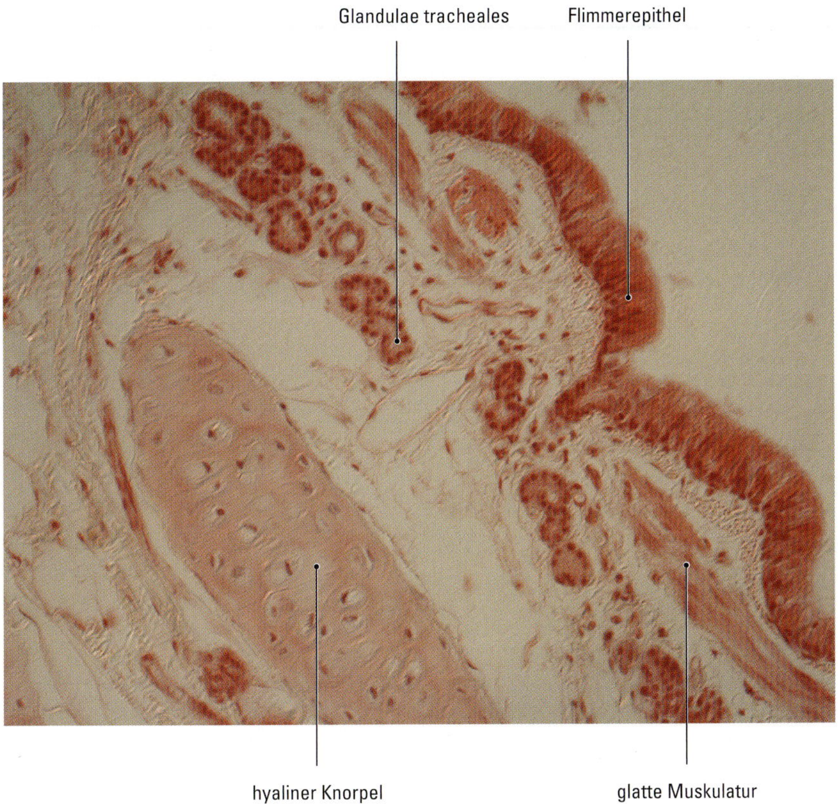

Abb. 2: Trachea

medi-learn.de/7-histo2-2

ere gegen das Eindringen von Gewebeflüssigkeit in den Alveolarraum sind die Zonulae occludentes zwischen den Alveolarepithelzellen. Die letzte Aufgabe, den Transport der chemisch gebundenen Gase, übernimmt das Blut, das durch die zahlreichen Kapillaren der Alveolen strömt. Und weil Histologen immer ganz genau hinsehen, darfst auch du jetzt ganz genau schauen, wie diese Aufgaben von den einzelnen Strukturen bewältigt werden.

2.1 Trachea

Die luftleitenden Wege müssen verschiedenen Anforderungen gerecht werden. Zum einen sollten sie immer offen bleiben, denn davon hängt unser Überleben ab. Dies ist gewährleistet, indem in ihre Wand **Knorpelspangen**/Knorpelplättchen eingebaut sind.

Übrigens ...
Im schriftlichen Physikum wurde tatsächlich schon gefragt, wie viele Knorpelspangen die Trachea aufweist. Da vermutlich niemand beim Lernen auf die Idee kommt, sie zu zählen, sei hier die Lösung verraten: Es sind 16–20 Stück, die nach ventral liegen, dorsal sind sie in der Pars membranacea durch den M. trachealis miteinander verbunden.

Des Weiteren ist es wichtig, dass die Luft gereinigt, angewärmt und angefeuchtet wird, bevor sie die Alveolen erreicht. Dafür hat sich ein spezialisiertes Epithel entwickelt. Dieses **respiratorische Epithel** (Flimmerepithel) kleidet alle luftleitenden Wege – von der Nase angefangen – aus.

2.1.1 Respiratorisches Epithel

Dieses spezielle Epithel hat ein paar Worte verdient, da es das kennzeichnende Merkmal der oberen Atemwege ist. Es verliert sich schließlich und kommt in den Bronchioli terminales, den Bronchioli respiratorii und den Ductus alveolares nicht mehr vor. Seine Zellen tragen an ihrer Oberfläche **Kinozilien**, die intrazellulär an **Kinetosomen** verankert sind. Die Kinozilien bewegen sich in einer dünnen Schicht aus flüssigem Sekret, das von den Epithelzellen und den Glandulae tracheales der Lamina propria produziert wird. Auf diesem Flüssigkeitsfilm liegt eine weitere Schicht etwas zäheren Schleims, der von den Becherzellen hergestellt wird. Durch die Bewegung der Kinozilien wird die flüssige Schicht aktiv bewegt und der Schleim passiv in Richtung Ausgang (Larynx) gespült.

Übrigens ...
Bei Menschen mit Mukoviszidose (Zystischer Fibrose) ist ein Gendefekt, das für einen Chlorid-Kanal in der apikalen Membran dieser und anderer Zellen kodiert. Dadurch kommt der dünnflüssige Film nicht mehr zustande und die Kinozilien müssen ihre Arbeit direkt im zähen Schleim verrichten. Die resultierenden Transportstörungen sind der Grund für die häufigen Infektionen dieser Patienten.

Merke!

- Sind im Schnittbild Lumina zu sehen, die in ihrer Wand Knorpel enthalten, so stammt das Präparat aus einem luftleitenden Abschnitt des Respirationstrakts. Nur den Bronchioli respiratorii fehlt das Knorpelgewebe. Da sie jedoch schon inmitten von Alveolen liegen, dürfte die Diagnose trotzdem gelingen.
- Erkennst du das auskleidende Epithel als Flimmerepithel, so darfst dur dir ebenfalls des Respirationstrakts sicher sein.

Respiratorisches Epithel zeigt eine **mehrreihige** Anordnung von **hochprismatischen** Zellen, die einer verhältnismäßig dicken Basallamina aufsitzen. Die Zellen, die in der untersten Reihe des

Epithels liegen, heißen sinnigerweise auch **Basalzellen**. Zwischen ihnen befinden sich die **Becherzellen** sowie – bei sehr genauem Hinsehen erkennbar (bei entsprechend guter Färbung) – **Clara-Zellen** und Zellen des **APUD-Systems (endokrine Zellen)**. Diese Schicht aus Basal-, Becher-, Clara- und endokrinen Zellen heißt Lamina mucosa.
Unterhalb davon – in der Lamina propria mucosae – sieht man zwischen zahlreichem Bindegewebe kleine Knäuel von Drüsen, die **Glandulae tracheales**. Direkt im Anschluss daran kommt auch schon das Perichondrium der trachealen Knorpelspangen (s. Abb. 2, S. 9).

Übrigens ...
Alle diese Schichten folgen dicht auf dicht und es gibt keinen wirklichen Verschiebespalt. Das ist gewollt, da sich die Schleimhaut möglichst wenig bewegen darf, um die Luftwege nicht zu verlegen. Aus dem Grund blutet die Schleimhaut auch so schnell, wenn man sie bei einer Lungenspiegelung mit dem Bronchoskop berührt.

Merke!

Die Zelltypen der Trachea und der großen Bronchien sind
- kinozilientragende Zellen,
- Basalzellen,
- Becherzellen,
- Clara-Zellen,
- endokrine Zellen.

Clara-Zellen

Verstreut im Flimmerepithel liegen einzelne Zellen, die so etwas wie verkürzte Mikrovilli an ihrer Oberfläche tragen. Sie produzieren ein surfactantähnliches Sekret und werden zahlreicher, je weiter es zu den Alveolen hin geht. Diese Zellen heißen Clara-Zellen. Sie sind typisch für den Respirationstrakt und spielen eine Rolle bei der unspezifischen Immunabwehr. Außerdem sezernieren die Clara-Zellen die Surfactant-Proteine SP-A und SP-D (sagt das IMPP).

APUD-Zellen

APUD-Zellen finden sich im ganzen Körper. Sie zeichnen sich durch eine besondere Enzymbesetzung aus und ihr Name steht für „Amino Precursor Uptake and Decarboxylation Cells".

2.2 Bronchien

Zwischen den Hauptbronchien und den Bronchioli terminales reduzieren sich die Knorpelspangen zu kleinen Knorpelplättchen. Dafür kommt eine Schicht **glatter Muskulatur** dazu, die sich der Lamina propria außen anlagert. Die Schleimhaut ist nunmehr **einreihig** und wird auch als **isoprismatisches Epithel** bezeichnet, da die Zellen in ihrer Form nahezu quadratisch sind.

Merke!

- Die Tunica muscularis liegt auf der Innenseite der Knorpelplättchen.
- Bildet sich in den Bronchien an einigen Stellen unverhorntes Plattenepithel – anstatt des physiologischerweise dort anzutreffenden Flimmerepithels – so nennt man diesen Vorgang **Metaplasie**. Eine Ursache dafür ist z. B. Zigarettenrauch.
- Bronchioli **t**erminales sind zum einen als letzte Station des **T**otraums definiert, zum anderen über ihre Größe (Bronchioli < 1mm).

Übrigens ...

Das Wissen um die neue Lamina muscularis ist von großer Bedeutung. Hierbei handelt es sich nämlich um diejenige Muskulatur, die für die Bronchospasmen z. B. bei einem asthmatischen Anfall verantwortlich ist. Sie wird von parasympathischen Fasern innerviert.

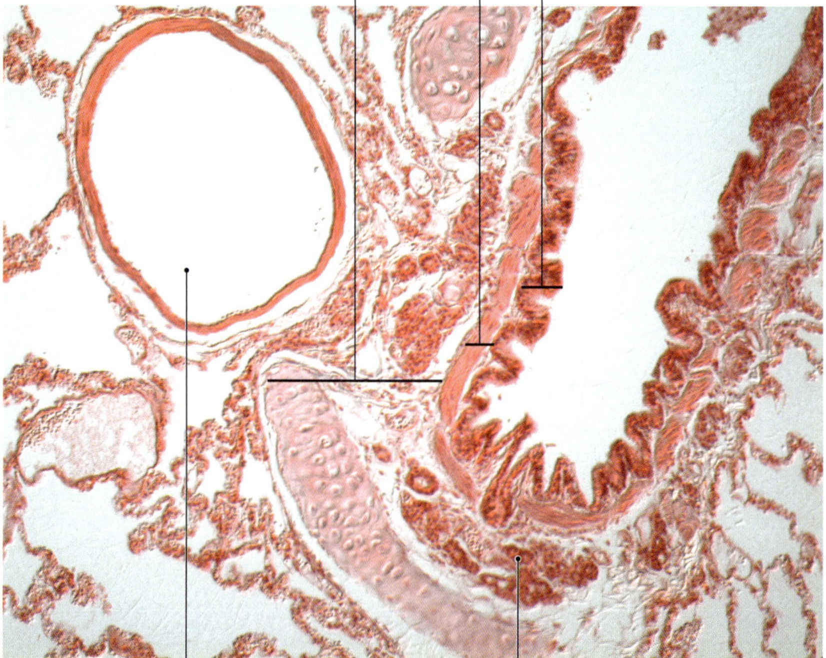

Abb. 3: Bronchus

medi-learn.de/7-histo2-3

Um den Atembewegungen folgen zu können, enthalten die Bronchioli respiratorii **elastische Fasern**. Diese sind so interessant, dass schon mehrmals im Examen danach gefragt wurde.

2.3 Ductus alveolaris und Alveolen

Knorpel und Muskulatur verlieren sich irgendwann ganz und die isoprismatischen Zellen der Bronchioli respiratorii gehen über in Alveolar(epithel)zellen. Dann ist man am Ort des Gasaustausches angekommen (s. IMPP-Bild 3, S. 48 im Anhang).

Von den **Alveolarepithelzellen** gibt es zwei Typen:

- **Typ I** kommt zwar nicht gerade häufig vor, kleidet aber etwa 93 % der alveolären Oberfläche aus (großflächige Zellen). Diese Zellen sind miteinander durch Tight Junctions verbunden, womit sie sich an der Bildung der **Blut-Luft-Schranke** beteiligen.
- **Typ II** findet sich häufiger als Typ 1, kleidet aber nur etwa 5 % der alveolären Oberfläche aus (kleine, rundliche Zellen). Diese bereits vorgeburtlich reifenden Zellen produzieren den **phospholipidhaltigen Surfactant**, der die Wandspannung der Alveolen so weit senkt, dass sie leichter offen bleiben.

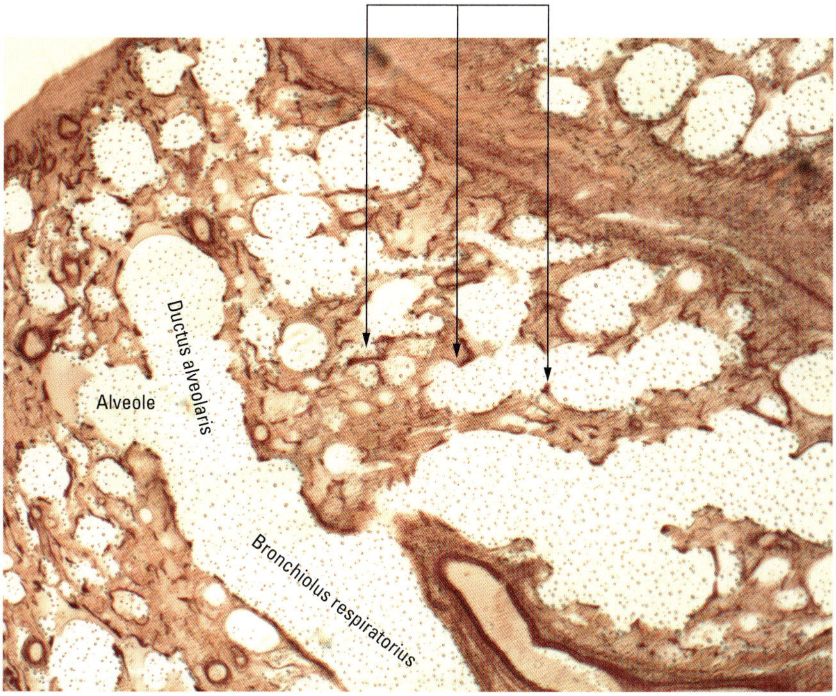

Abb. 4: Ductus alveolaris

medi-learn.de/7-histo2-4

Merke!

- In den Ductus alveolares und den Alveolen finden sich KEINE Kinozilien mehr.
- Alveolarepithelzellen vom Typ I sind über Tight Junctions miteinander verbunden.
- Alveolarepithelzellen vom Typ II gelten als pluripotente Stammzellen. Durch Zellteilung gehen aus ihnen die Alveolarepithelzellen vom Typ I hervor.

So, und falls es trotz aller Sicherheitsvorkehrungen doch noch Schwebeteilchen bis in die Alveolen geschafft haben, lauern hier auf sie die speziellen Alveolarmakrophagen. Diese Fresszellen räumen auf, was der übrige Respirationstrakt liegen ließ. Weil es von diesen possierlichen Tierchen auch Fotos gibt, wurde schon hin und wieder mal im Schriftlichen danach gefragt: Alveolarmakrophagen sehen aus wie Makrophagen, sind aber umgeben von ganz dünnen Wänden aus Alveolarepithelzellen.

2.4 Lungenkapillaren

Wo es eine Blut-Luft-Schranke gibt, gibt es neben der Luft eben auch Blut. Dieses muss durch **Kapillaren** an den Ort des Gasaustausches gelangen. Aus diesem Grund sieht man auf Schnittbildern mit Alveolen auch immer zahlreiche angeschnittene Kapillaren. Sie sind an den Erythrozyten zu erkennen, die sich teilweise noch darin aufhalten. Ausgekleidet sind diese Gefäße nur mit einer sehr dünnen Schicht Endothelzellen, die keinen Spalt zwischen sich lassen.

Übrigens ...
In den Lungenalveolen finden sich Kapillaren vom NICHT gefensterten Typ. Tritt dennoch Blut in den Alveolarraum

ein, z. B. bei einem Herzkranken, so finden sich in dessen Sputum zahlreiche „Herzfehlerzellen". Dabei handelt es sich um zugrunde gegangene (Alveolar-)Makrophagen, die mit Hämosiderin aus Erythrozyten beladen sind.

Merke!

An dieser Stelle haben wir nun endlich alle Strukturen zusammen, die an der berüchtigten Diffusionsbarriere beteiligt sind:
- Alveolarepithelzellen vom Typ I und
- Endothelzellen vom NICHT fenestrierten Typ.

Diese beiden Zelltypen liegen so dicht aneinander, dass ihre Basallaminae miteinander verschmolzen sind.
- Die größte Barriere sind dabei die Zonulae occludentes zwischen den Alveolarepithelzellen.

Das IMPP fragt neuerdings auch gerne mal nach zwei Erkrankungen im Bereich der Lunge:
- **Kartagener Syndrom**: Defekte der Kinozilien
- **Zystische Fibrose (Mukoviszidose)**: Defekt des CFTR-Gens, das einen Chlorid-Kanal kodiert; als Folge wird das Sekret extrem viskös, dies führt zur Bronchienverlegung, Keimbesiedelung und Ateminsuffizienz.

2.5 Herz

Das Herz ist unser zentrales Kreislauforgan, das das Blut in Schwung hält. Außerdem ist es essentiell im Umgang mit unseren Mitmenschen.
Histologisch beschränken sich die Fragen zu diesem Organ auf den Aufbau der Herzmuskulatur, der im Skript Histologie 1 erläutert wird. Darum wird in diesem Skript nicht näher darauf eingegangen.

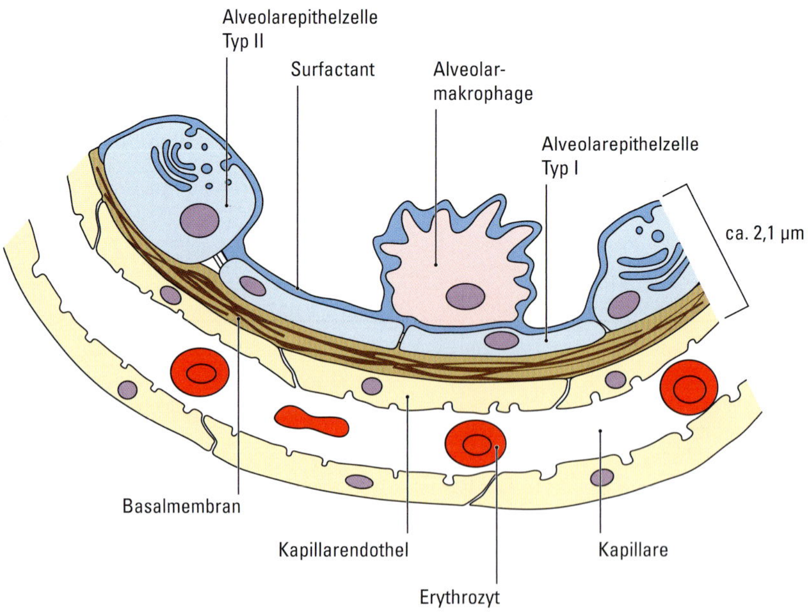

Abb. 5: Histologie der Alveolen und Blut-Luft-Schranke *medi-learn.de/7-histo2-5*

2.6 Gefäße

Man kann, nach Größe und Aufbau, folgende Gefäße voneinander unterscheiden:

- Arterie vom elastischen Typ (Aorta, z. T. auch noch Beginn der von ihr abgehenden Gefäße),
- Arterie vom muskulären Typ (hier gehören die meisten großen Arterien dazu),
- Arteriole,
- Kapillare,
- Venole,
- Vene und
- (Lymphgefäß).

Übrigens ...
Artherosklerose ist eine der häufigsten Todesursachen in industrialisierten Ländern – du solltest dich als Arzt also mit Gefäßen auskennen.
Das Gefäßwachstum (Angiogenese) wird u. a. durch **VEGF** (vaskulärer endothelialer Wachstumsfaktor) angeregt. Dieses Wissen nutzt man z. T. in der **Klinik**: Man gibt gelegentlich VEGF-Antikörper in der Krebstherapie, z. B. Bevacizumab bei metastasiertem CRC (Colorektalem Karzinom), um Tumore zu verkleinern oder zum Absterben zu bringen.

2.7 Allgemeiner Aufbau der Gefäße

- **Intima** (Tunica interna): Sie besteht aus dem Endothel (einschichtiges Plattenepithel) und einer subendothelialen Schicht.
- **Media** (Tunica media): Sie besteht aus der Membrana elastica interna, glatter Muskulatur (zur Einstellung der Gefäßweite und der Wandspannung) sowie der Membrana elastica externa (enthält in der extrazellulären Matrix (EZM) elastische und kollagene Fasern und Proteoglykane).
- **Adventitia** (Tunica externa): Sie besteht aus Bindegewebe und den Vasa vasorum.

2.8 Arterien

Man unterscheidet folgende Arterien-Typen:

- **Elastische** Arterien (Windkesselfunktion): Zu ihnen gehören v. a. die Aorta und A. carotis.
- **Muskulöse** Arterien (Transport): beispielsweise A. radialis, A. femoralis ...
- **Arteriolen**: Sie finden sich präkapillär.

Merke!

Arterien sind „Widerstandsgefäße" zur Blutdruckregulation, daher haben sie eine relativ dicke Muskularis.

2.9 Venen

Sie sind viel „schlaffer" als Arterien, sie sind keine Druckgefäße sondern Volumenspeicher und haben daher (außer den Beinvenen) nur eine dünne Muskularis, was dazu führt, dass sie im Histo-Schnitt oft kollabiert sind.
Differenzialdiagnose im Histo-Präparat: Die Vene ist im Präparat oft kollabiert und weist eine dünne Wand auf, Venenklappen (Intimaduplikaturen) sind nicht immer zu finden. Die Arterie ist nicht kollabiert und hat eine dickere, „ruhigere" Media. Den Unterschied zwischen Arterie und Vene kannst du z. B. auf einer Abbildung der Glisson-Trias (s. Skript Histologie 3) sehen, ein Venen-Bild des IMPPs ist das IMPP-Bild 5, S. 49.

2.10 Kapillaren

Aufbau:

- Endothel (platter Kern)
- Basalmembran
- Teilweise von Perizyten (kontraktile Bindegewebszellen) bedeckt
- retikuläre Fasern

Kapillarfreie Gewebe:
Epithel, Knorpel (nicht: embryonaler Knorpel), Herzklappen, Zahnschmelz, Bandscheiben, Augenlinse ...

Man unterscheidet, je nach Aufbau und Vorkommen, folgende Kapillartypen:
- Geschlossene Endothelschicht
  - Gehirn / Muskulatur / Lunge
- Gefenstertes Endothel **mit** Basalmembran
  - Nieren (Glomerula), Plexus Choroideus, Area postrema, in vielen endokrinen Geweben
- Gefenstertes Endothel **ohne** Basalmembran („diskontinuierlich")
  - Lebersinusoide, Milzsinus

2.11 Lymphgefäße

Lymphgefäße beginnen „blind" im Gewebe. Sie haben eine Innenwand aus platten Endothelzellen, keine Basalmembran und außen liegt Bindegewebe umhüllend auf. Größere Lymphgefäße haben auch einen dreischichtigen Wandbau wie Venen.

2.12 Blut

Das Blut hat eine Vielzahl von Aufgaben, die man im Mündlichen gerne erzählen darf:
Es dient
- der Sauerstoffversorgung,
- dem CO_2-Transport,
- dem Wärmetransport,
- der pH-Regulation,
- der hormonellen Kommunikation,
- der Immunabwehr und
- dem Transport von Elektrolyten, Nährstoffen und Abbaustoffen.

Nicht zuletzt enthält es Stoffe für seine Gerinnung.

Noch ein paar Fakten zum Blut, die du kennen solltest: Es ist eine Suspension aus Zellen und Plasma, das Blutvolumen beträgt 50–70 ml/kg KG, der Hämatokrit 0,4–0,5. Gefärbt wird es nach Pappenheim. Seine Vorläuferstufen stammen aus dem Knochenmark (pluripotente Stammzellen), der Name der Vorläuferzellen endet meist auf „-blasten" (Myeloblasten, etc.). Ein Schema dazu zeigt Abb. 6, S. 16.
Du solltest für das IMPP und das tägliche Leben als Arzt ungefähr wissen, wie häufig die einzelnen Zelltypen des Blutes vertreten sind. Für die Reihenfolge der Zellen von 1 %–70 % kannst du dir entweder einfach die Anfangsbuchstaben merken („BEMLN") oder von 70 %–1 % folgenden Merkspruch:
- **N**eutrophile 70 % Never
- **L**ymphozyten 20 % Let
- **M**onozyten 8 % Monkeys
- **E**osinophile 4 % Eat
- **B**asophile 1 % Bananas

Die wichtigsten Highlights zu den einzelnen Blutzellen sind hier nur stichwortartig aufgeführt, da sie im schriftlichen Examen selten gefragt werden. Du solltest sie für das Mündliche (auch für die Physiologie) aber kennen:

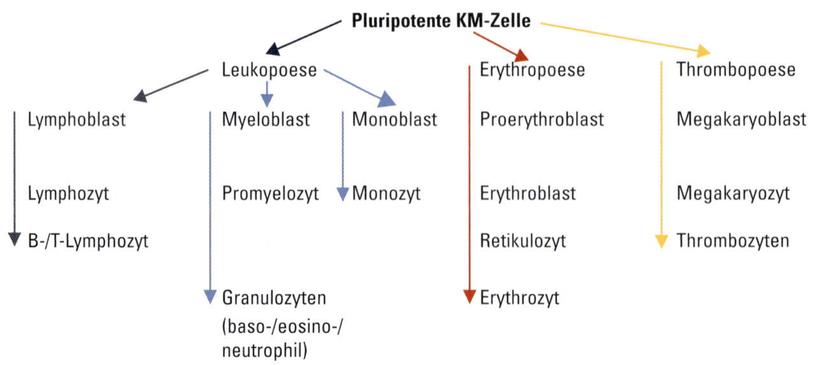

Abb. 6: Hämatopoese *medi-learn.de/7-histo2-6*

2.12.1 Erythrozyten

- rote Blutzellen (wegen des Blutfarbstoffs Hämoglobin, bildet 95 % des Gesamtproteins)
- dienen der Sauerstoffversorgung des Körpers
- ca. 5 Millionen/µl Blut
- Durchmesser 7,5 µm
- Lebensdauer 120 Tage, Neubildung ca. 8 Tage, unreifer Vorläufer: Retikulozyt
- Blutmauserung in Milz und Leber
- Membranskelett reversibel verformbar (Proteine: Ankyrin, Spektrin, Aktin)
- kernlos, keine Mitochondrien, kein ER
- Klinik: Kugelzellanämie (Sphärozytose), Sichelzellanämie, ...

2.12.2 Thrombozyten

- ca. 150 000–300 000/µl Blut, 2–4 µm
- Vorläuferzelle im Knochenmark: **Megakaryozyt**, Abschnürung von der Mutterzelle, s. IMPP-Bild 6, S. 49.
- wichtig für die Homöostase
- Lebensdauer ca. **10** Tage
- Speichergranula (**ADP**, **Serotonin**)
- kontraktiles **Aktinnetz**, diverse Glykoproteine und Rezeptoren ermöglichen Adhäsion

2.12.3 Lymphozyten

- 15 % B-Lymphozyten,
- 75 % T-Lymphozyten,
- 10 % NK-Zellen
- **spezifische** Abwehrzellen
- große, runde, grobschollige Kerne, die fast die ganze Zelle ausfüllen
- Vorläufer: Lymphoblast
- 2 Hauptgruppen:
  - B-Zellen: Träger der humoralen Immunabwehr (Antikörper)
  - T-Zellen: Träger der zellvermittelten (zellulären) Immunabwehr
- ständige Rezirkulation an postkapillären Venolen
- 6–18 µm

2.12.4 Neutrophile Granulozyten

- Funktion: **unspezifische** Abwehr
- greifen vor allem **Bakterien** an
- 3-tägige Lebensdauer
- kleine Granula, kaum sichtbar
- gelappter Zellkern
- zur **Diapedese** befähigt
- kann toxische **Sauerstoffradikale** bilden!!! IMPP („respiratory burst")!
- kann **phagozytieren**
- produzieren wichtige Enzyme der Abwehr: **Lysozym, Elastase, lysosomale Enzyme**
- machen ca. 60 % der Leukozyten aus
- tote Granulozyten sind Bestandteil des Eiters

Übrigens ...
Neutropenie oder Agranulozytose können zu tödlichen Infektionen führen. Auslöser können auch einige Medikamente sein.

2.12.5 Eosinophile Granulozyten

- Funktion: **Wurmlarven-/ Parasitenbekämpfung**
- relativ große Granula mit **kristalloidem** Zentrum
- spielen in der Pathogenese von **Allergien** eine Rolle
- besitzen Rezeptoren für **IgE**-Antikörper
- können so IgE-beladene Parasiten binden und auf diese toxisch einwirken
- ca. 1–4 % der Leukozyten

2.12.6 Basophile Granulozyten

- Funktion: relativ unbekannt, auch mit allergischen Reaktionen assoziiert
- bizarr geformter Kern
- grobe Granula, **überdecken oft den Kern**
- Granula enthalten **Heparin** und **Histamin**
- machen weniger als 1 % der Leukozyten aus

2.12.7 Monozyten

- größte Leukozyten, 12–20 µm (alle anderen 12–15 µm)
- Kern nierenförmig gebuchtet (DD!)
- viele Lysosomen (Phagozytose!)
- Mitwirkung bei spezifischer und unspezifischer Abwehr (Phagozytose, Antigen-Präsentation, Zytokinfreisetzung, z. B. TNF-α, IL-1)
- sind keine „Endzellen", sondern verlassen nach einigen Tagen das Gefäßsystem und differenzieren zu Gewebs-Makrophagen.

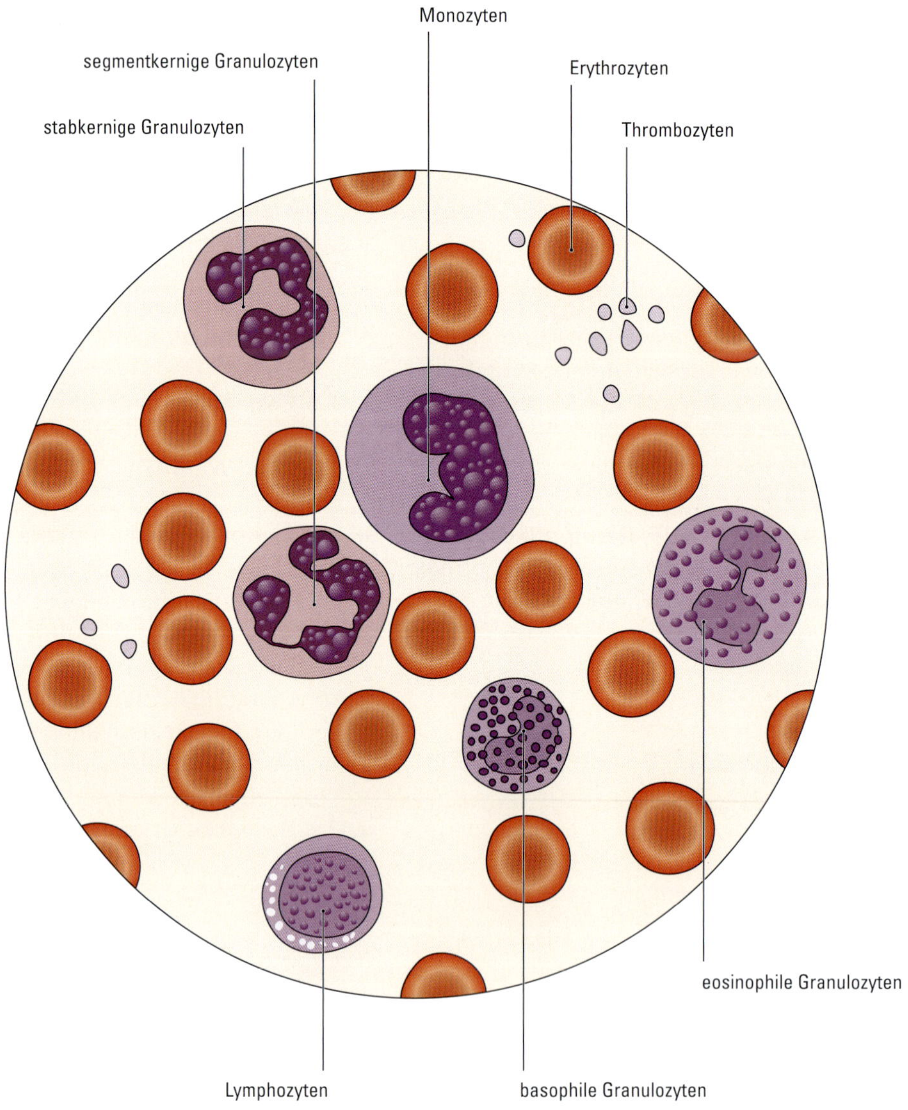

Abb. 7: Blutzellen im Mikroskop

medi-learn.de/7-histo2-7

DAS BRINGT PUNKTE

Zum Thema **Lunge** solltest du wissen, welche Zellen in mehrreihigem Flimmerepithel vorkommen:

- Kinozilientragende Zellen,
- Becherzellen,
- Clara-Zellen,
- Zellen des APUD-Systems.

Ein absoluter Dauerbrenner ist auch die Frage, ob gefensterte Kapillaren in der Lunge vorkommen. Das tun sie garantiert nicht, denn sonst hätten wir ein ständiges Lungenödem!
Außerdem wurde in den Fragen des schriftlichen Examens noch regelmäßig zur Diskussion gestellt, ob denn nun die Zellen der Ductus alveolares Kinozilien tragen oder nicht. Und auch hier lautet die Antwort: Nein, die Ductus alveolares haben KEINE Kinozilien.

Merken solltest du dir außerdem, dass

- Alveolarzellen vom Typ I zu 93 % an der Auskleidung der Alveolen beteiligt und miteinander durch Tight Junctions verbunden sind,
- elastische Fasern Wandbestandteile der Bronchioli respiratorii sind,
- die Alveolarzellen von Surfactant überzogen sind,
- der Surfactant von den Alveolarzellen Typ II hergestellt wird.

Fragen zum Thema Gefäßhistologie werden direkt zwar nicht so häufig gestellt. Zum Verständnis der unterschiedlichen Funktionen und Arbeitsweisen der verschiedenen Organe ist der Gefäßaufbau jedoch immens wichtig. Daher solltest du die folgenden **Kapillartypen** je nach Aufbau und Vorkommen unterscheiden können:

- Geschlossene Endothelschicht
  - Gehirn / Muskulatur / Lunge
- Gefenstertes Endothel **mit** Basalmembran
  - Nieren (Glomerula), Plexus Choroideus, Area postrema, in vielen endokrinen Geweben
- Gefenstertes Endothel **ohne** Basalmembran („diskontinuierlich")
  - Lebersinusoide, Milzsinus!!!!

Welche Kapillartypen wo vorkommen, fragt das IMPP sehr gerne!

Folgende Gewebe sind kapillarfrei: Epithel, Knorpel (nicht: embryonaler Knorpel), Herzklappen, Zahnschmelz, Bandscheiben, Augenlinse ...

FÜRS MÜNDLICHE

Nun lehne Dich kurz zurück, atme mal tief durch und los geht's mit den Fragen zum Thema Lunge, Atemwege und Gefäße.

1. **Woran erkennen Sie, dass es sich um respiratorisches Epithel handelt?**
2. **Erläutern Sie bitte, welche Zellen die Blut-Luft-Schranke bilden.**
3. **Beschreiben Sie bitte den Wandbau eines kleinen Bronchus.**
4. **Beschreiben Sie bitte die Unterschiede im Aufbau der Gefäßwände von Arterien und Venen.**
5. **Nennen Sie bitte die Orte, wo Sie gefensterte Endothelien und wo Sie hochendotheliale Venolen finden.**

FÜRS MÜNDLICHE

1. Woran erkennen Sie, dass es sich um respiratorisches Epithel handelt?
Respiratorisches Epithel
- ist mehrreihig,
- trägt Kinozilien,
- ist durchsetzt mit Becherzellen,
- in seiner Nähe findet sich Knorpelgewebe.

2. Erläutern Sie bitte, welche Zellen die Blut-Luft-Schranke bilden.
- Alveolarepithelzellen Typ I,
- Endothelzellen vom nicht gefensterten Typ,
- die gemeinsame Basalmembran.

3. Beschreiben Sie bitte den Wandbau eines kleinen Bronchus.
Wandbau von innen nach außen:
- Tunica mucosa,
- Tunica muscularis,
- Knorpelspangen.

4. Beschreiben Sie bitte die Unterschiede im Aufbau der Gefäßwände von Arterien und Venen.
Arterien sind elastische „Widerstandsgefäße" zur Blutdruckregulation, daher haben sie eine relativ dicke Muskularis.
Venen sind viel „schlaffer" als Arterien. Sie sind keine Druckgefäße, sondern Volumenspeicher und haben daher (außer den Beinvenen) nur eine dünne Muskularis. Das führt dazu, dass sie im histologischen Schnitt oft kollabiert sind.

5. Nennen Sie bitte die Orte, wo Sie gefensterte Endothelien und wo sie hochendotheliale Venolen finden.
Gefensterte Endothelien kann man in solche mit und ohne Basalmembran unterscheiden. Gefensterte Endothelien mit Basalmembran befinden sich in den Nieren (Glomerula), im Plexus Choroideus, in der Area postrema und in vielen endokrinen Geweben.
Gefensterte Endothelien ohne Basalmembran, also diskontinuierliches Endothel, findet man in den Gefäßen von Leber (Sinusoide) und Milz (Sinus).
Im Lymphknoten kann man hochendotheliale Venolen sehen.

Pause

Etwas längeres Päuschen – einmal Beine hoch und entspannen, bevor es mit dem lymphatischen Gewebe weitergeht.

Mehr Cartoons unter www.medi-learn.de/cartoons

3 Lymphatisches Gewebe und Immunsystem

Fragen in den letzten 10 Examen: 10

An dieser Stelle habe ich eine gute und eine schlechte Nachricht. Die schlechte ist: Wir sind undicht und verlieren ständig Flüssigkeit sowie Plasma aus unseren Gefäßen. Die gute ist: Wir haben ein Drainagesystem, das diese verlorene Flüssigkeit wieder in den Kreislauf zurückfließen lässt.

Dieses Drainagesystem wird von unseren Lymphgefäßen gebildet, die blind im Körper beginnen und dann immer weiter zusammenfließen, bis sie schließlich an die Venenwinkel des Halses ins Blutgefäßsystem münden. Wesentliche Stationen auf diesem Weg sind

- die **Lymphknoten**,
- die **Cisterna chyli**,
- der **Ductus thoracicus**.

Der Flüssigkeitsstrom der Lymphe ist schön langsam. Außerdem ist damit zu rechnen, dass im Laufe der Zeit ALLES Flüssige und JEDES in Flüssigkeit gelöste Teilchen durch diese Gefäße kommt. Kannst du dir also einen geeigneteren Raum vorstellen, um ausgiebig alles zu kontrollieren, was im Körper so auf Reisen ist? Wohl kaum ...

Aufgrund dieser idealen Bedingungen hat sich in dem Drainagesystem auch die körpereigene Fahndungsbehörde eingenistet, sprich unser Immunsystem in Form von **B-** und **T-Lymphozyten**, Makrophagen und einigen anderen spezialisierten Zellen.

Wir haben es hier also mit einer perfekten Symbiose zweier Systeme zu tun, die histologisch nicht immer voneinander zu trennen sind.

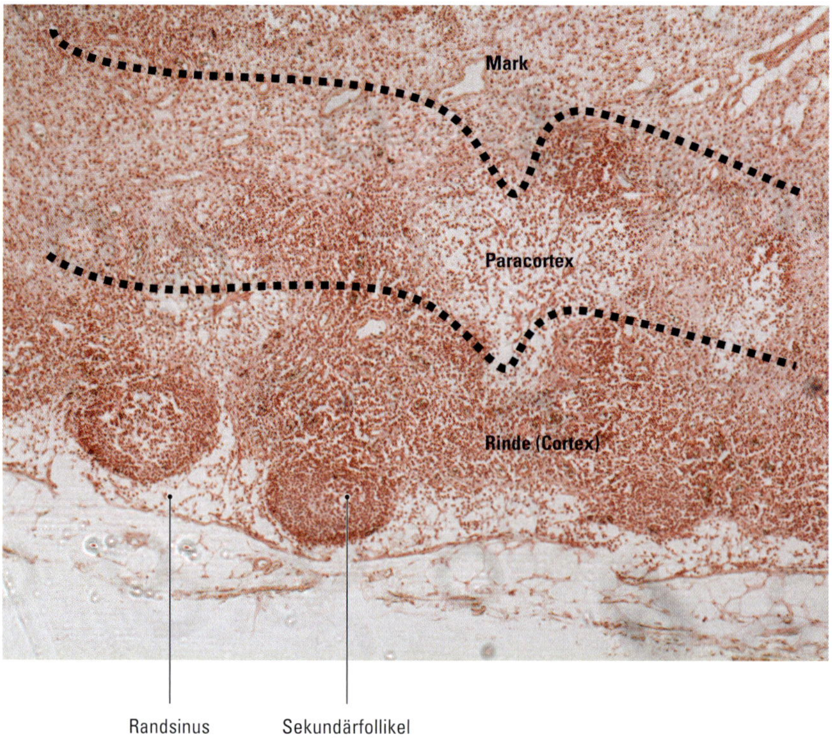

Abb. 8: Lymphknoten

medi-learn.de/7-histo2-8

3.1 Lymphknoten

Sehen wir uns mal an, wie so ein Checkpoint Charlie aufgebaut ist: Lymphknoten haben die Form einer Bohne, mit einer bindegewebigen Kapsel und einer kleinen Delle, an der die Gefäße rein und rausziehen – dem **Hilus**. Die Lymphgefäße ziehen von außen in die Kapsel und öffnen sich in einen schmalen **subkapsulären Spalt** – den **Randsinus**. Das Innere eines Lymphknotens wird durch Septen, die von der Kapsel kommen, in einzelne Räume unterteilt, in denen es sich die lymphatischen Zellen gemütlich machen. Grob lassen sich auch hier wieder mal eine **Rinde** und ein **Mark** unterscheiden (s. 3.2 Milz ab S. 24). Außerhalb der Rinde liegt der **Randsinus**, der die Lymphe über **Intermediärsinus** und **Marksinus** zum Zentrum des Knotens hin leitet. Hier nimmt ein einzelnes Gefäß die Lymphe auf und leitet sie durch den Hilus weiter.
In der Rinde sammeln sich die B-Zellen in Haufen, den Primärfollikeln. Diese Zellchen sind so etwas wie die Beamtenfraktion der Abwehrzellen: Sie sitzen in den Follikeln rum und warten, bis etwas passiert. Kommt es zu einer Immunreaktion, so verändern sich die B-Zellen und formen den Sekundärfollikel (s. Abb. 8, S. 22). Dabei vermehren sich die B-Zellen stark und manche von ihnen werden zu **Zentrozyten**. Außerdem finden sich **follikuläre dendritische Zellen** sowie **Makrophagen**.

Übrigens ...
B-Zellen haben ihren Namen daher, dass sie den Zellen sehr ähnlich sind, die man in der Bursa fabricii der Vögel gefunden hat, deren Abwehrorgan. Das „**B**" kommt also von **B**ursa.

Wichtig: Sekundärfollikel sind ein Zeichen für eine stattgefundene Immunreaktion. In ihnen befinden sich Zentrozyten, follikuläre dendritische Zellen und Makrophagen.
Lymphfollikel liegen solitär oder aggregiert vor, man kann mikroskopisch gut Primär- von Sekundärfollikeln unterscheiden:

- **Primärfollikel**: homogen, rund, noch kein Antigenkontakt
- **Sekundärfollikel**: Zentrum **hell**, Randwall **dunkel** (nach Antigen-Kontakt)
  - Keimzentrum: B-Zellen, Plasmazellen, (T-Lymphozyten), man sieht auch Retikulumzellen und Zentroblasten (deren Prolieferation kann bei Infekten eine schmerzhafte Lymphknotenschwellung hervorrufen).
  - Antigen-präsentierende Zellen (APZ)
  - dunkle Farbe des Keimzentrums durch Proliferation, helle Farbe im Bereich der negativen Selektion
  - Randwall: undifferenzierte Lymphozyten, Makrophagen

Die T-Zellen halten sich eher verteilt in der **parakortikalen** Zone auf. Diese Zellen kommen gar nicht so richtig zur Ruhe. Erst müssen sie eine harte Ausbildung im **Thymus** durchmachen (s. Abb. 11, S. 26 und Abb. 12, S. 27), dann geht es auf Streife im Blutkreislauf und hin und wieder müssen sie auch noch auf dem Revier (den Lymphknoten) vorbeischauen. Dafür haben sie sogar einen gesonderten Eingang, nämlich die **HEV** (**hochendothelialen Venolen**, s. IMPP-Bild 7, S. 50 und IMPP-Bild 8, S. 50), die dementsprechend gehäuft in der **parakortikalen Zone** vorkommen. Verlassen müssen die T-Zellen den Lymphknoten jedoch – wie jede andere Zelle auch – über den Hilus. Und das, obwohl es etwas dauert, bis sie dann wieder im Blut unterwegs sein können. Als mobile Fahndungseinheiten müssen die T-Zellen ständig im Bilde sein, wer überhaupt gesucht wird. Daher sind sie darauf angewiesen, die entsprechenden **Antigene** präsentiert zu bekommen. Diese Aufgabe wird von den **interdigitierenden Zellen** wahrgenommen, die sich passenderweise gehäuft in den gleichen Regionen wie die T-Zellen aufhalten; nämlich parakortikal und entlang der Marksinus. Es muss eben alles im Vorbeigehen zu erfahren sein: keine Zeit, keine Zeit ...

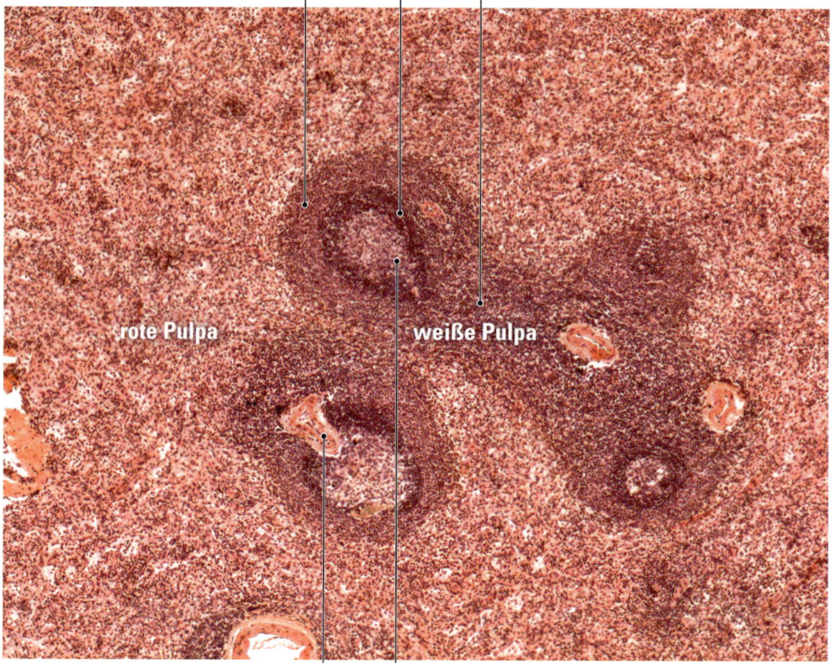

Abb. 9: Milz

medi-learn.de/7-histo2-9

Merke!

- Postkapilläre = hochendotheliale Venolen (HEV) sind typisch für Lymphknoten. Sie beteiligen sich an der Lymphozytenzirkulation, können Makrophagen enthalten und sind postkapillär sowie in der parakortikalen Zone zu finden.
- Interdigitierende Zellen (Langerhans-Zellen) können Antigene präsentieren. Sie befinden sich parakortikal und entlang der Marksinus.

Alles weitere zur Immunantwort und Reaktionsbildung erfährst du in Skript Biochemie 6.

3.2 Milz

Die Milz ist so etwas wie unser größter Lymphknoten. Eine der Besonderheiten dieses Megaknotens ist, dass er in den großen Blutkreislauf eingebaut ist: Die Milz übernimmt also ähnliche Aufgaben wie ein Lymphknoten, filtert aber Blut statt Lymphe. Durch die starke Aufzweigung ihrer Arterien bis zu den **Pinselarterien** und der Tatsache, dass sich die Erythrozyten durch das retikuläre Bindegewebe ihren Weg zu den **Trabekelgefäßen** suchen müssen, herrscht auch in der Milz ein sehr langsamer Flüssigkeitsstrom. Sie hat ebenfalls Bohnenform und einen Hilus, über den Gefäße ein- und austreten. Dabei ist die Milz aber wesentlich größer als ein Lymphknoten (Merke: 4711 für 4 mal 7 mal 11cm) und liegt intraperitoneal, d. h. sie ist von Serosa überzogen. Außerdem hat sie noch eine Bindegewebskapsel, die ihrem weichen Parenchym Form und Halt gibt. Von dieser Kapsel ziehen – ähnlich wie bei den Lymphknoten – Trabekel in Richtung Hilus, die die Trabekelgefäße enthalten.

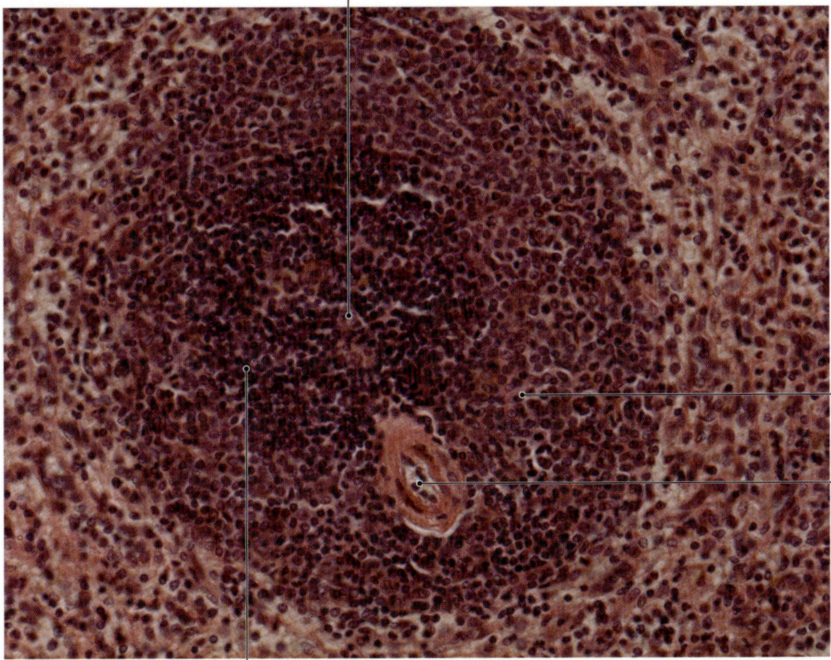

Abb. 10: Milzfollikel medi-learn.de/7-histo2-10

Zwischen den Trabekeln bildet **retikuläres Bindegewebe** die Matrix. Diese **rote Pulpa**, in der sich viele Blutgefäße und Erythrozyten befinden, stellt den Großteil des Milzgewebes. Hier findet man auch Makrophagen, die die alternden Erythrozyten nach 100–120 Tagen phagozytieren (Blutmauserung). Die Endothelzellen des Milzsinus in der roten Pulpa bezeichnet man auch als **Uferzellen**. Die größeren **Pulpagefäße** sind dicht umgeben von **B-Lymphozyten**, die Follikelbildung zeigen können und als **weiße Pulpa** bezeichnet werden.

Merke!

- Die weiße Pulpa der Milz kann Follikelbildung zeigen. Sie wird gebildet von B-Lymphozyten (s. Abb. 9, S. 24).
- Da das Blut bei Erstellung eines normalen histologischen Präparates ausgewaschen wird, sieht die rote Pulpa im Präparat heller als die weiße Pulpa aus.
- Die Lymphfollikel in der Milz bezeichnet man auch als **Malpighi-Körperchen**. Dabei handelt es sich um kugelförmige Kolonien von **B**-Lymphozyten, die sich dort differenzieren und vermehren.

Der intralienale Blutfluss (gerne mal im Mündlichen gefragt) sieht folgendermaßen aus: Aus der A. lienalis fließt das Blut in die Trabekelarterien, dann über die Zentralarterien, Pulpaarterien, Pinselarteriolen und Hülsenkapillaren in die Sinusoide, Pulpavenen und Trabekelvenen. Um die Trabekelarterien liegt die PALS (**peri****ar**terielle **L**ymphozyten**s**cheide). Sie ist Teil der weißen Milzpulpa. Die Zentralarterie zieht ins Malpighi-Körperchen.

Auch die Unterscheidung in offenen und geschlossenen Milzkreislauf ist wichtig:
Im offenen (langsamen) Kreislauf fließen ca. 10 % des Blutes. Die Pinselarteriolen geben ihr Blut in die Spalträume zwischen den Retikulumzellen ab. Erst von dort gelangt es in die Sinusoide. Die Spalträume dienen dabei als Filter für die Blutmauserung.
Im geschlossenen Kreislauf fließen ca. 90 % des Blutes. Hier münden die Kapillaren direkt in die Milzsinusoide (keine Filterfunktion).

3.3 Thymus

Die Thymusdrüse liegt retrosternal. Sie ist im Kindesalter sehr gut differenziert und hoch aktiv. Etwa ab der Pubertät setzt jedoch die Involution ein, was bedeutet, dass die Drüse in Altersteilzeit geht. Dadurch verliert sich das meiste Gewebe und wird durch Fettzellen ersetzt. Bei den Leichen im Präpariersaal findet man daher meist nur noch einen retrosternalen Fettkörper.

Der Thymus ist ein primäres Immunorgan. Seine zentrale Aufgabe ist die **T-Zellreifung**. Durch **genetische Rekombination** entstehen unzählige T-Zellen, die alle voneinander verschieden sind. Jede Zelle verfügt über Oberflächenmoleküle, die sie für ein einzigartiges Antigen spezialisieren – es handelt sich also um hochspezialisierte Einsatzkräfte. Bevor sie jedoch in Dienst genommen werden können, muss vom Körper sichergestellt werden, dass sie nicht auf körpereigene Antigene losgehen. Diese Aufgabe erfüllt der Thymus, in dessen Rindenbereichen die **Ammenzellen** sitzen, die sich der jungen T-Zellen annehmen und die Querschläger aussondern (s. IMPP-Bild 9, S. 51 im Anhang). Zum Aufräumen hat der Thymus die **Makrophagen**.

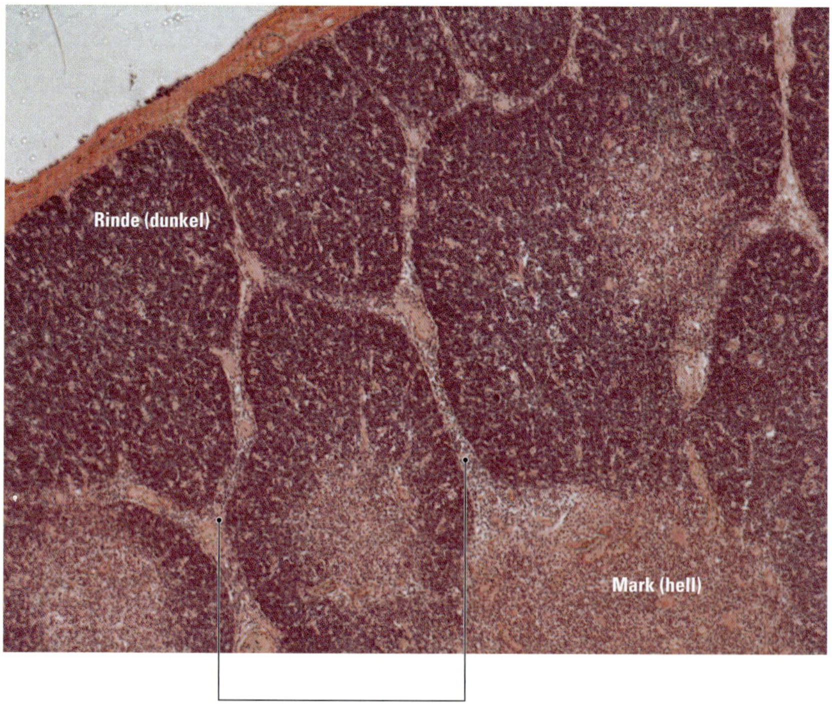

Abb. 11: Thymus jung

medi-learn.de/7-histo2-11

Übrigens ...
Bei manchen Krankheiten (z. B. Morbus Hodgkin = einer Form von Lymphdrüsenkrebs) kann es zu einer Art Reaktivierung des Thymus kommen. Mit einer CT- Aufnahme lässt sich der vergrößerte Thymus darstellen.

Histologisch lassen sich am Thymus einzelne Läppchen unterscheiden, die durch Bindegewebe und Fettzellen abgegrenzt sind. Je mehr Fett zu sehen ist (große ausgewaschene Löcher), desto länger war der Thymus schon in Altersteilzeit. Das einzelne Läppchen kann dann wieder in Rinde und Mark eingeteilt werden.

Merke!

- Im Mark befinden sich die Hassall-Körperchen, die die Diagnose Thymus sichern.
- Die **T**-Zellen haben ihren Namen vom **T**hymus.
- Im Thymus findet man T-Zellen, Makrophagen und Epithelzellen.

Da der Thymus embryologisch betrachtet aus dem Ektoderm stammt (= epetheliale Herkunft des Thymus), enthält er als einziges lymphatisches Organ kein retikuläres Bindegewebe.

3.4 Tonsillen

Die Tonsillen im Bereich des Pharynx bilden den Waldeyer-Rachenring und somit die erste Station der enterischen Abwehr. Da sie in den letzten Examina zunehmend von Interesse waren, hier ein paar wichtige Fakten dazu: Im Schnittbild erinnern Tonsillen zuerst an Lymphknoten, es lassen sich Follikel und Reaktionszentren erkennen. Daneben findet man aber auch Einziehungen oberflächlichen Epithels, die Krypten. Entlang dieser Krypten

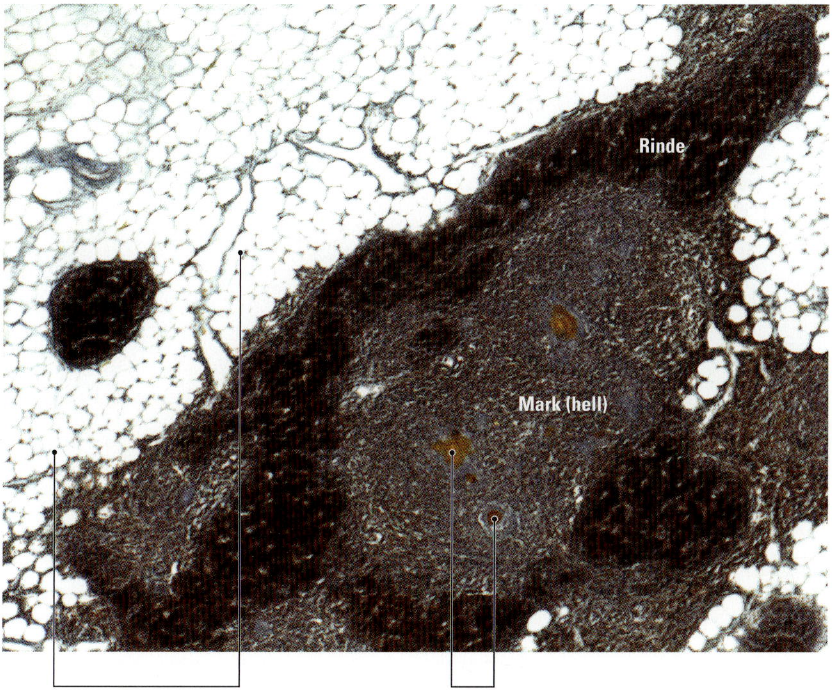

Abb. 12: Thymus alt

medi-learn.de/7-histo2-12

sammeln sich besonders viele Lymphzellen, da hier der „Feindkontakt" stattfindet. D. h. im Bereich der Krypten erfolgen Antigenaufnahme und -prozessierung durch Antigen-präsentierende Zellen.

Für die spezielle Histologie ist es außerdem noch wichtig, die Herkunft der Tonsille bestimmen zu können. Um die einzelnen Tonsillentypen voneinander zu unterscheiden, schaust du dir einfach das Epithel der Krypten genau an:

- Die Tonsilla palatina hat ein mehrschichtig unverhorntes Plattenepithel, da sie ja im Mund-/Rachenraum liegt.
- Die Tonsilla pharyngea hat respiratorisches Epithel mit Becherzellen, da sie sich im luftführenden Raum befindet.
- Die Tonsilla lingualis hat wieder mehrschichtig unverhorntes Plattenepithel. Im Unterschied zur Tonsilla palatina sind die Krypten jedoch breiter und enthalten häufig Ausgänge von Drüsen.

DAS BRINGT PUNKTE

Wie immer ist es das Kleinvieh, das den (Physikums-)Mist macht. Daher steht auch nicht die körperliche Integrität, sondern die letzten Forschungsergebnisse im Vordergrund des Examens. Zu den **Lymphknoten** solltest du dir Folgendes merken:

- Lymphknoten haben eine Kapsel und sind aus retikulärem Bindegewebe aufgebaut.
- Sie haben einen Randsinus, der sich in Form von Marksträngen zum Hilus hin fortsetzt.
- Im Parenchym der Lymphknoten finden sich die üblichen B- und T-Zellen.
- Außerdem gibt es Makrophagen und dendritische Zellen als Antigen-präsentierende Einheiten.
- Sekundärfollikel sind ein Zeichen für eine abgelaufene Immunreaktion. In ihnen finden sich Zentrozyten, follikuläre dendritische Zellen und Makrophagen.
- Die hochendothelialen Venolen beteiligen sich an der Lymphozytenzirkulation. Sie sind postkapillär und in der parakortikalen Zone des Lymphknotens zu finden. Durch sie dringen T-Zellen in die Lymphknoten ein.
- T-Zellen verlassen die Lymphknoten nur über den Lymphabfluss.
- Eine periarterielle Lymphozytenscheide kommt in der Milz vor.

Für ein Organ, in dem so wichtige Prozesse wie die Reifung der zellulären Abwehr stattfinden, wird zum **Thymus** wohl wenig geforscht. Auf jeden Fall kommen nur wenige Fragen zu diesem Thema im Examen dran. Enorm praktisch ist außerdem die Tatsache, dass es wohl nur zwei Bilder von diesem Organ gibt (s. Abb. 11, S. 26 und Abb. 12, S. 27). Die solltest du dir gut einprägen und zusätzlich noch wissen, dass

- man im Thymus T-Zellen, Makrophagen und Epithelzellen findet.
- die „Involution" mit einer Verfettung einhergeht.

FÜRS MÜNDLICHE

Ob alleine oder in der Lerngruppe: Teste nun dein Wissen mit den Fragen aus unserer Prüfungsprotokoll-Datenbank.

1. **Nennen Sie die Aufgabe der Lymphknoten.**
2. **Beschreiben Sie bitte den Aufbau eines Lymphknotens.**
3. **Wo münden Ihrer Meinung nach die großen Lymphgefäße?**
4. **Woran erkennen Sie die Milz?**
5. **Nennen Sie die Aufgabe des Thymus.**

---

1. Nennen Sie die Aufgabe der Lymphknoten.
Sie sind Filterstationen des lymphatischen Abflusses. In ihnen findet häufig der erste Kontakt des Immunsystems mit einem Fremdorganismus statt.

2. Beschreiben Sie bitte den Aufbau eines Lymphknotens.

- Kapsel,
- Randsinus,
- Rindenzone mit Lymphfollikeln (primär oder sekundär),

- Mark mit den Gefäßen, die am Hilus den Lymphknoten verlassen.

3. Wo münden Ihrer Meinung nach die großen Lymphgefäße?
- Ductus thoracicus dexter im rechten Venenwinkel,
- Ductus thoracicus sinister im linken Venenwinkel.

4. Woran erkennen Sie die Milz?
- Bindegewebe als Septen, in denen die Trabekelgefäße zu finden sind,
- lockeres Gewebe (rote Pulpa), in dem Gefäße mit dichterem Gewebe umgeben sind (weiße Pulpa), darin können Lymphfollikel zu sehen sein.

5. Nennen Sie die Aufgabe des Thymus.
- T-Zellreifung,
- Aussondern von T-Zellen, die körpereigenes Gewebe angreifen würden.

Mehr Cartoons unter www.medi-learn.de/cartoons

Pause

Kurze Pause – du solltest jetzt noch mal kurz die ableitenden Harnwege entlasten!
Dann geht's auf zum letzten Kapitel!

4 Zentrales Nervensystem, Auge und Ohr

Fragen in den letzten 10 Examen: 12

Die wichtigste Voraussetzung für unser Überleben ist die Möglichkeit, unsere Umwelt wahrzunehmen, diese Wahrnehmung zu verarbeiten und angemessen darauf zu reagieren. Das Organ, das diese Funktionen integriert, ist unser Gehirn.
Funktionell lassen sich hier neuronale Afferenzen (zum ZNS hin) und Efferenzen (vom ZNS weg) von integrativen Prozessen (z. B. zwischen linker und rechter Hemisphäre) unterscheiden. Anatomisch gliedert sich das ZNS grob in
- **Großhirn**,
- **Kleinhirn**,
- **Hirnstamm**,
- **Rückenmark**.

4.1 Afferenzen

Als erstes werden zwei spezielle Organe besprochen, die einen wichtigen Beitrag zu unserer Orientierung im Raum und in einer sozialen Gruppe leisten: das **Auge** und das **Ohr**. Weitere wichtige Afferenzen kommen von der Haut (die kleinen Organe dafür hast du schon kennen gelernt, s. 1.3, S. 5) und aus der **Muskulatur** (z. B. Muskelspindeln).

4.1.1 Auge

Das Auge gliedert sich in einen optischen und einen neurorezeptiven Anteil (die Retina, s. Abb. 13, S. 32). Der optische Apparat besteht aus **Hornhaut**, **Kammerwasser**, **Linse** und **Glaskörper**. Die wichtigsten Anforderungen an ihn sind, dass er durchsichtig bleibt und sich mittels der **Zonulafasern** und des **Musculus ciliaris** an verschiedene Entfernungen adaptieren kann. Die Brechkraft des Auges (s. Skript Physiologie 3) wird im Wesentlichen von zwei Ebenen bestimmt: von der Grenze zwischen Luft und Hornhaut und von der Grenze zwischen Kammerwasser und Linse.

Für die schriftliche Prüfung sind glücklicherweise histologisch nur die Hornhaut und die Retina von Interesse.

Hornhaut (Cornea)

Die Cornea besteht aus einer dichten Schicht **kollagenen Bindegewebes** (s. IMPP-Bild 10, S. 51), die von zwei Membranen begrenzt wird:
- durch die **Membrana limitans anterior** (= **Bowman-Membran**) nach vorn und
- durch die **Membrana limitans posterior** (= **Descemet-Membran**) nach hinten.

Diesen Grenzschichten liegen Epithelien auf:
- nach vorne das vordere **Hornhautepithel** (grenzt an die frische Luft) und
- nach innen das **Hornhautendothel** (grenzt an das Kammerwasser).

Merke!

Die Bowman-Membran liegt vorne, die Descemet-Membran hinten. Das vordere Hornhautepithel lässt sich nochmals unterteilen in
- Basal-,
- Intermediär- und
- Superfizialzellen.

Linse

Die Linse entwickelt sich aus einem **ektodermalen Kern**, dessen Entstehung durch einen aussprossenden Teil des Diencephalons induziert wird (wird später zu Retina und Sehnerv). Sie liegt in einer Tasche aus einschichtigem Epithel, dem **Linsenepithel**, aus dem die **Linsenfasern** hervorgehen, die die Linse selbst aufbauen. Diese Fasern ordnen sich so zusammen, dass sie einen **Stern** ergeben.

Übrigens ...
- Da bei Säuglingen die Linse noch nicht voll entwickelt ist, sondern noch wächst, haben diese einen vorderen und einen hinteren Linsenstern.
- Beim Marfan-Syndrom liegt eine Mutation/Deletion des Proteins Fibrillin-1 vor, welches u. a. die Zonulafasern bildet. Betroffene neigen daher zu Linsenluxationen.

Ein Bild zur Linse gab es bisher im Schriftlichen noch nicht.

Merke!

Die Linsenfasern gehen aus dem Linsenepithel hervor.

Retina

Den **neurorezeptiven** Anteil des Auges bildet die Retina. Da sie ein Fortsatz des **Diencephalons** (Zwischenhirns, s. Skript Anatomie 3) ist, werden die Myelinscheiden des Nervus opticus von **Oligodendrozyten** gebildet.

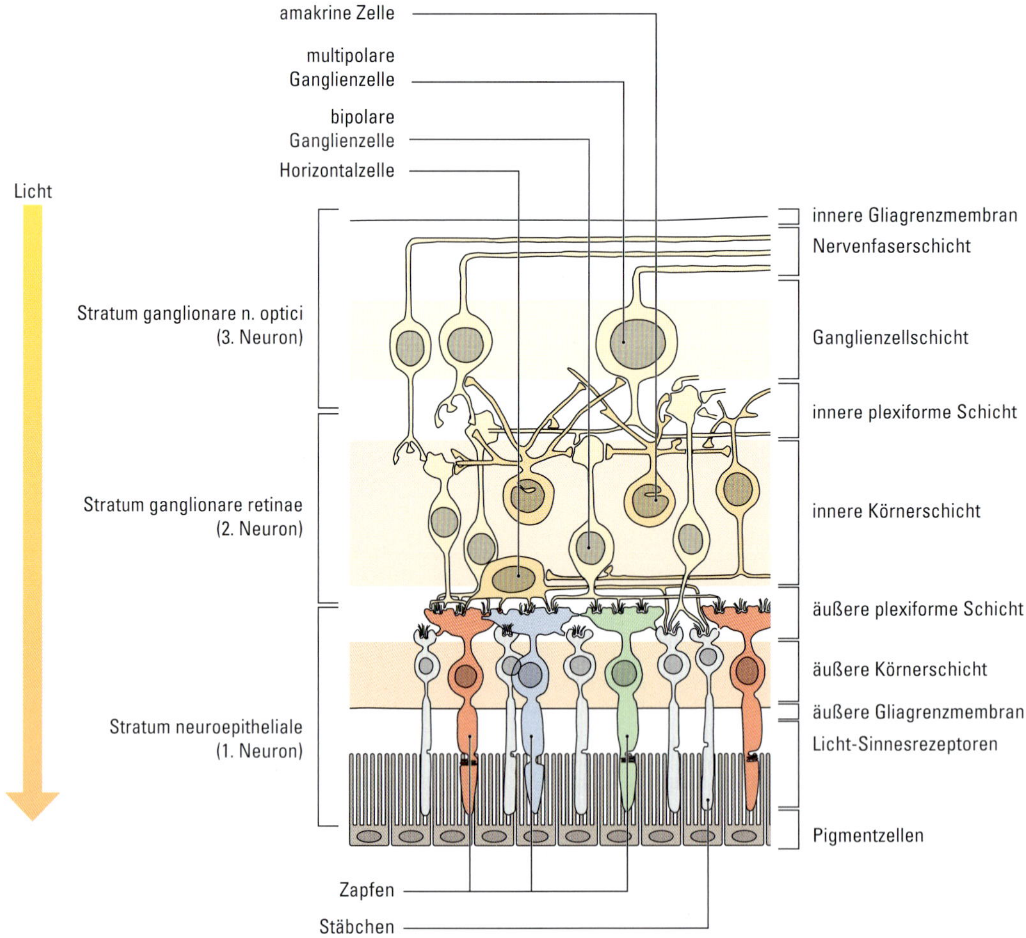

Abb. 13: Retinaschichten

medi-learn.de/7-histo2-13

Merke!

Die Myelinscheiden des N. opticus werden von Oligodendrogliazellen gebildet. Sie finden sich erst im Sehnerv, NICHT schon in der Retina.

Die Netzhaut zeigt einen vielschichtigen Aufbau. Für die schriftliche Prüfung sind jedoch nur ein paar dieser Schichten relevant:

Pigmentepithel: Diese Zellen bilden die äußerste Schicht der Retina und liegen direkt der Choroidea nach außen hin an. Ihre Zellfortsätze schieben sich zwischen die Zapfen und Stäbchen der **Rezeptorschicht** (nächste Schicht). Durch Lichteinwirkung werden von den Rezeptorenden Teile abgestoßen, die dann von den Zellen des Pigmentepithels phagozytiert werden.

Merke!

Die abgenutzten Außengliedabschnitte der Rezeptorzellen werden vom Pigmentepithel phagozytiert. Diese regenerieren auch das Retinal.

Übrigens ...

Die Hell- und Dunkeladaptation geschieht dadurch, dass sich die Pigmentepithelzellen mehr (hell) oder weniger (dunkel) zwischen die Rezeptorenden schieben. Auf diese Weise wird mehr oder weniger Streulicht aufgefangen. Darum dauert es auch so lange, bis wir uns an das Sehen in wirklicher Dunkelheit gewöhnen. Zellen bewegen sich amöboid und daher relativ langsam (mehr dazu s. Skript Physiologie 3).

Ganglienzellschicht: Am entgegengesetzten Ende, fast ganz innen, liegt die Ganglienzellschicht (weiter innen liegen nur das Stratum limitans internum und das Stratum neurofibrorum, in dem die Nervenfasern verlaufen), deren Name schon für sich spricht: Hier liegen nämlich die Perikarien der Nervenzellen, die den Sehnerv bilden. Es handelt sich dabei um das **dritte Neuron**. Das **erste Neuron** liegt in der äußeren Körnerschicht und gehört zum **Rezeptor** (Stäbchen und Zapfen), das **zweite Neuron** liegt in der inneren Körnerschicht und gehört zu einer der **Bipolarzellen** (s. Tab. 1, S. 34).

Dort, wo der Sehnerv das Auge verlässt, haben wir keine Rezeptoren und daher einen blinden Fleck. Diesen kann man als **Discus nervi optici** am Augenhintergrund erkennen.
An dieser Stelle treten der Sehnerv aus und **Gefäße** ein. Diese verzweigen sich in **vier Hauptäste** – für jeden Quadranten einen Ast.
An einer Stelle der Retina haben wir nur Zapfen und die Ganglien der ableitenden Neurone sind zur Seite verlagert. Dadurch entsteht der Punkt des schärfsten Sehens, die Fovea centralis, die man am Augenhintergrund als Macula lutea erkennen kann.
Hier „leistet" sich das Auge eine 1:1 Verschaltung der Neurone (an den übrigen Stellen der Retina werden mehrere Sinneszellen durch die Verschaltung zusammengefasst, da der N. opticus sonst einen Durchmesser von ca. 1 m hätte). Da hier jedoch die Zellen (bzw. deren Zellkörper) fehlen, die mehrere Sinneszellen zusammenfassen, erscheint die Fovea centralis als leichte Einbuchtung.

Bei so vielen Schichten und Funktionen ist mal wieder eine Zusammenfassung angesagt (s. Tab. 1, S. 34).

4

Netzhaut-schicht	Zellarten	Funktionen + Besonderheiten
Membrana limitans interna	– Gliazellen – Kollagenfasern – Proteoglycoside	Basal- und Plasmamembran
Stratum neurofibrorum	keine, enthält Axone der Gliazellen	wird sie z. B. durch ein Glaukom geschädigt, führt dies zu irreversibler Erblindung
Ganglienzellschicht (innen)	Perikarien **3. Neuron**	– Afferenzweiterleitung – Bildung N. opticus
innere plexiforme Schicht		Axone und Synapsen
innere Körner-schicht	– Bipolarzellen **2. Neuron** – Horizontalzellen	– erste Verschaltung der Afferenzen – Kontrastverstärkung
äußere plexiforme Schicht	Verschaltung der Dendriten der Bipolar- und Horizontalzellen mit den synaptischen Enden der Photorezeptoren	erste Stufe der Informationsverarbeitung
äußere Körner-schicht	Perikarien der Rezeptoren **1. Neuron**	
Membrana limitans externa	keine	äußerer Abschluss, undurchlässig, außer an den Öffnungen für die Rezeptoren
Rezeptorschicht	Zapfen und Stäbchen (Fortsätze der Photorezeptoren)	Reaktion auf Licht
Pigmentepithel (außen)		– Phagozytose von Rezeptorenden – Bildung Blut-Retina-Schranke

Tab. 1: Schichten der Retina von INNEN nach AUSSEN

Merke!

Bei der Fovea centralis sind die Ganglienzellen zur Seite verlagert, was im histologischen Schnitt zu erkennen ist.

4.1.2 Ohr

Für die histologischen Fragen ist glücklicherweise nur das Innenohr von Interesse. Es liegt in der Felsenbeinpyramide des Os temporale und enthält das Hörorgan sowie die Gleichgewichtsorgane. Diese Organe schwimmen als häutige – mit Endolymphe gefüllte – Strukturen in einem mit Perilymphe gefüllten Raum.

Merke!

- Endolymphe ähnelt der intrazellulären Flüssigkeit – ist also kaliumreich.
- Perilymphe ähnelt eher der Extrazellulärflüssigkeit – ist also reicher an Natrium.

Labyrinth

Das Gleichgewichtsorgan setzt sich aus drei Bogengängen sowie den zwei kleinen Höhlen Sacculus und Utriculus zusammen. Die Messgeräte (Haarzellen) sitzen hier inmitten kleinster Tröpfchen von Gallertmasse, bei deren Bewegung sie dann passiv mitbewegt werden. Sie produzieren ein Dauersignal an elektri-

schen Erregungen, das über den Nervus vestibularis abgeleitet wird. Durch Lageveränderung der Stereozilien vom Kinozilium weg wird die Frequenz des Signals verlangsamt (= Hemmung), bei Bewegung auf das Kinozilium zu nimmt auch die Frequenz zu (= Erregung). Damit ist erreicht, dass es nicht nur EIN und AUS gibt, sondern ein Stärker und Schwächer, wodurch die Messungen unseres Gleichgewichtsorgans wesentlich feiner werden.
Sacculus und **Utriculus** beherbergen die Sinnesorgane für **lineare Beschleunigungen** wie z. B. die Schwerkraft. So eine Vorrichtung heißt **Macula statica**, was bedeutet, dass der Gallertmasse noch kleine Kristalle zur Trägheitsvergrößerung aufliegen.
Die **drei Bogengänge** dienen der Messung von **Winkelgeschwindigkeiten** – also von Drehbewegungen in allen drei Dimensionen des Raumes. Für jede Achse eines 3D-Koordinatensystems existiert ein Bogengang. Das Messgerät heißt in diesem Fall **Cupula** und befindet sich in einer Auftreibung des Bogengangs – der **Ampulla**. Dreht sich der Kopf und somit der Bogengang, folgt die Endolymphe aufgrund ihrer Trägheit nur zeitverzögert. Da die Cupula jedoch fest angewachsen ist, wird sie passiv (in die Gegenrichtung) ausgelenkt. Das ist ähnlich wie bei einem Eimer Wasser, den man an seinem Henkel so schnell dreht, dass der darin schwimmende Putzlappen nicht mitkommt.

Merke!

In Sacculus und Utriculus befindet sich jeweils eine Macula statica. Hier werden lineare Bewegungen registriert.

Cochlea

Das Hörorgan gleicht durch seinen gewundenen Gang einer Schnecke (Cochlea). Auch hier lassen sich zwei mit **Perilymphe** gefüllte Räume – die **Scala vestibuli** und die **Scala tympani** – von einem Gang mit **Endolymphe** – dem **Ductus cochlearis** (Scala media) – abgrenzen. In der Wand dieses Gangs gibt es spezialisierte Zellen, die die **Endolymphe** produzieren.

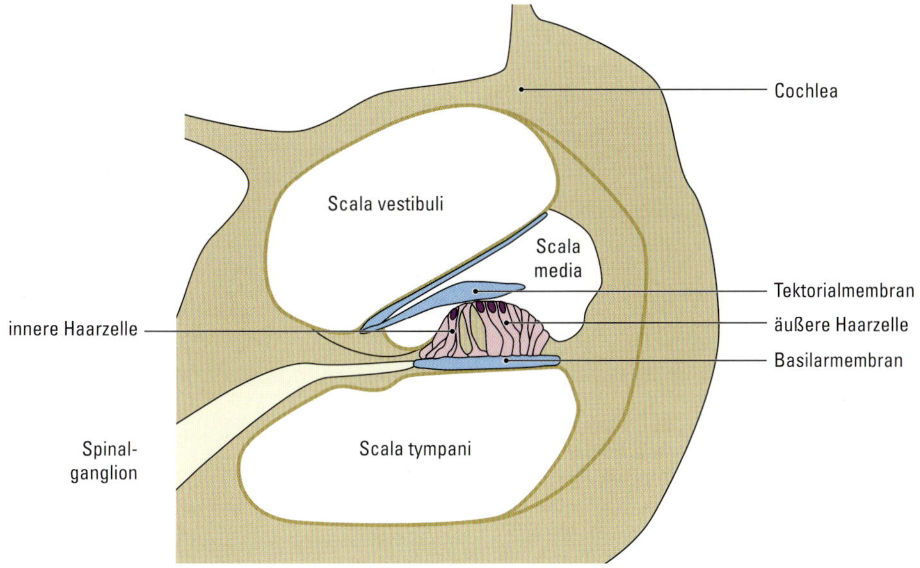

Abb. 14: Cochlea

medi-learn.de/7-histo2-14

Da dieses Areal gut durchblutet ist, heißt es **Stria vascularis**. Die Perilymphräume dienen hauptsächlich der Pufferung zu heftiger Bewegungen. Sie sind am **Helicotrema** – der Schneckenspitze – miteinander verbunden.
Der eigentliche Hörvorgang erfolgt durch das Corti-Organ im Ductus cochlearis.

Corti-Organ: Hierbei handelt es sich um Haarzellen, die der Basilarmembran aufsitzen und die in innere sowie äußere Haarzellen untergliedert werden. Das eigentliche Sinnesorgan ist also die Haarzelle, die an ihrer Oberseite mit zahlreichen Stereozilien besetzt ist. Werden diese Stereozilien ausgelenkt, so erzeugen die Haarzellen ein Aktionspotential im N. cochlearis.
Vom Innenrand der Schnecke erstreckt sich eine dünne Schicht über die Haarzellen – die Tektorialmembran. Durch die Relativbewegung dieser Tektorialmembran zur Basilarmembran werden die Stereozilien ausgelenkt. Mehr zum Hörvorgang s. Skript Physiologie 3.

Merke!

- Die Endolymphe im Ductus cochlearis wird von der **Stria vascularis** gebildet.
- Ductus cochlearis und Scala vestibuli trennt die **Reissner-Membran**.
- Ductus cochlearis und Scala tympani trennt die **Basilarmembran**.
- Der Basilarmembran sitzt das **Corti-Organ** auf, mit dem wir hören.

Übrigens ...
Die für die Prüfung des Hörvermögens wichtigen otoakustischen Emissionen werden von den äußeren Haarzellen erzeugt.

Nachdem du nun die afferente Seite bewältigt hast, folgt jetzt der Teil des ZNS, in dem sich Afferenzen und Efferenzen vereinen und nur noch topografisch zu unterscheiden sind.

4.2 Rückenmark

Das Rückenmark ist die Verlängerung unseres Gehirns in die Peripherie unseres Körpers. Von hier aus nimmt die motorische Leitung (zweites Neuron) ihren Anfang und hier laufen auch die Afferenzen aus dem Körper ins ZNS. Im Querschnitt lassen sich graue Substanz (innen) und weiße Substanz (außen) unterscheiden.

Übrigens ...
Generell gilt, dass im ZNS immer dort graue Substanz zu finden ist, wo viele Zellkörper liegen. Weiße Substanz entsteht durch die Myelinscheiden der Nervenfasern. Da sie zu einem großen Teil aus Lipiden bestehen, reflektieren sie nämlich das Licht ganz und ungebrochen, was unserem Auge weiß erscheint.

Bei der weißen Substanz handelt es sich daher auch im Rückenmark um Leitungsbahnen, deren genaue Namen du im Skript Anatomie 2 kennen lernst (s. IMPP-Bild 11, S. 52).

Die graue Substanz lässt sich weiter in eine **Grundplatte** (nach ventral gelegen) und eine Flügelplatte (liegt dorsal) untergliedern, wobei die Grundplatte größer ist. In der Grundplatte liegen die Perikarien der **zweiten motorischen Neurone**. (Erste motorische Neurone liegen im Kortex/Gyrus praecentralis.) Die Axone der zweiten Neurone verlassen das Rückenmark als **Radix anterior** und innervieren die Muskulatur. Manche dieser Nervenfasern haben einen meterlangen Verlauf (z. B. der N. ischiadicus). Dieses Monsteraxon will jedoch auch versorgt sein, daher muss die Mutter daheim viel kochen. Sprich: Die Rückenmark-Neurone sind sehr stoffwechselaktiv und synthetisieren viele Proteine. Dazu gehört viel **raues ER**, was histologisch in Form von **Nissl-Schollen** sichtbar wird.

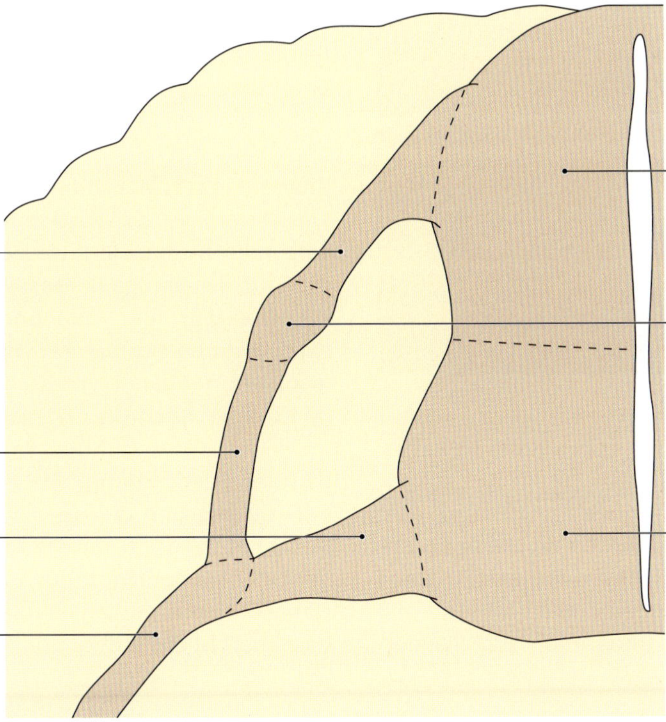

Abb. 15: Rückenmark embryonal *medi-learn.de/7-histo2-15*

In der Flügelplatte befinden sich nicht so viele Zellkörper, darum ist sie kleiner. Die Perikarien der afferenten, pseudounipolaren Nervenzellen liegen in den Spinalganglien (s. Abb. 16, S. 38).

Merke!

- Die in der Grundplatte gelegenen Zellen sind als motorische Neurone anzusehen. Folglich ist ihr Neurotransmitter an der motorischen Endplatte Acetylcholin.
- Nissl-Schollen = Nissl-Substanz ist raues ER/Ergastoplasma.

4.3 Spinalganglion

Die Spinalganglien befinden sich in der Radix posterior der Spinalnerven. Mikroskopisch erkennt man viele Zellkörper, die von einem Mantel aus kleineren Zellen umgeben sind. Hierbei handelt es sich um die **Perikarien pseudounipolarer Nervenzellen**, umgeben von **Mantelzellen**. Auf manchen Fotos dieser Zellen kann man den Axonhügel an seinem helleren Zytoplasma erkennen. Die elektrische Isolation erfolgt hier durch Schwann-Zellen, weshalb sie strenggenommen nicht mehr zum ZNS gezählt werden dürften. Weil sie funktionell jedoch genau dazu gehören und es kein Kapitel für periphere Nerven gibt, habe ich sie hierunter mitbesprochen. Also bitte davon nicht verwirren lassen.

Merke!

Die Myelinscheiden in den Spinalganglien werden durch Schwann-Zellen gebildet. Daher zählt man die Spinalganglien zum PNS!

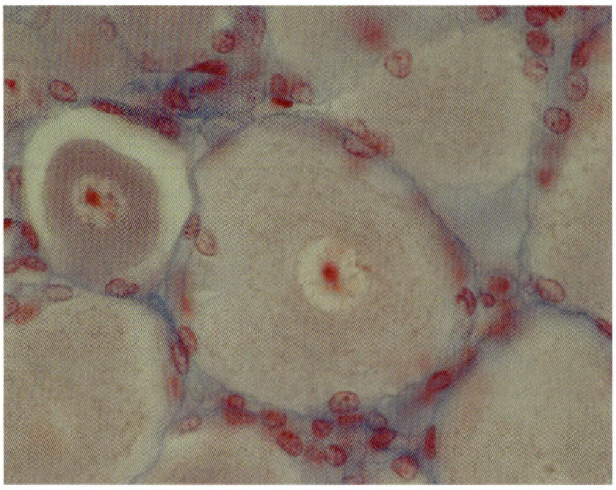

Abb. 16: Spinalganglienzelle

medi-learn.de/7-histo2-16

4.4 Kleinhirn

In diesem Abschnitt werden dir die integrativen Prozesse des Gehirns vorgestellt. Doch was genau bedeutet eigentlich Integration? Laut Wörterbuch ist Integration „die Wiederherstellung einer Einheit aus Differenziertem". Damit ist im Wesentlichen die Funktion unseres Gehirns erfasst, und zwar sowohl die des Großhirns als auch die des Kleinhirns. Diese beiden haben nur unterschiedliche Aufgabenbereiche.

Kleiner Tipp: Wie sich hier mal wieder zeigt, ist ein Wörterbuch eine tolle Sache, da viele Namen für sich sprechen. Hast du dir einen Begriff erst mal übersetzt, erklären sich nämlich viele Zusammenhänge von selbst. Und man behält nichts besser als verknüpftes Wissen.

Bei der Besprechung des Verdauungstrakts hast du ja schon die Möglichkeit kennen gelernt, zeit-, arbeits- und energieintensive Vorgänge aus einem Verbund auszugliedern. Dabei handelte es sich um die großen Drüsen des Oberbauchs (Leber und Pankreas).

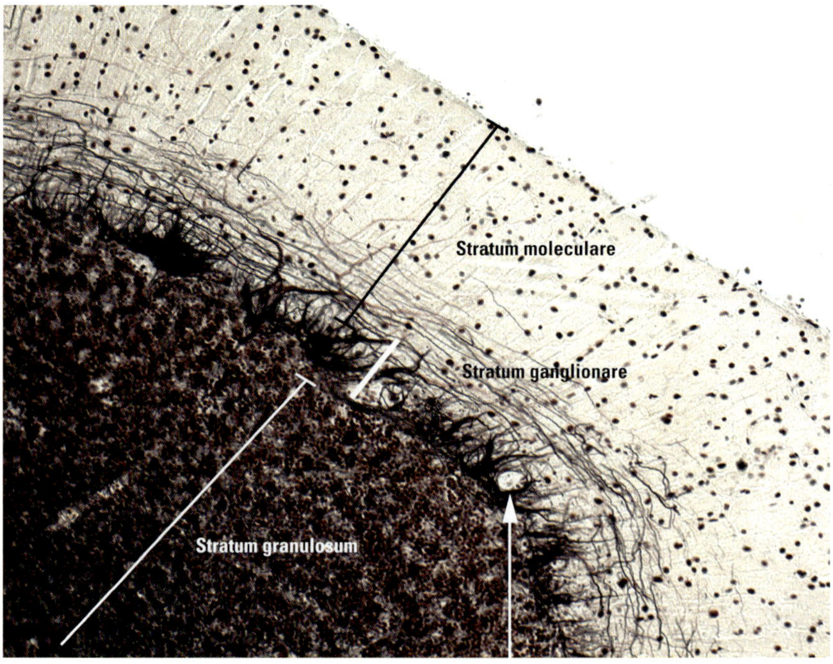

Abb. 17: Kleinhirn Purkinjezellen

medi-learn.de/7-histo2-17

Nun stehen wir vor einer vergleichbaren Situation: Die Aufgabe unseres Gehirns besteht unter anderem darin, aus unzähligen Informationen eine konstante Realität zu erzeugen, in der wir uns als denkende und handelnde Individuen bewegen können.

Nun steckt das Gehirn aber völlig unbeweglich in der Spitze eines Elfenbeinturmes fest, der dummerweise noch auf zwei Beinen steht, die dummerweise noch mehrere Gelenke haben und sich manchmal auch noch über unebenes Gelände bewegen. Zusätzlich gilt es, mit zwei eigens konstruierten Greifwerkzeugen die Umwelt nach den eigenen Maßstäben zu manipulieren – sprich die Arme sinnvoll zu bewegen.

Um diese komplexen Aufgaben zu bewältigen, hat sich im Laufe der Zeit ein eigenes Rechenzentrum für Bewegungskoordination entwickelt – das Kleinhirn. Es erhält all die Informationen, die für einen geordneten Ablauf der Bewegungen nötig sind und verarbeitet diese selbstständig, sodass der Großrechner (das Großhirn) seiner eigentlichen Aufgabe gerecht werden kann.

Das Kleinhirn erhält hierfür Zuflüsse aus dem **Rückenmark** (aus Muskelspindeln und Propriozeptoren), die es über die Haltung der Extremitäten unterrichten. Das **Labyrinth** sendet Daten über die Lage des Körpers zur Schwerkraftachse der Erde und über Relativbewegungen zu dieser Achse. Die Teile des Kleinhirns,

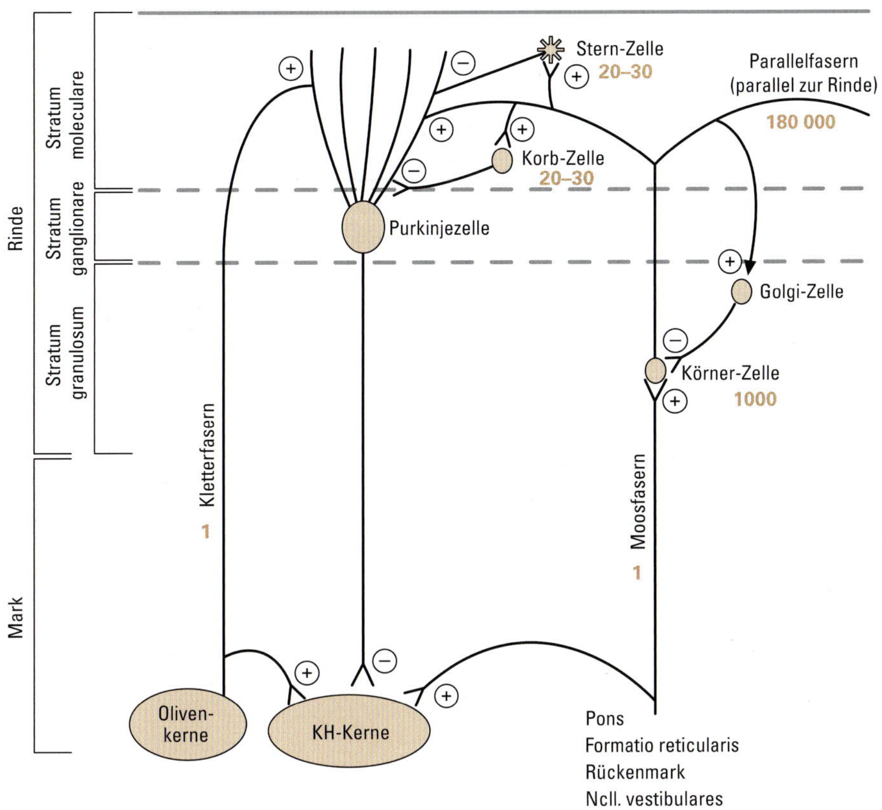

Transmitter + meist Glutamat
Transmitter – meist GABA

Zahlenverhältnisse:
1 Kletterfaser erregt 1 Purkinje-Zelle
1 Moosfaser erregt 1000 Körnerzellen mit 180 000 Parallelfasern zu je 20–30 Stern-/Korb-Zellen

Abb. 18: Schichten und Verschaltung der Zelltypen im Kleinhirn *medi-learn.de/7-histo2-18*

die diese Infos erhalten, heißen daher **Spinocerebellum** (vom Rückenmark) und **Vestibulocerebellum** (vom Labyrinth).
Aus dem Großrechner kommen über die Pons noch all jene Ideen, die man z. B. braucht, um zu tanzen oder Tennis zu spielen. Diese Informationsflut landet im **Pontocerebellum**, das entsprechend der größte Teil des Kleinhirns ist.
Histologisch lassen sich diese drei Teile nicht unterscheiden (außer vielleicht von Vollprofis, die seit Jahren nichts anderes machen). Daher brauchst du dir wenigstens hier nur einen Teil anzusehen und kannst dennoch über das Ganze sprechen.
Im Aufschnitt bietet sich das Bild eines Arbor vitae – eines Lebensbaums – mit Ästen (Marklager) und Blättern (Foliae/Cortex cerebelli). Bei zunehmender Vergrößerung lässt sich im Kortex eine Zweiteilung in eine äußere helle und eine innere dunklere Schicht erkennen:

- das helle **Stratum moleculare** mit myelinisierten Fasern und
- das dunklere **Stratum granulosum** mit zahlreichen Zellkörpern.

Die Fasern gehören zu den Körnerzellen des Stratum granulosum, die ihre Axone dort hinaufschicken, damit sie Kontakt zu den zahlreichen Dendriten der Purkinjezellen aufnehmen. Bei noch genauerem Hinsehen entdeckt man zwischen diesen beiden Schichten eine dünne Lage von recht großen, pyramidenförmigen Zellkörpern: Das Stratum ganglionare, in dem die größten und einzigen efferenten Zellen der Kleinhirnrinde zu finden sind – die Purkinjezellen. In der gleichen Zellschicht gibt es noch die Korbzellen, die um die Purkinjezellen (wie Körbe) herumliegen und diese miteinander vernetzen. Neben den Afferenzen von Körner- und Korbzellen erhalten die Purkinjezellen noch Informationen durch die Kletterfasern aus der Olive des Hirnstamms.

Merke!

- Die Purkinjezellen des Kleinhirns liegen im Stratum ganglionare und sind die einzigen efferenten Neurone der Kleinhirnrinde.
- Purkinjezellen sind inhibitorische Nerven mit dem Neurotransmitter GABA.
- Neben einem prominenten Zellkörper verfügen die Purkinjezellen über einen weit verzweigten Dendritenbaum, der senkrecht zu den Oberflächenfurchen und damit auch senkrecht zur Längsachse der Foliae cerebelli steht.

Wie du hier siehst, erfordert die Koordination unserer Bewegungen einen hochkomplexen Apparat aus vielfach vernetzten Nervenzellen. Wie diese Integration genau abläuft, weiß man (noch) nicht und es wäre wahrscheinlich selbst für 20 Doktorarbeiten zu viel Stoff ...

Zum Kleinhirn solltest du dir für die schriftliche Prüfung unbedingt den Inhalt dieser Tabelle merken:

Stratum moleculare (außen)	Fasern hauptsächlich aus Körnerzellen
Stratum ganglionare	Purkinjezellen Korbzellen
Stratum granulosum (innen)	Körnerzellen
Purkinjezellen	– große Zellkörper – weit verzweigte Dendritenbäume quer zur Längsachse der Foliae cerebelli – einzige Efferenz der Kleinhirnrinde – inhibitorisch

Tab. 2: Histologie des Kleinhirns

4.5 Großhirn

Kommen wir nun endlich zum Großrechner selbst. Über seine Arbeitsweise weiß man lediglich, dass es ältere Teile (Allokortex) gibt, die sich dann auch mit grundlegenderen Dingen wie der Nahrungsaufnahme, der Emotionsverarbeitung und dem Sexualverhalten beschäftigen. Daneben gibt es neue Teile (Isokortex), die eher auf Assoziation, Sprechen, Persönlichkeit und Denken spezialisiert sind. Außerdem weiß man, dass es bestimmte Areale gibt, mit denen das Gehirn bestimmte Aufgaben erfüllt. Insgesamt ist das Großhirn ein sehr „plastisches" Organ, das sich unterschiedlichen Anforderungen gut anpassen kann.
Histologisch unterscheiden sich Allokortex und Isokortex durch die Anzahl ihrer Laminae (Schichten): Der Allokortex hat nur drei, der Isokortex hingegen sechs Schichten.

Übrigens ...
Ein mögliches Beispiel für den Allokortex ist das Ammonshorn, was dem Querschnitt des Hippocampus entspricht. Dies ist aber höchstens ein Thema für die Mündliche, und selbst dann würde ich vermuten, dass es sich dabei um ein Extrabildchen für Einserkandidaten handelt.

Das gängige Bild im Examen zum Isokortex findest du als IMPP-Bild 12, S. 52.
Gefragt wurde bislang stets nach jenen großen Zellen, die auch **Pyramidenzellen** oder **Betz-Zellen** genannt werden. Neben ihrem Namen war für das Schriftliche noch interessant, dass es die **Projektionsneurone** des Kortex sind, dass sie sich in den Schichten III und V befinden und u. a. monosynaptische Verbindungen zu α-Motoneuronen der Handmuskulatur haben.

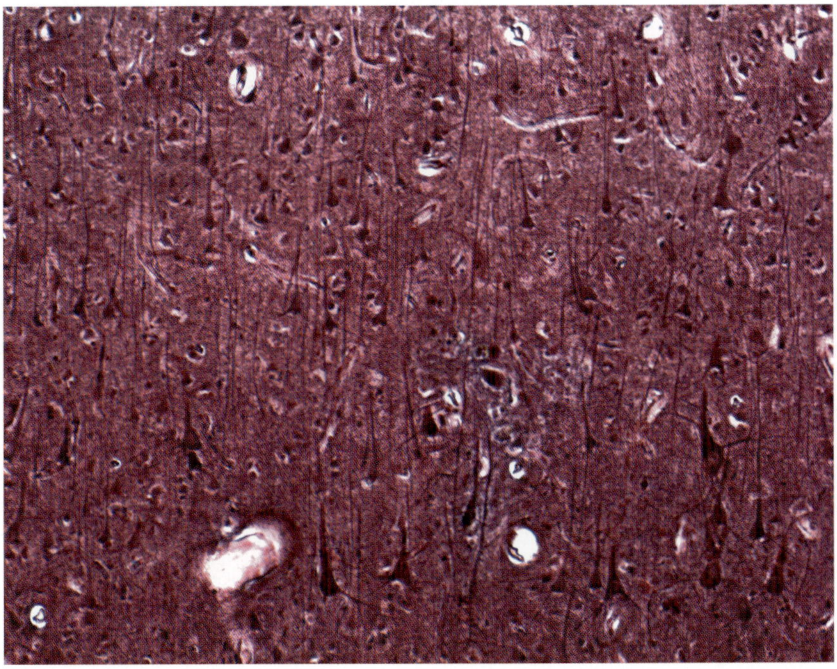

Abb. 19: Isokortex Projektionsneurone

medi-learn.de/7-histo2-19

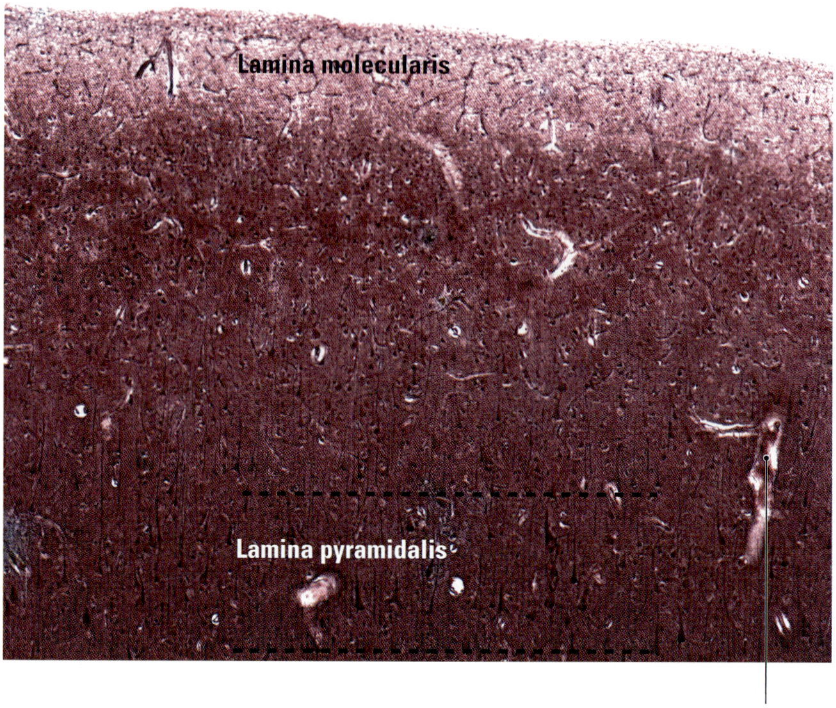

Abb. 20: Isokortex

medi-learn.de/7-histo2-20

Merke!

- Der Allokortex hat drei Laminae.
- Der Isokortex hat sechs Laminae.
- Pyramidenzellen heißen auch Betz-Zellen. Sie sind die Projektionsneurone des Großhirns, in den Schichten III und V zu finden und haben u. a. monosynaptische Verbindungen zu α-Motoneuronen der Handmuskulatur.

4.6 Hirnstamm/Monoaminerge Systeme

Den krönenden Abschluss der speziellen Histologie bildet der Hirnstamm. Dabei handelt es sich um einen Teil des Gehirns, dessen Aufgabe darin besteht, die Grundfunktionen unseres Körpers zu regulieren, wie z. B. die Herz- und Atemfrequenz und den Schlaf-Wach-Rhythmus. Ein wichtiges Steuerzentrum hierfür ist das ARAS – das „Aufsteigende Retikuläre Aktivierende System". Bestimmte Zellen des Hirnstamms haben sich dabei auf die Abgabe einzelner Neurotransmitter spezialisiert. Diese Zellen bilden dann Gruppen, die man als monoaminerge Systeme bezeichnet.

Die Abgabe der einzelnen Neurotransmitter unterliegt meist einer zirkadianen Rhythmik. Man hat beobachtet, dass zu bestimmten Tages- und Nachtzeiten jeweils das eine oder andere monoaminerge System mit seiner Ausschüttung von Transmittern überwiegt. Welches System zu welcher Zeit aktiv ist, stand bis jetzt noch nicht zur Debatte.

Hier handelt es sich mal wieder um ein Gebiet, zu dem man besonders intelligente Fragen stellen kann. Schließlich verfügt ja jeder Physikumskandidat über ein derart fundiertes Wissen bezüglich neuroendokrinologischer Grundlagen, dass es ihm keinerlei Schwierigkeiten bereiten dürfte, dieses Detailwissen zu integrieren, oder? Also machen wir es kurz und schmerzlos:

Zellpopulation/Ort	Neurotransmitter
Locus coeruleus	Noradrenalin
Raphekerne	Serotonin
Substantia nigra	Dopamin

Tab. 3: Transmitter des Hirnstamms

Von diesen Dreien kam bislang im Schriftlichen einer fast immer dran, aber weiter ins Detail ging es nicht ...

Da dies seit Jahren immer wieder gefragt wird, hier noch mal eine Übersicht über die am meisten gefragten Transmitter:

Dopamin	Substantia nigra, Pars compacta Limbisches System Bulbus olfactorius
(Nor-)Adrenalin	Locus coeruleus (Mesencephalon) Formatio reticularis (ARAS) Medulla oblongata
Serotonin	Raphekerne (Mesencephalon) Formatio reticularis Limbisches System
Somatostatin	Thalamus Hypothalamus
Melatonin	Epiphyse
Acetylcholin	Ncl. basalis Meynert (Rhombencephalon)
GABA, Glutamat	Kleinhirn Basalganglien

Tab. 4: Häufig gefragte Transmitter

DAS BRINGT PUNKTE

Am besten organisierst du dein Wissen zum Thema **Auge** auch hier nach dem optischen und dem neurorezeptiven Anteil.

Zum **optischen Teil** solltest du wissen, dass
- die Linsenfasern aus dem Linsenepithel hervorgehen.
- die Linse bei Säuglingen einen vorderen und einen hinteren Stern hat.
- im Augenhintergrund die Fovea centralis als Macula, der Neuronenaustritt als Papille und die eintretenden Gefäße mit den vier Hauptästen zu sehen sind.

Zum **neurorezeptiven Teil** solltest du dir merken, dass
- bei der Fovea centralis die Ganglienzellen zur Seite verlagert sind.
- die abgenutzten Außengliedabschnitte der Rezeptorzellen vom Pigmentepithel phagozytiert werden.
- die Myelinscheiden des N. opticus von Oligodendrogliazellen gebildet werden. Sie treten erst im Sehnerv auf und NICHT bereits in der Retina.
- die Synapsen der Photorezeptoren in der äußeren plexiformen Schicht liegen.

Die wesentlichen Fragen zum Thema **Ohr** beziehen sich auf die **Cochlea**, weniger wird zum Labyrinth gefragt.
Zum Hörteil solltest du daher wissen, dass
- die Endolymphe der intrazellulären Flüssigkeit ähnelt – also kaliumreich ist.
- die Perilymphe dem Blutplasma ähnelt – und demzufolge reicher an Natrium ist.
- die Endolymphe im Ductus cochlearis von der Stria vascularis gebildet wird.
- Ductus cochlearis und Scala vestibuli die Reissner-Membran trennt.
- Ductus cochlearis und Scala tympani die Basilarmembran trennt.
- der Basilarmembran das Corti-Organ aufsitzt, das das eigentliche Hörorgan ist.

Zum **Labyrinth** solltest du fürs Schriftliche parat haben, dass
- sich im Sacculus und im Utriculus je eine Macula statica befindet.

Zu beiden solltest du dir merken, dass
- die **Haarzellen** des Labyrinths Kinozilien tragen und
- die Haarzellen des Corti-Organs NICHT.

Hinsichtlich der speziellen Histologie des **ZNS** kann man von Glück sagen, dass sich die Fragen in einem eng umrissenen Rahmen bewegen. Hier also nochmal die wichtigsten Punktebringer:

Rückenmark:
- Die großen Zellen in der Grundplatte sind α-Motoneurone. Ihr Transmitter ist Acetylcholin.
- In den Spinalganglien findet man Schwann-Zellen.

Kleinhirn:
- Purkinjefasern sind die einzige Efferenz der Kleinhirnrinde.
- Die dazugehörigen Purkinjezellen sind hier die größten Zellen.
- Die Efferenz ist inhibitorisch.
- Der Dendritenbaum steht quer zur Längsachse der Foliae cerebelli.

Großhirn:
- Der Isokortex ist sechsschichtig.
- Der Allokortex ist dreischichtig.
- Die größten Zellen des Isokortex sind die Pyramidenzellen.
- Die Pyramidenzellen sind Projektionsneurone und heißen auch Betz-Zellen.
- Sie finden sich hauptsächlich in den Schichten III und V.
- Oligodendrozyten haben keine Basalmembran.

DAS BRINGT PUNKTE

- Astrozyten produzieren GFAP – ein Protein, woran Tumoren astrozytärer Herkunft erkannt werden können.
- Astrozyten sind neuroektodermaler Herkunft und an der Blut-Hirn-Schranke beteiligt.

Monoaminerge Systeme:

- Im Locus coeruleus wird Noradrenalin hergestellt.
- Die Raphekerne produzieren Serotonin.
- Die Substantia nigra ist für die Dopaminproduktion zuständig.

FÜRS MÜNDLICHE

Gleich hast du es geschafft! Nur noch die letzten Fragen richtig beantworten und du bist bestens gerüstet fürs Mündliche im Fach Histologie!

1. **Nennen Sie die Aufgaben des Auges.**
2. **Nennen Sie die Aufgaben, die das Pigmentepithel hat.**
3. **Beschreiben Sie bitte den Aufbau der Cochlea.**
4. **Wie unterscheiden Sie die verschiedenen Räume in der Schnecke?**
5. **Sagen Sie, wer produziert denn die Endolymphe?**
6. **Was ist Ihrer Meinung nach die Stria vascularis?**
7. **Beschreiben Sie bitte die Aufgaben und den Aufbau des Labyrinths.**
8. **Woran erkennen Sie Motoneurone im Rückenmark?**
9. **Welche prominenten Zellen begegnen Ihnen auf einem Schnitt des Isokortex und was ist deren Aufgabe?**
10. **Sagen Sie, was sind die auffälligsten Zellen des Kleinhirns?**
11. **Beschreiben Sie bitte eine Purkinjezelle.**
12. **Woran können Sie Iso- und Allokortex im histologischen Schnittbild erkennen?**

---

1. Nennen Sie die Aufgaben des Auges.
Das Auge gliedert sich in einen optischen und einen neurorezeptiven Teil. Seine Aufgaben sind

- Akkommodation,
- Lichtverarbeitung.

2. Nennen Sie die Aufgaben, die das Pigmentepithel hat.

- Schutz vor Streulicht,
- Phagozytose.

3. Beschreiben Sie bitte den Aufbau der Cochlea.
Die Cochlea ist ein gewundener Schlauch und im Felsenbein gelegen. Sie lässt sich in drei Räume gliedern, die durch Membranen voneinander getrennt sind: Scala tympani und Scala vestibuli sowie den Ductus cochlearis.

- Scala tympani und Ductus cochlearis werden von der Basilarmembran getrennt.

- Scala vestibuli und Ductus cochlearis sind durch die Vestibularmembran getrennt.
- Das Hörorgan besteht aus den Haarzellen, die der Basilarmembran aufsitzen.

4. Wie unterscheiden Sie die verschiedenen Räume in der Schnecke?
Die darin enthaltene Flüssigkeit ist von unterschiedlicher Zusammensetzung.
- Im Ductus cochlearis ähnelt sie der kaliumreichen intrazellulären Flüssigkeit. Hier heißt sie Endolymphe.
- In den beiden anderen Räumen ist sie in ihrer Mineralzusammensetzung dem Blut vergleichbar. Hier heißt sie Perilymphe.

5. Sagen Sie, wer produziert denn die Endolymphe?
Die Stria vascularis.

6. Was ist Ihrer Meinung nach die Stria vascularis?
Spezialisierte Zellen an der Außenseite des Ductus cochlearis.

7. Beschreiben Sie bitte die Aufgaben und den Aufbau des Labyrinths.
Es handelt sich hierbei um ein Organ zur Messung von linearer und rotatorischer Beschleunigung.
- Die rotatorische Komponente wird dabei in den drei Bogengängen gemessen, wodurch alle Richtungen des Raums berücksichtigt sind.
- Die Linearbeschleunigungen werden in Sacculus und Utriculus gemessen.

Das Messorgan sind hierbei die Haarzellen, deren Auslenkungen zu Potenzialänderungen führen, was zentralnervös als Richtungsänderung interpretiert wird.

Wenn du ein histologisches Präparat aus dem Bereich ZNS bekommst, solltest du den Schnitt zuerst einer Hirnregion zuordnen und etwas über die Histologie Hinausgehendes erzählen können. Daneben gibt es zu den Histopräparaten natürlich auch Einzelfragen, wie z. B.:

8. Woran erkennen Sie Motoneurone im Rückenmark?
- In der Grundplatte gelegen,
- dort die größten Zellen,
- reich an rauem ER.

9. Welche prominenten Zellen begegnen Ihnen auf einem Schnitt des Isokortex und was ist deren Aufgabe?
- Pyramidenzellen = Betz-Zellen,
- Projektionsneurone und
- Axone bilden die efferenten Bahnen des Großhirns.
- Sie finden sich in den Schichten III und V.

10. Sagen Sie, was sind die auffälligsten Zellen des Kleinhirns?
Purkinjezellen

11. Beschreiben Sie bitte eine Purkinjezelle.
- Großer Zellkörper und verzweigter Dendritenbaum,
- einzige Efferenz der Kleinhirnrinde,
- inhibitorisch.

12. Woran können Sie Iso- und Allokortex im histologischen Schnittbild erkennen?
- Der Isokortex hat sechs Schichten.
- Der Allokortex hat nur drei Schichten.
- Beispiel für Allokortex ist das Ammonshorn.

Pause

Geschafft!

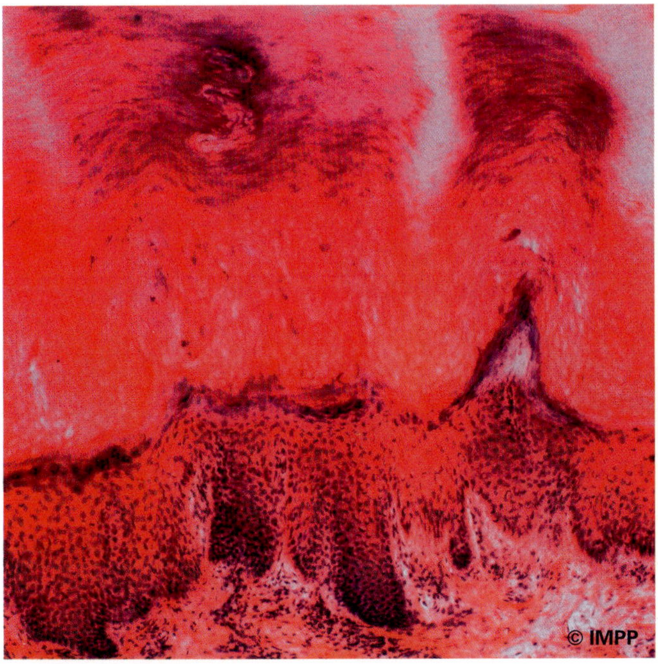

Leistenhaut mit deutlich sichtbarem Stratum lucidum.

IMPP-Bild 1: Leistenhaut

medi-learn.de/7-histo2-impp1

Anhang

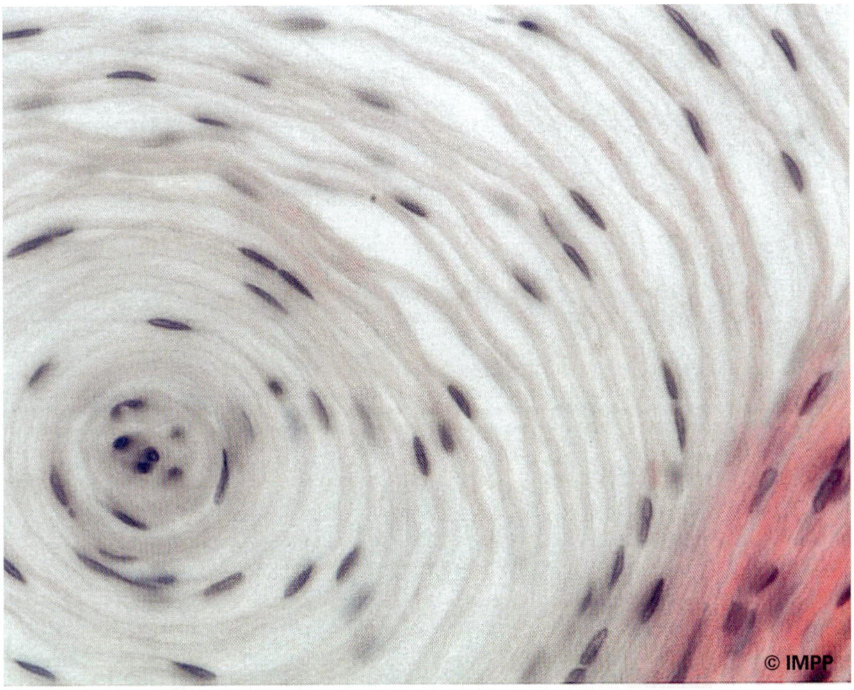

IMPP-Bild 2: Vater-Pacini-Körperchen

medi-learn.de/7-histo2-impp2

Die Abbildung zeigt einen Ausschnitt aus einem Vater-Pacini-Körperchen.

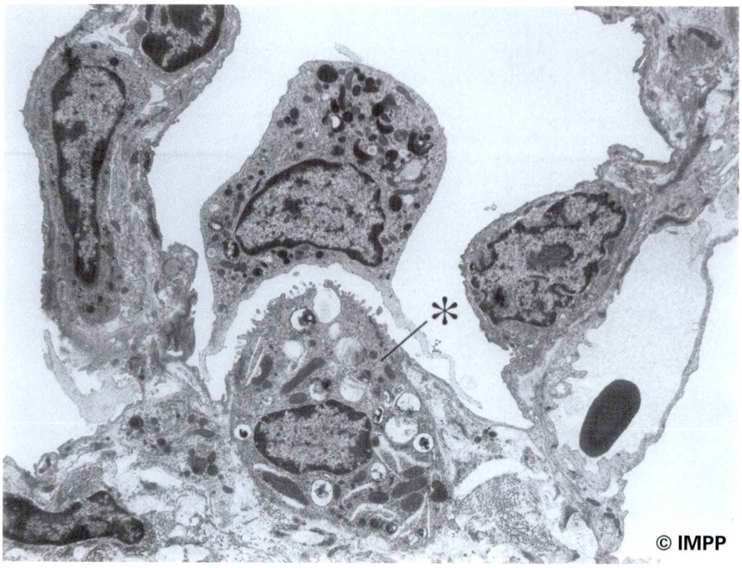

Anhang

IMPP-Bild 3: Elektronenmikroskopische Aufnahme einer Alveole

medi-learn.de/7-histo2-impp3

Rechts ist eine Kapillare mit Erythrozyt zu sehen. Die markierte Zelle ist ein Pneumozyt Typ II = eine surfactantbildende Zelle.

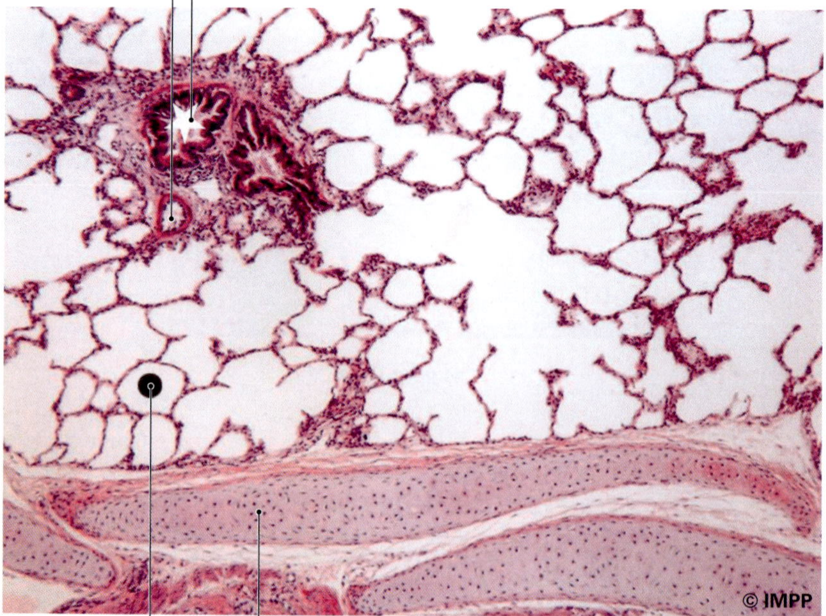

IMPP-Bild 4: Lunge

medi-learn.de/7-histo2-impp4

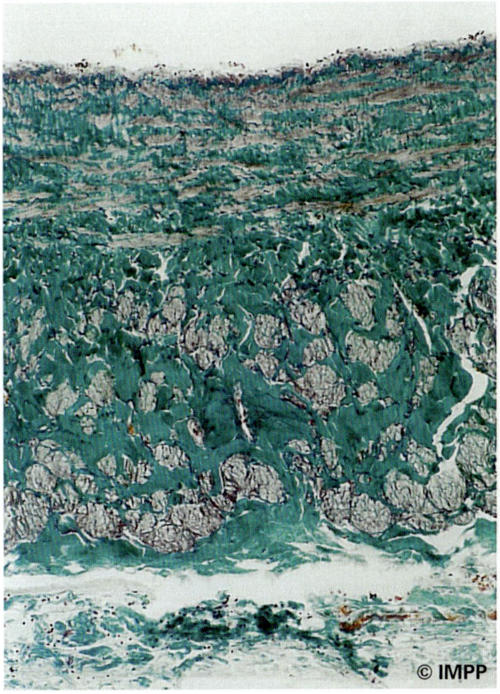

IMPP-Bild 5: Schnitt durch die V. brachialis
medi-learn.de/7-histo2-impp5

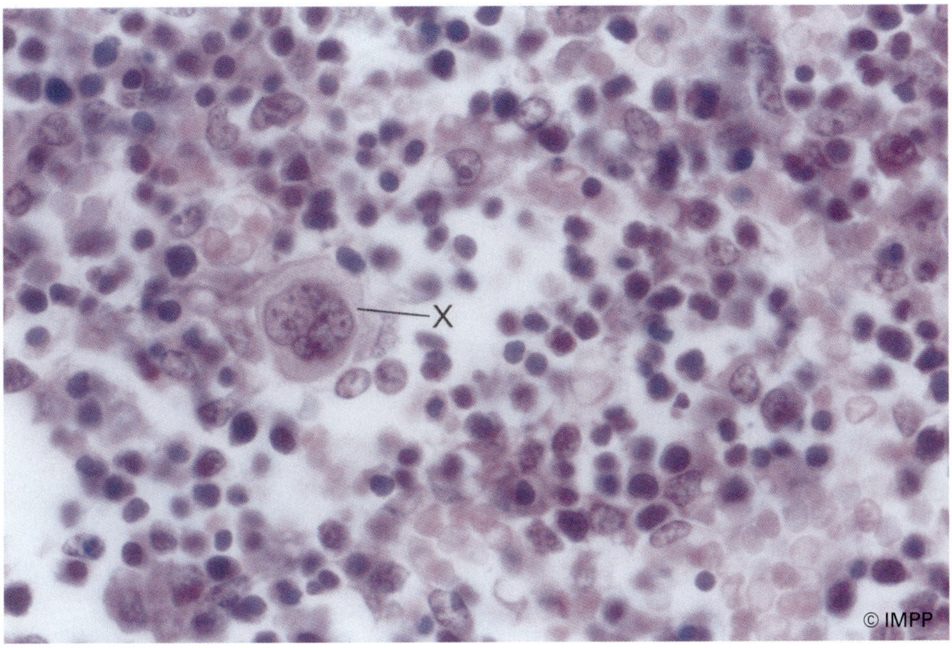

IMPP-Bild 6: Megakaryozyt
medi-learn.de/7-histo2-impp6

Das X markiert einen Megakaryozyt, eine Vorläuferzelle der Thrombozyten.

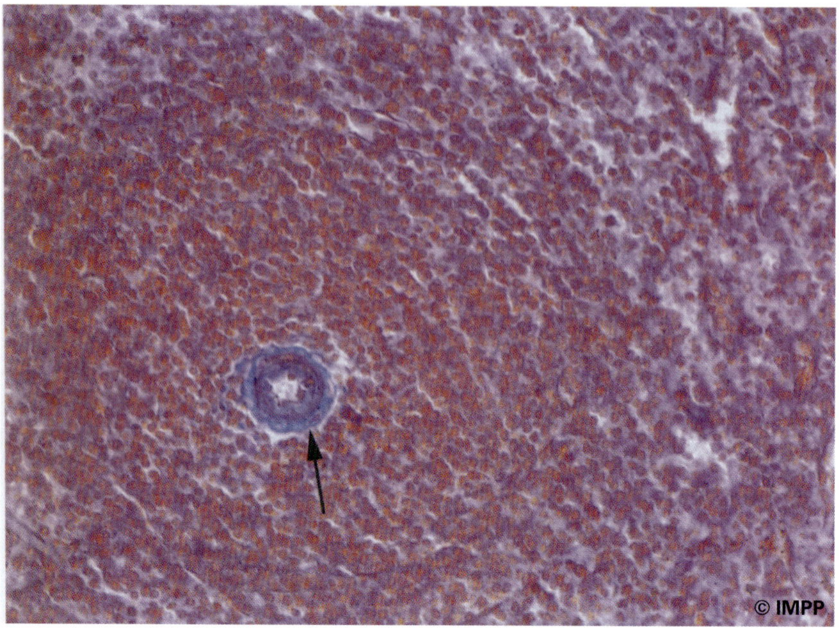

IMPP-Bild 7: Lymphknoten

medi-learn.de/7-histo2-impp7

Lymphknotengewebe mit markiertem Blutgefäß. Aufgrund des kubischen Epithels handelt es sich um eine hochendotheliale Venole.

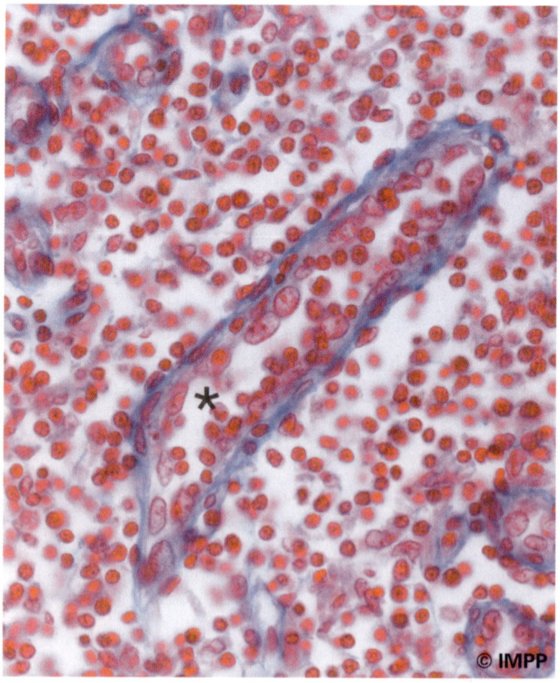

IMPP-Bild 8: Ausschnitt aus einem Lymphknoten

medi-learn.de/7-histo2-impp8

Bei dem markierten Gefäß handelt es sich um eine hochendotheliale Venole, durch deren Wand rezirkulierende Lymphozyten in das umgebende Gewebe eindringen.

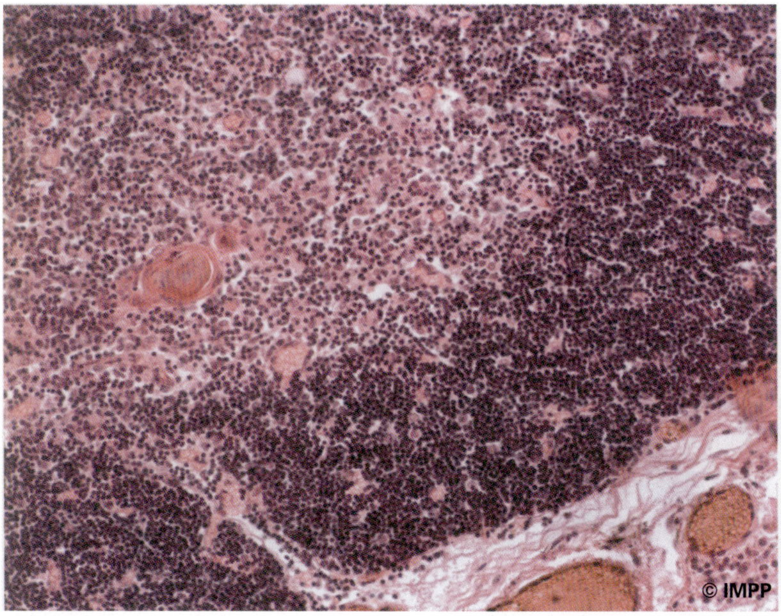

IMPP-Bild 9: Junger Thymus
medi-learn.de/7-histo2-impp9

Junger Thymus mit T-Zellen, aufgeteilt in Rinde (dunkel) und Mark mit Hassall-Körperchen (hell).

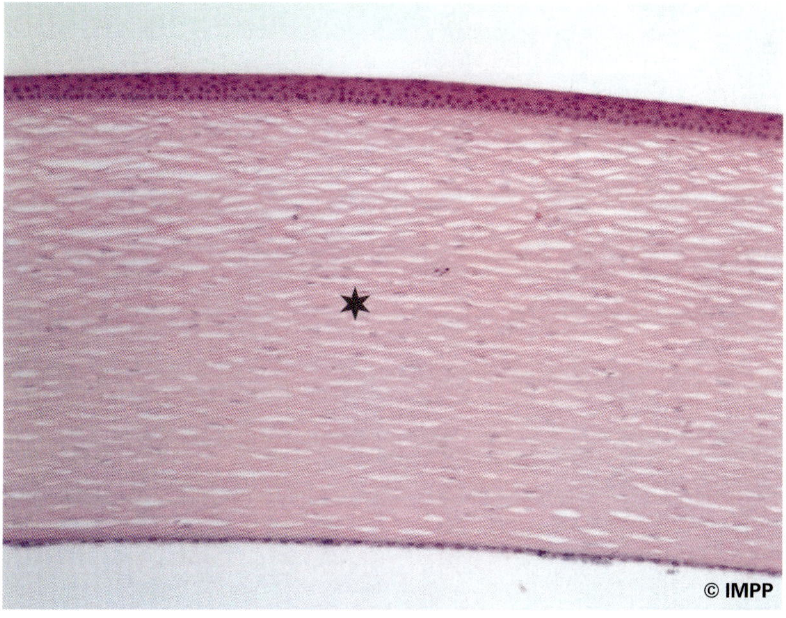

IMPP-Bild 10: Cornea
medi-learn.de/7-histo2-impp10

Der Stern kennzeichnet das kollagene Bindegewebe.

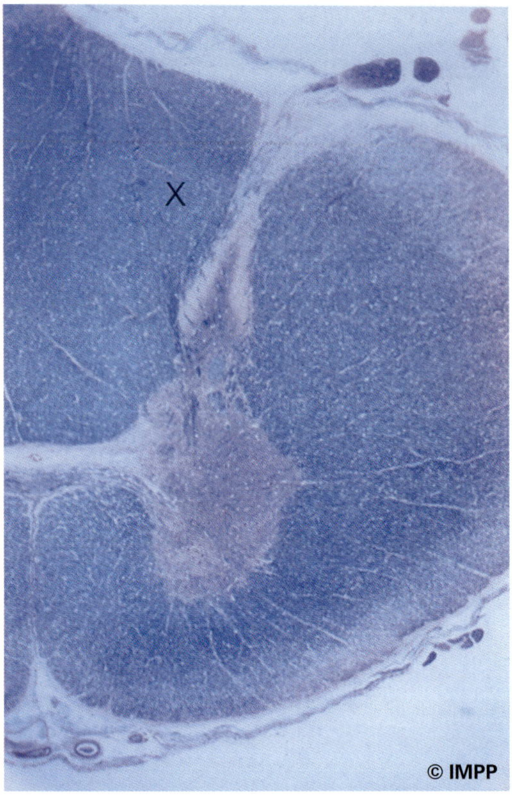

Die Nervenzellkörper der Axone, die in dem mit X bezeichneten Strang (Fasciculus cuneatus) verlaufen, liegen vorwiegend in den Spinalganglien.

IMPP-Bild 11: Querschnitt durch das Rückenmark in der Klüver-Barrera-Färbung

medi-learn.de/7-histo2-impp11

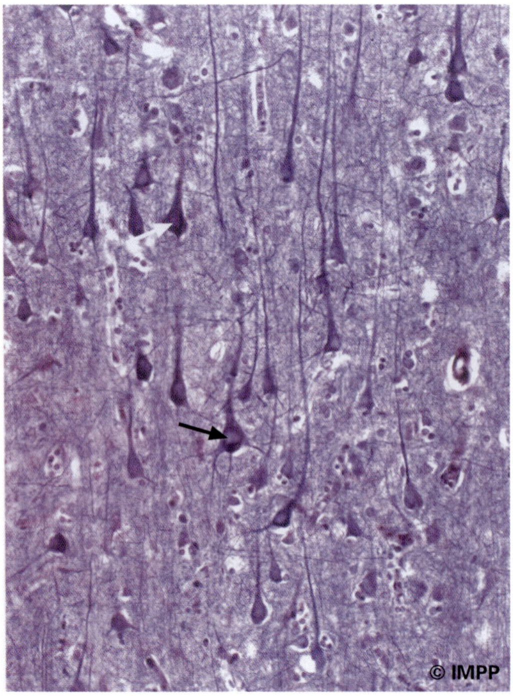

Schöne, längsgeschnittene Pyramidenzellen aus der Großhirnrinde. Der Pfeil markiert eine davon.

IMPP-Bild 12: Isokortex

medi-learn.de/7-histo2-impp12

Hitliste der Histologie

Respirationstrakt

Abschnitt	Epithel/Tunica mucosa	Tunica fibromusculocartilaginea
Hauptbronchus	mehrreihiges, zylinderförmiges Epithel mit Kinozilien, Becherzellen	Knorpelspangen, glatte Muskulatur; seromuköse Drüsen
Lappen- & Segmentbronchien	mehrreihiges, zylinderförmiges Epithel mit Kinozilien, Becherzellen	Knorpelplättchen, Muskulatur konzentrisch, seromuköse Drüsen
Bronchus lobularis	einschichtiges Epithel mit Kinozilien, wenig Becherzellen	Muskulatur gitterartig, Knorpelplättchen stark abnehmend
Bronchioli terminales	einschichtiges Epithel mit Kinozilien, keine Becherzellen < 1 mm, letzte Station des Totraums	kein Knorpel, keine Drüsen, Muskulatur konzentrisch
Bronchioli respiratorii	einschichtig kubisches Epithel, weder Kinozilien noch Becherzellen	Muskulatur gitterartig: kontraktile Bronchioli!

Index

Index